我心深处是汽车

付于武八十自述

付于武 口述　周晓莺 整理

机械工业出版社
CHINA MACHINE PRESS

《我心深处是汽车：付于武八十自述》是一部记录付于武先生一生奋斗历程的回忆录。本书以付于武的个人经历为主线，记述了付于武早期的成长和学习经历、参与重大汽车项目的历程等，展现了他从青年时代投身汽车行业，到参与并推动中国汽车工业发展的峥嵘岁月。书中不仅回顾了中国汽车产业从无到有、从弱到强的艰辛历程，还展现了付于武及其同代人在艰苦卓绝的条件下依然执着追求、勇于创新的精神风貌。通过他的视角，读者可以深入了解中国汽车工业的技术突破、产业变革和辉煌成就，感受一代汽车人的热血与坚守、使命与情怀，从中汲取奋进的力量。

本书适合对中国汽车产业发展历程感兴趣的读者，尤其是汽车行业的亲历者、奋斗者，以及年轻一代的汽车从业者阅读参考。同时，对于关注中国工业发展史的普通读者，本书也是一部富有教育意义和激励价值的佳作。

图书在版编目（CIP）数据

我心深处是汽车：付于武八十自述 / 付于武口述；周晓莺整理. -- 北京：机械工业出版社，2025.9（2025.10 重印）.
ISBN 978-7-111-78903-1

Ⅰ. K826.16

中国国家版本馆 CIP 数据核字第 20252SS321 号

机械工业出版社（北京市百万庄大街 22 号　邮政编码 100037）
策划编辑：母云红　　　　　　　　　责任编辑：母云红
责任校对：颜梦璐　李可意　景　飞　封面设计：马精明
责任印制：刘　媛
三河市宏达印刷有限公司印刷
2025 年 10 月第 1 版第 2 次印刷
152mm×226mm · 24.5 印张 · 11 插页 · 276 千字
标准书号：ISBN 978-7-111-78903-1
定价：99.00 元

电话服务　　　　　　　　　网络服务
客服电话：010-88361066　　机　工　官　网：www.cmpbook.com
　　　　　010-88379833　　机　工　官　博：weibo.com/cmp1952
　　　　　010-68326294　　金　书　网：www.golden-book.com
封底无防伪标均为盗版　　机工教育服务网：www.cmpedu.com

为中国汽车工业立传,为奋斗者画像

付于武同志是中国汽车工业发展历程中绕不开的重要人物,他的《我心深处是汽车:付于武八十自述》,不仅是一部个人成长史,更是一部浓缩的中国汽车工业从追赶到突破的奋斗史。

认识于武数十年,我始终钦佩他对汽车事业的赤诚与执着。从投身汽车行业的青年时光,到见证并推动中国汽车产业在技术研发、自主创新、产业升级等关键节点的突破,他的每一步都与行业发展同频共振。书中没有空泛的理论,只有对行业痛点的深刻洞察、对技术攻关的细致复盘,以及对中国汽车工业未来的深切期许,字里行间满是"把心交给汽车"的热忱。

在汽车产业向电动化、智能化转型的今天,这部自述更具有特殊意义。它不仅能让年轻一代从业者读懂中国汽车工业的"来时路",汲取前辈们攻坚克难的精神力量,也能为行业研究者提供鲜活的实践参考,看清产业发展的逻辑与脉络。

于武用八十年的人生与汽车为伴,用一部自述为行业立传。这部书,值得每一位关心中国汽车、热爱中国制造业的人士细细品读。

原机械工业部部长

自序

"古稀不言老,耄耋亦诗篇",这可能是我作为一个八十岁老人当下的心境吧!

2017年年底,我从中国汽车工程学会理事长的岗位退居二线。那时,北京理工大学出版社与机械工业出版社的相关领导都找到我,建议我撰写一部自己的回忆录。

我几乎未加思索就婉拒了他们的这番美意。

长期以来,我一直习惯于把企业、团队、别人放在前面,自己在后方为他们创造机会,提供助力。对于把自己放在前台,站在聚光灯下当"主角",我是本能地抗拒。

然而,最近这些年来,在汽车产业蓬勃发展的同时,很多老一代汽车人年龄渐长,纷纷离开了我们。那些曾经的领导、朋友、同事、亲友、同窗的身影,不断在我心头涌现;过去几十年中国汽车产业艰苦奋斗的一幕幕画面,也如同纪录片在脑海中来回"播放"。

待到2024年北京车展期间,几个业内朋友小聚,盖世汽车CEO周晓莺又把这个事情提了出来,很快机械工业出版社汽车分社赵海青社长也打来了电话。

这一次,我改变了想法。

用一部书回忆过往,也许不仅仅是对自己人生的回顾,把过去几十年自己目睹的汽车产业发展历程和那些可敬可佩的汽车人记录下来,也是一种难以推脱的历史责任。

回忆八十载人生,弹指一挥间。

我是一个乐观主义者,对生活充满热忱,对人生充满期待,"凡事向前看,凡事往好处想"。这种乐观让我在学习生涯和工作阶段都获益良多,也让我无论身处顺境,还是遇到波折,都更容易有坦然宽容的心境。

我并非没有脾气。在肩负一定领导职责后,有时也难免会有言辞犀利的批评和争论。但即使当时情绪激昂,过后也都如烟云过眼,对事难生偏见,对人更无芥蒂。

现在回首往昔,那些曾经的辛苦和困难——曾经天大的事情,仿佛都已经悄然融化在了时光之中。但那些感动人心的人和事,反而愈发清晰。

我也一直是个"守规矩"的人——从小的教育和成长的经历,都一直提醒我要尊重常识、尊重规律,服从大局,时常自省。所以,虽然自己一生都力主创新、推动创新,但在很多朋友眼里,"老付"的形象都很谨慎,甚至有些"循规蹈矩"。

与之相应的,我给人的另一个印象也许是"勤奋"。

因为一直觉得自己远非天资聪颖,甚至有点"愚钝",我更信奉"以勤补拙"——唯有勤奋努力,才能有所收获。记得年少时,母亲总说我一门心思扑在学习上,只知道用功。直到我步入花甲之年后,我爱人还常常嗔怪我,说我满心满眼除了汽车还是汽车。

回忆悠悠八十载岁月,除了专注于学习、投身于工作,以及对文字还有一腔热爱之外,我竟找不出什么其他的爱好,思及此处,心中也不免有些惭愧。

但生活赐予我如此多的机遇,一路走来遇到那么多的关怀与温暖,总让我感觉自己应该全力以赴回馈生活和社会,容不得自已有半分懈怠。唯有如此，方能让心中安稳踏实。

截至今年，我已在汽车领域埋头耕耘了整整五十五个年头。到中国汽车工程学会工作更让我拥有了一个宝贵的机会，得以与各级政府部门、企业、研究机构的领导和同志们一起深入交流、相互学习，共谋发展。

许多朋友都曾对我说："老付，你可真幸福！你们汽车产业多么精彩，里面有讲不完的故事、数不清的优秀人物。"

确实，命运不仅让我亲身经历了中国汽车产业由小变大、从大到强的艰辛征程，更亲眼见证它成长和跨越的一次次嬗变，并投身其中奉献自己的一生，这是我的幸运，也让我自豪。

以年龄和从业经历来算，我应该属于中国的第三代汽车人。

第一代汽车人是共和国汽车产业当之无愧的奠基者，他们开启了中国汽车工业从无到有的伟大历程，为中国汽车产业的发展奠定了坚实的基础。

在新中国成立初期，百废待兴，工业基础极为薄弱，他们克服了物资匮乏、技术落后、人才短缺等重重困难，在东北的黑土地上矗立起新中国汽车工业的第一座丰碑——第一汽车制造厂。

而在华中地区，另一批同代汽车人则深入湖北十堰与世隔绝的大山沟里，凭借着双手和简陋的工具，逢山开路，遇水搭桥，在崇山峻岭之间，硬生生地开辟出了一片汽车工业的新天地，建成了第二汽车制造厂。

第二代汽车人肩负了改写中国汽车产业格局的历史使命——改变汽车产业"缺重少轻"、轿车领域一片空白的落后局面。

在改革开放的浪潮中，他们大胆探索、积极进取，他们四处奔走，引进技术，学习经验，不断尝试新的生产模式和管理理念，推动中国汽车产业一步步从小到大、由弱变强，实现了从艰难起步到初具规模的重大跨越。

自　序

现在的他们，大多已是年近九十的老人。

第三代汽车人则是中国汽车产业在新赛道、新征程上创业创新的主力军，完成了中国汽车产业从追赶者到部分领域领先的突破，实现了从传统燃油汽车到新能源汽车的转型，创造了中国汽车产业全面振兴的局面。

作为这千千万万汽车人中的一员，我为自己能够亲眼见证并投身于这个波澜壮阔的时代浪潮，由衷地感到幸福和自豪。幸哉、乐哉、快哉！人生如此，夫复何求！

在中国汽车产业发展的大潮中，我个人也许只是其中的一滴水、一颗螺丝钉，但如果这本书能够让读者从这一滴水中听到些大潮的涛声，看到些值得记住的群像，重温我们过往的经验和精神并能有所收获，那也就实现了这本书写作的初衷。

"谁道人生无再少？门前流水尚能西！休将白发唱黄鸡。"岁月悠悠，青春虽已远去难再复返，但我心中始终充满对未来的期许。我衷心祝愿伟大的祖国繁荣昌盛，伟大的中国汽车产业如蓬勃朝阳，光华无限。

最后，我怀着最诚挚的感激之情，向机械工业出版社以及盖世汽车致以深深的谢意。这本书的诞生，背后凝聚着编写团队和编辑团队无数个日夜的心血与汗水。在此，我尤其要感谢周晓莺、王珍英、母云红、钟琳、李争光、张述冠等同仁的无私奉献，你们的付出，我铭记于心！

付于武

2025 年 4 月

目　录

序　为中国汽车工业立传，为奋斗者画像 / 何光远
自序

第一章
机械世家

祖父：从"铁匠学徒"开始的机械实业者 / 001
奶奶：将家产捐赠给新政府 / 003
机械工程师之家 / 005
机械工程师的"童子功" / 007
童年的"汽车"梦想 / 008

第二章
学生时代

童年早当家 / 011
东单公园"抓特务" / 012
彭云浩，你在哪里？/ 014
"轰轰烈烈"中的一篇小作文 / 015
北京二中的七年 / 016
亦师亦母王竞先生 / 019
吾师韩少华 / 021
音容宛在的同窗们 / 024
文学梦与机械缘 / 028
一个决定：远离喧嚣 / 032
搬迁汉中 / 033
激情燃烧的岁月 / 035
请缨支边 / 036

目 录

第三章
企业之旅

毕业正逢造车潮 / 038

初入哈齿 / 040

从技术员到总工程师 / 042

计划经济与企业转型 / 048

新厂长张会春 / 050

全面质量管理成果竞赛 / 053

第一次失声 / 054

访问底特律：争论和震撼 / 057

从配件到总成的跨越 / 061

一汽重型车试制 / 063

一汽轻型车试制 / 067

奥迪变速器项目一波三折 / 070

熊猫汽车先导项目 / 074

天津 6450 轻型客车项目 / 078

调任市政府 / 079

第四章
从政十年

市委书记的期望 / 081

赴苏联考察 / 084

老市长宫本言 / 088

汽车"一号工程" / 092

全省汽车工业考察 / 094

重组星光机器厂 / 097

特种车辆大有可为 / 098

访问韩国现代 / 101

接待现代汽车考察团 / 105

"资质"之困 / 106

哈飞兴与衰 / 108

陪同领导考察 / 110

清洁汽车示范城市 / 115

无比艰难的国有企业改革 / 118

工作面临调整 / 121

张兴业来到哈尔滨 / 123

IX

第五章
学会旅程

开启新的人生 / 127
要生存，必须改变 / 130
令人敬仰的几位老领导 / 139
感谢张小虞 / 146
中国汽车工程学会，脱胎换骨 / 152
痛惜《汽车之友》王海波 / 158
亲历汽车合资自主之辩 / 161
筑梦技术创新联盟 / 172
科学技术奖的"归属" / 185
重新认识中国汽车产业 / 190
整合资源，赋能区域经济 / 197
中国大学生方程式汽车大赛 / 209
十年时间，让世界改观 / 223
创办国际汽车论坛 / 232
华人工程师，需要我们 / 237
海归——中国汽车工业的脊梁 / 244
FISITA，中国来了 / 252
中国工程师首次当选国际组织主席 / 257
赵福全，颠覆FISITA / 265
外访记忆 / 271
兼任汽车人才研究会理事长 / 299
追述邵奇惠部长二三事 / 315
薪火相传 / 317
意外荣获中国汽车工程学会终身成就奖 / 318
收获FISITA杰出贡献奖 / 321

目 录

第六章
公益事业

汽车界首个公益基金会的诞生 / 324
基金会获评 4A 级社会组织 / 326
心存感激 / 328
基金会"一老"和"一小" / 331
汽车文化传承路 / 357
无愧伟大的新汽车时代 / 360

致　谢
我的家人

我和我的爱人 / 362
我的两位母亲 / 365
我的两个女儿 / 367

跋　忘我无私，只为汽车；
　　品格高尚，业界楷模 / 赵福全

在哈齿工作时期的付于武

中学同学合影

与底特律当地华人汽车工程师交流

高中同学与王竞先生在北海公园合影

哈尔滨汽车齿轮厂技术员正在探讨技术改进问题

1968年7月，大学同学合影

我心深处是汽车

第一章 机械世家

近代中国的机械工业史上,有过这样一些梦想实业兴邦的"铁匠学徒"。

祖父:从"铁匠学徒"开始的机械实业者

我没有见过我的祖父,严格来说,我也没有"见"过我的父亲。

1945年2月,抗日战争尚未结束,我出生在北平——那个依然处于日军铁蹄占领之下的古城。

爷爷名叫付彦田。小时候,我常追着奶奶问:"爷爷是一个什么样的人?"她总是告诉我说:"你爷爷是一个有能耐的人。"爷爷具体怎样有能耐,我并不知道,直到后来从长辈的口中才慢慢拼凑出他的过往。

我家原籍山东德州宁津县。大概是2014年,我曾去宁津开会,当地人告诉我,宁津历史上多出铁匠,抗日战争时期宁津的铁匠们曾打造3000多把大刀送往抗日前线。这里的"铁匠"是一个宽泛的名词,实际上指的就是"搞机械的"。

爷爷小时候在宁津县城当学徒,学成之后到济南和天津打工,练就了一身本事。后来,他应聘到法国驻中国大使馆工作,负责维修柴油机。这份工作,让他有机会来到北平生活,不仅开阔了视野,也给他带来了较为丰厚的收入。

在有了一些积蓄之后,20世纪30年代初,爷爷在北平开了一家工厂。工厂的产品主要有三类:一类是汽车配件,包括汽车齿轮、发动机配件等;二类是卷烟机,我小时候就在厂子里见过正在生产的卷烟机;三类是压片机,我们吃的药片就是用压片机压出来的。据说,爷爷工厂生产的压片机自动化水平相当高。

爷爷的工厂发展很快,在最好的时候,一度成为华北最大的机械工厂。1937年"七七事变"发生后,北平沦陷,日军肆意杀戮、疯狂掠夺,导致北平的机械工业发展停滞,爷爷的工厂也遭遇了前所未有的困境。

那时,在北平居住的吴佩孚曾给爷爷题了一幅字,用意是鼓励他"实干兴邦"。后来奶奶担心"受影响",将家里的一批字画烧掉了,这幅字也在其中。

20世纪40年代中期,家里突生变故——爷爷突然离世。事实上,爷爷并没有患什么大病,主要原因就是过于劳累,再者当时医疗条件有限。爷爷没能亲眼看到抗日战争的胜利,更没能看到新中国的成立,以及之后中国工业的蓬勃发展。

常言道:福无双至,祸不单行。在爷爷去世后的那两年,我的父亲和姑姑也相继去世。父亲是因为患了伤寒,而姑姑则是因为难产。

当时,父亲的伤寒本来已有好转,没想到病情突然恶化,年仅23岁便离开了我们。父亲走时,我仅是一个十个月大的婴儿,正处于牙牙学语的阶段,还不会清晰地叫一声"爸爸"。我人生最大的遗憾,就是没能真正意义上叫过一声"爸爸"。

第一章　机械世家

由于亲人早早离世，在我漫长的求学历程中，每个熙熙攘攘、人声鼎沸的家长会现场，我家里人的身影通常都是缺失的，母亲到场的次数也屈指可数。

待到后来，随着自己成家立业，我也迎来了自己的小天使——我的两个女儿。此后，我总是争着去参加她们的每一次家长会，就像是要弥补过往岁月中的空白与遗憾。

奶奶：将家产捐赠给新政府

在我儿时的记忆里，是奶奶撑起了整个家——她庇护了两个未成年的孩子、哺乳期的儿媳、三个幼小的孙子，以及整个机械厂和工人们。

当时正处于抗日战争胜利之后全国解放的前夜，国民党的腐朽统治，导致全社会出现恶性通货膨胀，民不聊生。北平成为一个半身瘫痪的残破城市，工厂的经营难以为继。爷爷和父亲相继离世后，工厂陷入了前所未有的艰难处境。

奶奶没有文化，与那个时代的大多数女子一样，早年就被裹了小脚。在家里发生变故之前，奶奶过的是后宅夫人的生活。但在一连串变故后，她不得不承担起整个家庭的重任。

当解放军抵达北平城外，控制了北平西郊后，一天晚上，爷爷最信任的大徒弟趁着夜色来到北平城内找到了奶奶，他向奶奶提议，将工厂和家产交给即将成立的新政府。

对于大多数人来说，这都不是一个轻易就能做出的决定。

然而，对于这个大胆的提议，奶奶并没有丝毫的迟疑与犹豫，而是显示出了极大的勇气和远见，她毅然决然地拍板决定，将四合院以及工厂全部交给新政府。

后来得知，爷爷的那位徒弟是一名地下党员，后来在北京市公安局工作。北京市档案馆编著的《北平和平解放前后》中透露，在解放军入城之前，城内党的地下组织根据当时的具体情况，用各种各样的方法加强与群众之间的联系，向各个阶层、各种职业、各界人民群众进行思想上、政治上的解释动员，其中就包括摸底北平城内各工厂的情况。

将全部家产上交给新政府，是她对新中国毫无保留的信任，以实际行动支持国家建设，更是将家族命运与国家发展交织在一起。

就这样，我们家成为北平解放后第一批将所有家产全部上交政府的实业家庭。后来我在北京卫视的节目里了解到，其实当时还有很多实业的家庭也这么做了。在当时的家庭条件和时代背景之下，有这么多人能主动做出这样的选择，那个时代人们的强大勇气和决心真的让人敬佩。

家产上交后，家里只留下三间小屋和一屋子的老弱妇孺，也没有了收入来源。此时的奶奶，开始筹划和安排全家人今后的生计问题。

我至今还记得，在某一天的清晨，奶奶早早起床，在屋子里忙了起来。她翻箱倒柜，一会儿收拾衣服，一会儿拾掇鞋子，直到屋外响起一声叫喊，她便提起包，牵起三叔的手走出了院门。

那天，北京的天很蓝，门口的老槐树正开着花，淡淡的花香萦绕在整个胡同里。对于四五岁的我来说，那不过是春天里缠着叔叔爬树、打槐花，让奶奶给我们做槐花饼的普通一日。而我并不知道，奶奶这是要送三叔去爷爷其他徒弟所在的工厂做学徒工。

门外的三轮车渐行渐远，带走了三叔，后来又带走了小叔，独留奶奶牵着我的手站在胡同口的槐树下，无声地望着三轮车远去的背影。不知何时飞过一群鸽子，待我抬头望时，蓝天上只留下一阵哨声。

机械工程师之家

从我爷爷开始，祖孙三代都从事机械行当，我们家成了一个典型的机械世家。祖父三兄弟、父辈三兄弟和我这一辈三兄弟，全都是机械工程师。

从有记忆时起，我的生活就被齿轮、发动机和车床等各类机械产品包围着，车、铣、刨、磨、钻等基本加工工艺更是司空见惯。

在机械专业方面，两位叔叔对我的影响最大。他们一位比我大12岁，另一位比我大10岁。他们两人都终身未娶，其中的缘由固然与他们个子比较矮有关，但更重要的原因是，为了抚养照顾我们兄弟三人，两位叔叔甘愿牺牲自己的个人生活。

在我的记忆中，20世纪50年代是我们家生活最困难的一段时期。家产上交后，家里一下子没有了收入来源，我和两个哥哥都还是孩童，两位叔叔虽被送往不同的工厂工作，但尚未成年的他们收入微薄，不足以应付家庭日常用度，生活便日渐窘迫。

于是，曾经的"少奶奶"，我的母亲，不得不外出工作以谋得一份收入。既柔弱又坚强的母亲，先是在夜校教书，之后又去了印刷厂，其间历经无数艰辛与困苦。

两位叔叔生于民国时期，长在沦陷期的北平，他们文化程度不高，仅有小学文化，但他们聪慧过人，几乎是无师自通地做起了机械设计，汽车配件加工也上手很快，触类旁通。20世纪50年代，两位叔叔勤奋努力，不到半年时间就先后获评为机械工程师。

当然，这得益于他们赶上了时代发展的红利。当时，新中国百废待兴，急需战后重建。在这种时代背景下，1950年2月14日，中国与苏联签订了《中苏友好同盟互助条约》，获得了来自苏联的援助，于是就有了著名的"156项工程"。

这些工程的建设，不仅使得中国初步形成了自己的工业经济体系，更为新中国培养了一大批技术人才。这些人才也就顺理成章地成为新中国经济起飞的第一代"开路者"。我的两位叔叔，正是在这样的时代背景下成为脱颖而出的技术人才代表。

当然，时代的红利只是为他们开了一扇门，真正让他们的职业发展获得成功的，还是他们对机械专业技能坚持不懈地探索。

记得在我参加工作后，有一次需要调试螺旋齿轮设备。按照程序，需要400多个公式，叔叔却说只需要20多个，在我看来这是绝不可能的事情，但他们却真的做到了。其中的秘诀，不可能来自书本，甚至也不太可能来自师徒间的传授，而是身为一线工程师无数次探索、失败、再探索之后的经验积淀——这既需要聪明，更需要努力！

到了1958年，我的两位叔叔，一位在北京市西城区工业局工作，另一位在北京市重型机器厂担任工程师，其中一位叔叔的事迹还刊登在了当时《北京日报》的头版。他们的故事，是新中国工业发展史的一个缩影，也是我们家族的骄傲。

第一章　机械世家

机械工程师的"童子功"

两位叔叔似乎天生就对机械有着高超的领悟力，我曾对此迷惑不解，便问他们："你们为什么都如此聪明？"小叔回答我说："这是童子功。"

记得有一年，曾有人找到我家，拿出一张齿轮图纸，问是否可以制作出来，两位叔叔答应试一试。那时工厂已经上交，家中没有加工用的复杂刀具，两位叔叔并没有因此而放弃，他们带着我的哥哥，先照着图纸制作毛坯，然后用锉刀在毛坯件上划出渐开线，再进行锉、剃、磨等一系列操作，最终按要求完美交付了成品。

我还清晰地记得，那时只有桌子高的我，站在旁边的箱子上，好奇地看着他们用锯子和凿子一点一点地打磨出了那个齿轮，手法虽然原始，但是他们干得专注而细致，最终的齿轮成品极其完美。

那年春节，叔叔和哥哥用手工加工齿轮赚了一笔不小的收入。对于当时经济紧张的我们家来说，这无疑是雪中送炭，我们全家也因此过了一个快乐的春节。

直到大学毕业我被分配到一家齿轮厂工作之后，我才意识到当时他们手工加工齿轮的难度有多大。每当我亲手触摸那些熟悉的齿轮时，这段儿时的记忆便如潮水般涌来，令我神思恍惚，仿佛感受到了冥冥中命运的安排。

小叔所说的"童子功"，应该是一种家族基因禀赋加上后天学习的混合物。在我成年后与机械打交道的无数个日子里，我时常扪心自问:"我是否也有这样的童子功呢?"

我相信自己是有的,我的两个哥哥也不例外。

我母亲常说,付于武这孩子没什么大毛病,就是太老实了。我们兄弟三人,性格略有不同。

大哥聪慧内向,平时话语不多。他并不太用功读书,学习成绩却一直很好,在西北工业大学求学期间曾获得数学竞赛第一名。他还发表过一段相声,荣获全国相声比赛一等奖,并获得了七百元奖金,这在当时可是一笔巨款。

20世纪60年代初期,中苏两国关系日渐紧张,赫鲁晓夫将派驻在中国的所有导弹专家召回,连同设计图纸也一并带走。那时,制造一颗属于中国人自己的导弹,是国家的头等大事。大哥作为第一批西北工业大学的学生,从机械专业转向导弹技术专业,最终成为一名导弹专家。

二哥活跃外向,兴趣广泛,爱好京剧,还有一手好厨艺。我的性格介于两位哥哥之间,不如大哥聪明,也不如二哥活泼,好在我足够用功,追求完美。我和二哥之间话更多一点,直到现在,我和二哥每隔几天便会联系一次。

童年的"汽车"梦想

北京,这座历史文化名城,近代以来长期兵连祸结,历尽苦难,饱受摧残,直到新中国成立才获得了新生。

因为出生在一个与机械紧密相连的家族,经历了家族在时代变迁中的起落沉浮,我对机械的理解和感情就与其他少年有些不同。就在那段物资匮乏的时期,我却有了一个当时看来多少算是

第一章　机械世家

有些痴心妄想的童年梦想——拥有一辆属于自己的小汽车。

那时候，孩子们没有什么玩具。我家与工厂相邻，我唯一的乐趣就是奔跑在家与工厂之间。机器的轰鸣声、金属的光泽，还有奶奶不时的叮嘱——"不要碰机器"，构成了我童年记忆的底色。

尽管厂子里生产的是汽车配件，但在那个汽车还是稀罕物的年代，我真正接触汽车的机会并不多。记得有一次，家中来了客人，门口停了一辆小轿车。我怀着好奇想要近距离观察一下，却被司机喝止了。那时汽车是尊贵的象征，司机们无时无刻不守护在旁，生怕有丝毫闪失。

我们家胡同口有一家木材店，橱窗里摆放着一辆精致的木质小汽车，它可以靠脚踩前进，还有一个可以转动的方向盘。虽然这并不是一辆真正意义上的汽车，但还是令我心驰神往，心里盘算着等过年有了压岁钱就买下它。

五岁那年的春节，家里热闹非凡，亲戚朋友们纷纷前来拜年。大人们会给家中最小的我一些压岁钱，我天真地以为这些钱都属于我。每个夜晚我都会摸着枕下的钱，在即将骑上小汽车的期待和畅想中进入梦乡。

然而，春节过后，母亲却要求我把压岁钱交给她，用来贴补家用。为此，我闹了好几天情绪，直到叔叔安慰我说："玩具车机械原理简单，改天我给你做一个。"我这才消停。

此后的日子里，我一直期盼着叔叔能够回家来给我做一辆小汽车，让我在胡同里驰骋。就在这样的期盼和等待中，我告别了童年，一天天地长大了。

直到今天，每当看到孩子们在玩具车中找到快乐时，我都会想起自己童年的梦想，想起那个渴望拥有一辆小汽车的自己。当我有了外孙，发现他也和我一样喜欢汽车时，便一辆接一辆地送给他不同的车模。看着他脸上洋溢着幸福的笑容，我也感到无比的满足。

1988年，我第一次访问丰田汽车公司，对方赠送给我一辆铸造的车模，包装特别精美，镀金工艺十分考究。我把它带回家，送给了我的外孙女。然而，她一下就掰坏了。

多好的一个车模呀，怎么就掰坏了呢?！那一刻，我不免有些失落，但也随即释然——毕竟时代不一样了。

第二章 学生时代

美好的教育滋养一生。学生时代遇良师益友,乃人生幸事。

无论是文学的熏陶,还是职业生涯的关键抉择,我都受益于师友们的无私帮助。他们是我人生旅途的宝贵财富。

童年早当家

1949年家产上交后,原本能让我肆意奔跑打闹的四合院不断搬进陌生人,我们一家七口缩进了三间小屋。院子里的水龙头也不再是我们独享,各家必须卡着点排着队才能刷得上牙洗得上脸。院子里这家垒几块砖,那家搭间厨房,使得原本宽敞的院子,逐渐没有了下脚之地。

当妈妈与叔叔们出门工作,哥哥们步入学堂之后,家中的一应事务全部落到了奶奶身上。裹了小脚的奶奶走不了远路,于是,家庭采买等需要奔走的活计,奶奶逐渐放手给了只有五六岁的我。

每当我遇到办事不顺回家抱怨时,奶奶总会放下正在缝补的衣服,用那不再光滑柔软的手抹去我不争气的泪水,然后抱着我不住地说:"你还这么小,不应该承担这些。"

我清楚奶奶心疼我,也明白这个家里需要我。

一个没见过祖父、没有父亲陪伴的孩子,却一直能感受到来自奶奶、妈妈及叔叔、哥哥们的关爱。

随着年岁渐长,我也逐渐明白了奶奶所教导的"吃亏让人""莫忘他人之恩,不记他人之过"以及"真诚待人"的含义,形成了自己的世界观、人生观和价值观。

七岁那年,我跳过了学前班,也没有上所谓的幼儿园,直接进入新开路小学(后与东总布小学组成现在的新开路东总布小学)。然而,没想到班主任老师的严格要求竟然是体罚。

正值既贪玩又没有任何约束的年纪,我们班却总被夸是全年级里最安静也是最"主动"学习的班级。在一声声夸奖之下,是同学们高肿的手心,是噤若寒蝉的课堂氛围。

刚刚踏入校门的我,天真地认为班主任老师就应该是那般怒目圆睁,那般厉声呵斥。直到二年级末,我才明白那些我以为的常规,其实是其他老师口中的"虐待"。随着班主任的下台,我们班的同学被分散到了其他班级。

这一年,我成为班长,次年升为中队长,五年级担任大队长,直至小学毕业,我都是站在全校队列最前方,带领全校举行升国旗仪式的学生。

东单公园"抓特务"

循规蹈矩的生活里也总有一些小意外。

十岁上下,正是贪玩的年纪。一天下午,我们走在去上学的路上,遇到同学往回走,他传达了老师生病下午放假的消息。这可把同学们高兴坏了，都在叫嚷着去哪儿玩，最后决定去东单公园。

北京城的每个角落都承载着历史的厚重。东单公园以前叫东大地，新中国成立之前曾是临时飞机场，北平和平解放之后这里就逐渐变成了市民休闲的公园。我们班很多同学都住那附近，在当时，那里是一个散步游玩的好地方。

那天下午，阳光透过树叶的缝隙洒在我们的脸上，我们这群孩童的欢声笑语，仿佛与公园里的鸟鸣声交织在一起，构成了一幅和谐的画面。然而，就在这样的和平氛围中，一段小插曲却意外地发生了。

有位穿着解放军军装但没有佩戴军衔的陌生人走向了我们。他长相清秀，也很健谈，自称是从朝鲜战场回来的志愿军，讲了好多惊心动魄的战斗故事，简直像位战斗英雄。这时，有人忽然小声说道：这个人有问题，肯定是个特务，不然怎么这么能说？

那时，新中国刚刚成立不久，各个新的解放区仍有大量国民党残余势力，有的地区被肃清，还有许多地区正在清剿中。但在已经肃清的地区也多次发生反革命武装暴动。他们杀害干部，抢劫公粮和物资，并在一些地方破坏工厂、仓库、铁路和轮船。㊀

所以，全国上下正开展"肃清反革命运动"，掀起了"抓特务"的热潮，哪怕是小学生的我们也都想"积极参加"。

于是，有人提议，几个人负责缠住他，再派一个人去派出所报案。过了半小时左右，两位警察叔叔赶到了现场。经过一番核实，发现人家确实是志愿军，真的是从朝鲜战场归来。

㊀ 《关于"肃清反革命运动"的起因》，南京大学历史系王小平发表于《安徽史学》2013年04期。

虽然是个误会，现在回想起来仍觉得好笑，但对那时单纯的我们来说，也算是一堂生动的爱国主义教育课，也让我开始意识到，世界远比想象的要复杂。

彭云浩，你在哪里？

小学期间，我遇到了一位非常要好的同学，他名叫彭云浩，与我同桌，是一个性格内向但天赋异禀的孩子。他字迹工整，擅长绘画，尤其是画马。短短课间十分钟，他就能勾勒出各种姿态的马儿——奔腾的、悠闲的、侧卧的……个个栩栩如生。

他的父母是新中国成立后从新加坡归国的华侨，在《人民日报》工作。他的母亲曾告诉我，他们初来乍到，最担心的就是彭云浩在这里没有朋友，彭云浩有了我这个朋友，让他们感到非常欣慰。而彭云浩在学习方法和兴趣爱好方面，都深深地影响了我。

我们俩最快乐的时光，莫过于周末去北海划船。新加坡四面环海，北京没有海，甚至是一个缺水的城市。北京整个市中心，只有北海水系有水，再远一些的就是昆明湖了。一开始，老板并不愿意将船租给两个小学生，直到时间长了，大家慢慢熟了，才放心租船给我们。我们总是带着零食上船，而彭云浩的背包里永远有两样东西：核桃仁和咖啡。

1958年，我与彭云浩一同考入北京二中。然而，就在那一年，彭云浩的父母因政治原因被下放至柳州，他也不得不随父母离开北京。临别之际，他想把他珍爱的自行车送给我留作纪念，因太过贵重，我没有收。我买了两本俄文数学书送给他，以作纪念。

彭云浩离开北京的那一天,我到火车站给他送行。在站台上,我们紧紧拥抱,悄悄话说个没完。我对他说:"彭云浩,你一定要考回来。"他说:"放心吧,我一定会考回北京上大学。"

初中时期,我们曾一直保持联系,那时他就读于柳州一中,但初三以后,我们便断了音信。我猜想,他或许是回到了新加坡,那个他曾经生活过的、四面环海的地方。

"轰轰烈烈"中的一篇小作文

小学毕业那年,正是"大跃进"运动兴起的一年。那是个热血沸腾、全民亢奋的年代,广播里、报纸上每天都有"改天换地"的重大新闻和"最新喜讯",校园内外处处张贴的标语,都是使人热血贲张的豪言壮语。

"大跃进"中,我也有一次不一样的经历。小升初的考试,我的总分是189分,数学满分,语文却破天荒地只有89分,应该是作文失了分。

那年毕业考试的语文作文题目是"大跃进中的一个小故事"。由于奶奶对我的人生意义非同寻常,所以当拿到这个题目时,我情不自禁回想起了自己每天在家教她写字的场景,于是将这件小事写进了作文。

记得在那篇作文中,我这样写道:"在'大跃进'的浪潮中,每个人都在以自己的方式,为国家的繁荣富强添砖加瓦。我的奶奶虽然年事已高,但她学习热情丝毫不减。每当夜幕降临,奶奶总会拿出纸笔,同时把我叫到身旁,让我教她学习写字。写字之余,奶奶还会说出自己的感想:'学习不分年龄,知识的力量是无穷的。'正是奶奶这种'活到老,学到老'的精神,激励着我,不惧困难,勇往直前。"

在我看来,这正是时代"大跃进"下一件具有代表性的小事,我满怀信心地交上作文,期待着老师的肯定。考试后回到家中,我还把这件事告诉了母亲。

然而,成绩揭晓时,尽管我依然是全校第一名,并被北京市第二中学(因该校曾长期为男子中学,故在相关资料中将其称为男二中)录取,但我的语文成绩却不理想。我想很可能是阅卷老师认为我的作文跑题了。

即便如此,哪怕是今时今日,我依然坚信,我没有"跑题"——教会一位生于长于旧时代的小脚老太太写字的故事,正是时代前进精神的生动体现。无论年龄大小,无论身处何时,每个人学习的脚步都不应该停歇,只有这样,才能推动国家向前。

北京二中的七年

北京市第二中学(以下简称二中)是一所承载着厚重历史与文化的学府。其前身是 1724 年所建清室觉罗八旗左翼宗学[一],1949 年北平解放后,成为当时最早建立革命新秩序的学校之一,至今已历经三百多年的风雨。校园里的古式建筑,保留得相当完好,它见证了时代的变迁,也孕育了无数的英才。

进入二中读书,对于刚刚失去最好朋友的我来说,这里既是一个全新的社会环境,也是一段新的旅程。七年的中学生活,奠

[一] 《北京二中在前进、在发展》,发表于《北京教育》1997 年 04 期。

第二章　学生时代

北京市第二中学大门

定了我人生观、价值观的基础。在这里，我遇到了值得尊敬的老师，也遇到了一群情同手足的同学。

我在二中待了整整七年。初中三年都在四班，中考时班里八成同学考入二中高中部，进入高中一班。这样，几乎所有同学都在同一个班里朝夕相处了六年。那个时候的二中还是一所男校，我们像兄弟一样，感情深厚而纯粹。

高中一班的同学都极有才华，大多数的同学都会乐器，陈淮秋的指挥，徐德延的笛子，陈凯、董舒的二胡，饶凤歧、方玉林的扬琴，等等，足够组成一支乐队。

除了具有艺术天分外，班里的篮球水平也极高。任跃青、徐德延、管冲、崔黎辉、魏建国都是校队的主力队员。1964年北京市中学生篮球决赛中，二中校队荣获亚军，赛场上五名球员，我们班居然占了四位。可以说，高中一班在德智体美劳方面样样不输其他班级。

现在健在的这几十位同学，每天依然在微信群里分享快乐，互道早安，并真诚地赞美他人的成就，天天如此。

高三那年，我因为近视导致高血压，不得不休学一年。于是，我的中学比别人多了一年。

复学时，新的学期早已开学了一段时间。我被安排进了当时的高三二班，尽管与同学们相处只有数月，又是学业繁杂的高三，但也给我留下了难忘的记忆。

高三二班的班主任是聂影梅老师，她是一位物理老师，江苏镇江人，在上海长大。与戏剧中描绘中的江南温婉女子不同，聂老师声音洪亮，精力旺盛，走起路来风风火火。她性格极为开朗，加上只比我们大十岁左右，与我们而言，亦师亦友，可谓无话不谈。

我对她的名字印象极深。她如名字一样，如梅花那般傲然挺立，十分自信。她自己有时会直接说："我可以说是北京市特级教师中最优秀的物理教师。"

1956年，聂老师毕业于江苏师范学院（后更名为苏州大学），师从物理教育学、物理教学法研究前辈朱正元老先生、周孝谦教授。她的物理课讲得绘声绘色，常常受邀到北京教育界公开授课。我记得，高考那年我的物理考了118分，是各科中的最高分，几乎达到了满分，连附加题都做了。这样的成绩，自然是与聂老师的教导分不开的。

我和聂老师只有高三一年的短暂相处，但毕业后关系却越来越密切融洽。这自然与聂老师与我们亦师亦友的关系有关——她召集同学们相聚总能一呼百应。

不过这里也有同学齐家正的一份功劳。

齐家正在班上并不高调，也没有考上大学。但他为人热忱，总是第一个得知哪位同学家庭有困难，哪位同学身体不适，也总是及时地给予关心和问候。每次我们聚会去看望聂老师，都是齐家正在背后默默张罗。即使在退休后，他也是维系海内外同学间联系的枢纽。

人的才能不仅与天赋有关，更会受到环境的影响。二中的这些同学和老师相互成就，也塑造了现在的我。少时的记忆，对我而言，印象最深的就是高中。

岁月如歌，时光荏苒。我们已经青春不再，但那段在二中度过的日子，却永远镌刻在我们心中。直到现在，当我偶尔拿起笔无意识地在纸上涂画时，写下的总是"北京二中"。这不仅仅是一个名字，更是一段刻骨铭心的记忆，一种难以割舍的情感。它代表着我的青春、梦想和奋斗，以及那些与我并肩作战的兄弟和亦师亦友的老师。

每当夜深人静时，那些熟悉的面孔，那些欢声笑语，总会在我的脑海中浮现，让我感到温暖和力量。无论我们走到哪里，北京二中永远是我们心中最温暖的家。

亦师亦母王竞先生

好的学校，都是因为有好的老师。当一个人心有志向的时候，遇到真正能给自己启蒙的老师，将让自己终身受益。所谓"人生导师"，莫不如此。

在北京二中的七年，除了高三二班的聂老师，有两位最值得我尊敬并怀念的老师。一位是教我们语文的韩少华老师，另一位则是高中班主任王竞先生。

可以说，王竞先生是我的人生导师。她就像慈母一样，对待学生如同自己的孩子，在同学们心中，她既是恩师，也是慈母。我们总是尊称她为王竞先生。

王竞先生97岁那年的春节，我和同学们约定一同前往探望。作为班长，我承担了购买花篮的任务。我和我的爱人前往离家不远的一家花店挑选鲜花。店主询问我:"这些花是要送给谁?"我回答:"送给我的老师。"

他听后感叹道:"您真是幸运啊!"我好奇地追问:"怎么说?"他回答:"您这么大年纪还能有老师!"我解释说:"我没多大岁数,就七十多岁。"他笑着回应:"七十多岁还能有老师,这当然是幸福的!"

聚会时,我向同学们分享了这段对话。我感慨地说:"咱们真的很幸福,七十多岁了还能每年来给老师拜年。"拜完年后,王竞先生总会拿出一些钱就近交给某个同学,并交代用这些钱请同学们一起出去吃个饭。每年如此,直至 2016 年她离世,享年 103 岁。

王竞先生毕业于北京大学中文系,为人温润如玉,总是能够关心到每个人。我高中休学一年,也与她有关。

受韩少华老师影响,高中时,我读的是文科。文科嘛,得多读书。我给自己定的目标是每个月至少得读六本名著,学习并培养自己的文学素养。那时候,我几乎天天看书,真是走也看,坐也看,躺也看,直到有一天王竞先生叫住我,说:"付于武,你看起来精神不太好。"我答,最近老是睡不好。

她不放心,带我去北京同仁医院检查,结果查出了高血压。病因就是长期卧床看书,导致双眼视力差过大,一只眼睛视力 1.5,另外一只眼睛视力只有 0.1,视力差造成了高血压。

学校医生建议我休学,王竞先生也劝我,让我一切以健康为重。恰好那一年我想报考的中央戏剧学院不招收应届高中生,抱着第二年可能招生的期待,我决定休学。

毕业时,我们班有些同学因各种原因没能考上大学,但在王竞先生的悉心劝导下,全都能坦然面对。

1967年，高中同学与王竞先生于北海公园合影（二排右三为付于武）

20世纪60年代凡事看"出身"。高中班里同学的家庭出身差别很大，有高干子弟，也有一般家庭子女。毕业时，我们班多人考上清华大学，也有很多落榜的同学，但班级内从没有出现过相互歧视的现象，不分高低贵贱，完全平等，直到今日。这都与王竞先生关爱、民主、仁慈的悉心教导密不可分。

我想，并不是每个人都能遇到这样的恩师，而我们是多么幸运地遇到了她！

非常遗憾的是，她走的那天我没能赶回来送别，但灵堂上的那张照片，正是她97岁时抱着我送的那束花的照片。

吾师韩少华

韩少华老师，其实是当时留校任教的学长，年纪并没有比我们大多少，却是一位自学成才的散文学家，也是一位极具感染力的老师。

韩少华老师

韩老师家境不好,营养欠佳,身体羸弱,但有饱读诗书的气质。他独自一人,暂居二中,冬天戴一顶带檐的单帽,上身穿一件中式外套,围一条围巾,有点"五四青年"的样子;因为寒腿的缘故,他下身总是穿着厚厚的裤子,甚至夏天也会穿棉裤。

学校其他老师曾不止一次"敲打"我们,让我们千万不要被韩老师"带坏了",因为他带出来的学生,几乎都是文学青年。这当然不是韩老师的问题,毕竟每个人都有对文学的向往。

直到今天,我还清晰地记得韩老师给我们上的一堂别开生面的语文课——一堂不在教室里的语文课。

在一个周末,韩老师带着我们从二中出发直奔景山公园。景山公园内有五座亭子,万春亭为最高点,东侧和西侧各有两个亭子。东侧是观妙亭、周赏亭,西侧有辑芳亭、富览亭。五亭依山就势,对称协调,是我国古典园林中的佳作。

万春亭位于景山的中峰,也处于京城中轴线上。站在万春亭上可以俯视北京全城,被人们称作京华览胜第一处。

我们拾级而上来到万春亭,韩老师开始布置作业。他让我们不看牌匾,忘掉它叫万春亭,而以《望春亭》为题,写一篇作文——写它为什么被称为"万"春亭。

对二中的高中生来讲,写作不是难事。同学们奋笔疾书,描绘着眼前绚丽多彩的春色。之后他又接着提问,如果用两个字来形容你们看到的,会是什么?同学们的回应里有"未来",有"希望",还有"生命",充满了少年的想象力。韩老师特别高兴,他说,文学就是需要有形象思维,就是需要在生活中发现美好。

韩老师一直都是这样带着我们,在万物中看生命,从生命中看世间的美好。他有一篇很好的散文《序曲》,写了一个舞者到舞台表演的一瞬间让他想起自己以前的所为所思以及心灵的共鸣，文章的想象力让人心驰神往。为什么韩老师能写出这样美妙的文章？这缘于他对生活的热爱。

从万春亭下来后，我们出西门，进入北海公园，来到延楼游廊。韩老师又给我们出了第二篇作文题目——"北海画廊随笔"。

半圆形的北海长廊长约 300 米，临北海，廊前水光潋滟。上层为楼，下层为廊，上下两层都画满彩绘。行走在长廊上，如同走在画卷中，每一步所看到的景色都不一样。

韩老师要求，不要写水，要写你走在长廊上看到的千姿百态的景色，他是想让我们学会观察生活、观察社会、观察身边的点点滴滴。

这场实景教学，虽然只有短短的半天，却让我觉得受用终生。我从小在北海划船，路过长廊无数次，却从没有如此细致地观察过这里。这堂课的每一处细节，直到今天我依然历历在目。

我从小学、中学、大学，再到自学，再也没有经历过这样的教学，以至于每次看到外孙写不好作文时，我总想带他也走一走景山、北海，写一写万春亭为何是"万"，看一看长廊上移动的画卷。

接受过韩老师教育的学生，无不喜欢这样一位良师。那些年里选择学文科的同学中至少有一半都是受到了韩老师的影响，也包括我，这其中还包括韩老师的女儿韩晓征——她是一位著名的诗人，子承父业。

2010 年 4 月的一天，同学冯万友通知我，韩老师离世了，追悼会定在了 4 月 9 日，他说，付于武你一定要到。但出差在广州的我实在无法赶到现场，无奈缺席了最后的告别。我想，如果我在的话，一定在韩老师遗像前再次讲起那年的景山万春亭和北海长廊。

音容宛在的同窗们

我一直认为，中学时代，特别是高中时代，奠定了我的人生观和价值观，我遇到了值得尊敬的老师，也拥有了情同手足的同学。

在我这个年纪，已经开始经历长辈、亲人和老友的离别。只是这些年来，这样的情况变得愈加频繁。在回顾往事时，我想在这里记下几个已经离世的同学，算是对我们这一代人共同拥有过的青春的纪念。

☆ 崔黎辉：老同学陪他最后一程

2004 年，同学崔黎辉因病离世。离世前，他仍惦念着要安排我们与他的哈尔滨军事工程学院（现中国人民解放军军事工程学院）同窗、时任国防科学技术工业委员会主任的张云川见面认识。

在八宝山公墓崔黎辉的葬礼上，他的中学同学和大学同学相见了。崔黎辉大学时的班长特意找到我说："在崔黎辉患病期间，你们中学同学做得比我们好。"

生病前的崔黎辉有妻子，也有女儿，但长期的病痛折磨使他卧床不起，家庭也因此陷入困境，最终妻离子散。尽管他也有姐姐和妹妹，但她们能力有限，难以照顾周全。

崔黎辉病重的那天，给我打电话说："付于武，我喘不上气来了，实在没办法，只好找你。"我让他别着急，并告诉他我会安排人明天一早就接他去医院。紧接着，我给在北京中医院工作的同学陈凯打电话，对他说："明天魏建国送崔黎辉去医院，不许拒绝,无论如何要让他住院。"

然后,我又给另外两位同学打电话,商量送崔黎辉去医院的事,他们当即应允。次日,这两位同学,一个负责背崔黎辉,另一个负责开车。就这样,三位同学将崔黎辉住院的问题解决了。入院检查结果是肺癌,自此,崔黎辉再也没能走出医院。

当时我正在开会,会议一结束,我便匆忙赶往医院。崔黎辉的家人也在医院,但住院期间所有的检查、治疗事宜,都是由我们同学一手操办。

☆ 吕英林:热爱生活的人

说起中学同窗,绕不开一个名字——吕英林。他是我的邻居和发小,也是我中学时期最要好的朋友。1958年夏天的一个早上,我接到了北京二中的录取通知书,走到门口,发现吕英林也从旁边院里走出来,他手里也拿着一份录取通知书。我说,你考上哪儿了?我考上二中了。没有想到,他也考上了二中。我又追问,我是四班,你在几班?他答,四班。

自此,我们成为六年的中学同学。可以说,当时我学文科也影响了他。中学时,我们常说他得到过韩少华老师的真传,韩老师给他批改作文总有不同的角度解读。后来为追忆韩少华老师,他曾写过一篇文章《吾师少华》,发表在《北京晚报》上,可惜这份报纸他的夫人没有留存,现在已找不到原文。

吕英林是一位文学青年,为人乐观热情,不仅文章写得好,而且非常喜欢表演艺术。高中毕业前夕,他报考北京电影学院,遗憾落榜,之后的正常高考也失利,但他很乐观,他对我说:"没有关系,我明年再考。"第二年再次失利,当他准备下一年再考时,"运动"开始了……

吕英林没有放弃。"运动"结束之后,他经过顽强努力,拿到了大学中文系的毕业证书。

吕英林的晚年病痛不断。先是得了肝硬化,不得不换肝;后来又患上慢阻肺,极为痛苦。吕英林热爱生活,在病魔面前,他表现得就像是一名坚强的战士。

吕英林患病后,陪伴在他身边的,除了家里人的爱之外,还有中学同学的爱。我们全班所有同学都曾对他施以援手,没错,是"全班所有同学",特别是张起瑞、陈淮秋、杨健等,更是长年提供经济帮助,让吕英林和他爱人感受到了人间的温暖。

☆ **汪春丁:值得记住的汽车人**

当年,我复学进入高三二班这么一个新班级时,其实很孤单。所幸的是,我遇到了一位好同学——汪春丁。

他当时就坐在我前面的位置,对新来的我特别关心。第一天中午放学之后,他就追上来问我,付于武你往哪边走?我说走金鱼胡同。他说,我跟你走一段。就这样,他一直陪我走到了家里。因为他的主动,我们很快熟悉了起来。

后来,汪春丁考上了北京化学纤维学院(现更名北京服装学院),毕业后分配到湖北襄阳轮胎化学纤维厂工作。襄阳轮胎化学纤维厂主要从事轮胎生产,旁边就是东风公司轮胎厂。而我,北上哈尔滨,对彼此的工作内容了解得不多。

直到 2023 年中秋节的前一天,我接到汪春丁的电话,他说:"付于武,我不行了,你能不能来看看我?去世前,有些事情总要说一下,否则没有机会了。"电话那边,传来他非常虚弱的声音。

我在电话这头承诺道:"好,春丁,明天是中秋节,你挺住,我约几个同学后天上午到医院看你!"接到电话的时候已经是晚上了，我的心情格外沉重。

汪春丁是两年前检查出了白血病，面对突如其来的疾病，他表现得格外坚强。考虑到同学们也都年事已高，他一直在劝阻大家的探望，不想给同学们增加负担，也拒绝亲朋好友的经济帮助。他一直是一个极善良、极有才华、极富情感的人，一个真正的好人！

中秋节后的第二天，我约了齐家正和胡桂森两个同学匆匆赶到医院，汪春丁挣扎着要起来，被我们按住了。他发着高烧，吸着氧气，让他爱人拿出两样东西给我，一样是国务院政府特殊津贴证书，另一样是湖北省科技进步奖一等奖第一完成人的证书。

他开始叙述他的经历和故事，但由于身体虚弱，只能断断续续地讲。从他的口中我才得知，他在轮胎的内帘布还在高度依赖意大利等国家进口的关键时刻进入了汽车轮胎行业，临危受命，不知道经历了多少个日日夜夜、多少个沟沟坎坎，汪春丁和他的战友们终于实现了轮胎内帘布的自主研发，完成了国产替代的研发攻关，并因此获得了崇高的荣誉。

而他讲的这些，即便作为朋友，即便同处汽车行业，以前我们竟然都不知道！汪春丁一生非常低调，这个荣誉、这份荣耀从未在同学面前谈起。

在汪春丁吃力地讲完这段经历后，他全身放松了下来，脸上泛起了笑容。他爱人说，春丁已经很久没有笑过了。"人来到这个世上，总是要做点事情的，对自己也要有所交代，现在我可以放心地走了！"汪春丁最后说，似乎完成了一项重要任务，人生终得圆满。

在我们去看望汪春丁后的第二天，他放弃了治疗，没过几天就离开了他热爱的生活和事业。

我从事汽车行业几十年，经历了中国汽车从小到大的过程，并且正在见证奔向汽车强国的伟大历史。这是一个筚路蓝缕、以启山林的过程，是无数的汽车从业者栉风沐雨、团结奋斗的过程。

在这个过程中，产生了很多优秀企业和优秀人才，也有很多知名人物。在我们谈起今天中国汽车产业所取得的成绩时，往往只会提起为产业做出贡献的、有限的一些耀眼的名字，却很容易忽略那许许多多低调地默默做着贡献的人，尤其是为某一细分领域的自主研发而倾注了毕生热爱和精力的工程师们。

我的老同学汪春丁，就是这许许多多默默做出贡献的杰出工程师中的一员。他们，值得被铭记！

文学梦与机械缘

北京二中培育出了无数热爱文学的青年学子。在韩少华老师充满智慧与激情的教导之下，我们班的同学大都沉浸在文学的海洋中，最终有一半的同学选择了文科——这在当时是极为罕见的。

我也不例外。除受韩老师感染外，好友徐庆东（著名导演，代表作有电视连续剧《重案六组》等）、冯万友（考入中央戏剧学院表演系，也是一名优秀的演员），也让我进一步感受到戏剧文学的魅力。文学的世界远比我想象的要宽广，戏剧是一门能够将文字转化为生动的形象、让人物在舞台上栩栩如生的艺术。我被这门艺术深深吸引，渴望能够创造出让人难以忘怀的角色和故事。

徐庆东不止一次对我说:"中国的电影、文学、戏剧中,真正优秀的作品太少。如果你真的热爱文学,就应该以戏剧文学为方向,塑造更多的文学形象。"他更鼓励我说:"付于武,我看好你,你去报考戏剧文学专业吧。"受他们的影响,我便立志报考戏剧文学专业。

但命运似乎总爱开玩笑,就在我满怀憧憬准备投身戏剧文学的怀抱时,却发现这个专业并未对应届高中毕业生开放。哪怕是我休学一年,这一状况也没有改变。我与戏剧文学的缘分,就这样悄无声息地擦肩而过。

面对这样的现实,我不得不重新审视自己的未来。在那个决定命运的十字路口,我突然做出了一个看似荒谬却又无比坚定的决定——报考工科。

对于一直沉浸在文学世界中的我来说,这无疑是一个巨大的转变。作为文科生的我,不学立体几何课程,能否如愿以偿地考入大学?今后能否跟上工科的学习进度?这些都是未知数。

然而回想起来,当时的我似乎从来没有担心过什么。我将这个决定告诉奶奶时,她非常开明,表示无论我选择什么,她都支持。她还说,我们家本来就是机械世家,我选择工科,也是回归家族的传统。

有时,人真的需要相信命运的安排。从戏剧文学之路的阻断,到报考工科的抉择,整个过程我并未感到迷茫或焦虑。

有句话说得好:一切都是最好的安排。既然命运让我选择了工科,那我就要全力以赴来追求卓越。

☆ **起伏跌宕的大学生活**

在两次错失报考戏剧文学的机会之后,我顺利考入北京机械学院（1972年与陕西工业大学合并为陕西机械学院，现西安理工大学）。这是我青年生活的起点。

北京机械学院，诞生于北京大办高等学校时期，承载着国家工业化的梦想与重任。学院的建筑以沉稳的灰色调为主，正如那个时代一样，让人感觉沉甸甸的。

学校图书馆的墙壁上，爬满了常青藤，给人一种历史的沉淀感，那里是我最喜欢的地方，有时间我都会跑去图书馆，沉浸在美好的阅读时光里。相比在中学时代坐着、躺着和走着读书，在这里更让我感到内心的宁静。

然而，那时的北京已悄然被一层不安的阴霾所笼罩，一场历史巨变的洪流正在暗处涌动。我们这群满怀激情的青年，在这场风暴来临之际踏入了大学校园，于动荡中迎接着即将到来的社会运动洗礼。

☆ **大学是个新世界**

我的祖父来自农村，但我出生在北京，上大学之前从未离开过北京，平时接触的人也都是北京人，对北京之外的地方一无所知，更不知道农村是什么样，以及外地人又是如何生活的。上大学后，我仿佛来到了一个全新的世界。

在这里，我遇到了来自五湖四海的同学，他们带着各自的故事，汇聚在这所学院，共同谱写着属于我们的青春篇章。我们班的同学来自13个不同的省市，有的来自山西的黄土高原，有的来自河北的辽阔平原，有的来自山城重庆，还有的来自繁华都市上海。这样的组合，让整个班级充满了活力和多样性。而我，则从同学们的口中一点点感受到祖国的辽阔，以及不同地区的风土人情。来自重庆的同学，性格耿直而倔强，就像那座山城的地形一

第二章 学生时代

样,充满了坚韧与不屈;而上海的同学,生活习惯与北京人截然不同,他们讲究细节,追求精致,这也让我对上海产生了好奇与向往。

同学中有一半此前生活在农村,他们为人善良、勤劳节俭,言行举止透露出质朴、诚实和厚道。

大学生活与中学时期单一的学习生活相比,给了我们更多的自由和选择。入学报到的那天,校园里遍布各类社团招新的摊位与讯息,这边是民乐队,那边是篮球队,大家可以自由申报。我站在众多社团的招新摊位前,心中充满了激动和期待。

与现在的大学不同,那时候如果篮球队录取了你,你甚至可以与队里同学集中住在一起,不用回到原定的宿舍。

我延续了中学时期对民乐的热爱,拉了一段二胡,又弹了一曲琵琶,便加入了民乐队。不过,我并没有选择与队友们一起居住,而是坚持回到班级宿舍。在我的心里,业余爱好虽然重要,但学业才是我的主业。我需要在两者之间找到平衡,确保自己既能享受音乐的乐趣,又不耽误学业的进度。

大学时代的付于武

不过,或许是看中北京学生比较擅长写文章,抑或我身上的文学气质,我被学院选为院刊头版的编辑及系文体部部长,这让我感到既惊讶又荣幸。

☆ 渴求知识的学子们

大学生活最让我震撼的还是每位学子对知识的渴求。特别是那些来自农村的同学,身上带着一种仿佛是从泥土里生长出来的质朴和善良,他们对知识的渴求,是对未来的憧憬,令人动容。

我们宿舍的同学,来自六个省市,虽然背景不一,相处却十分融洽,生活中充满趣味。记得经常是半夜醒来,四周一片寂静,只有月光透过窗帘,洒在宿舍的地板上。隐约发现,宿舍里除了我和另一位北京同学外,其余五个床铺都空荡荡的。我想,他们肯定又在不知道的哪个角落里,借着微弱的灯光,沉浸在书海之中,而我们俩却在呼呼大睡。

我们的课堂氛围十分活跃,课堂教育方式灵活开放。那个年代,考试通常是开卷,考试时大家还可以讨论。在我们看来,这既是考试,更是学习的补充、知识的巩固。因此,即便是开卷考试,我们每个人都会认真对待,不会浪费这一宝贵的学习机会。

我时常会想,如果"运动"没有发生,如果我们的课堂学习没有中断,每个人都能像那些来自农村的同学那样如饥似渴地持续学习下去,那么中国的未来会怎样?我相信,在这样的努力和拼搏之下,中国无疑会变得更加美好。

一个决定:远离喧嚣

但我们没有想到,"文化大革命"来得如此突然,彻底破坏了原有的大学生活秩序。

南京大学出版社曾出版过一本关于那个时期高校组织和制度变迁的书籍,文中就有提到,所有的人都变得异常激动,叫停了原本正常、规律的教学,纷纷走向街头,校园内反而变得异常冷清。

在这样的时代背景下,我做出了人生中最正确的决定——提出成立"教育革命小分队",概括而言,就是走出校园去工厂,与工人师傅一起,边劳动、边学习、边实践。直到现在,我都认为这是一个大胆的尝试，一个在动荡中寻求知识与实践技能的创新之举。

我规规矩矩十几年，也不知是从哪里来的胆量与魄力，支撑着我反复向上面提出申请，并与北京量具刃具厂取得联系，又在北京军事博物馆附近找到一个小院。终于，我的申请获得学校和革命委员会的批准，同时也得到了北京量具刃具厂的支持。于是，"教育革命小分队"正式成立了。

在那个特殊年代，我们的"教育革命小分队"简直可以说是身处世外桃源。我们开辟了自己的小天地，远离外界喧嚣，专心致志地进行"教育革命"。每个人都在争分夺秒地学习，有人半夜里还拿着手电筒在被窝里苦读外语。不仅是同学们在努力，教研室的二十几位老师也全力支持我们，争取不落下任何专业课教学。

我们的日常生活是半天学习、半天劳动。同学们分配在不同的岗位，工种不同，劳动强度也不同。身为小分队的组织者，我把最累的活派给自己，带着要好的同学去了卡尺班组。我相信只有这样安排，才能赢得大家的尊重和信任。

经过一年多的"教育革命"，我们为自己争取到了宝贵的学习时间和单纯的生活环境。这真是一件对社会、对参与其中的师生们的幸事。如今回想起来，大家那种对学习的热爱、争分夺秒学习的场景，仍然历历在目。

搬迁汉中

20世纪60年代可谓风云变幻，随着中苏关系的不断恶化，边境局势也日益紧张，战争似乎一触即发。1969年下半年，全国进入战备高潮。同年10月18日，为了防备苏联以谈判为由对中国发动突然袭击，相关领导人发出"六条指示"，命令全军进入紧急战备状态，这就是"一号号令"。

此后，各地积极开展战备教育、战备动员、人口疏散。首都北京也进入高度紧张时期，所有设立在北京的高校被要求全部外迁到其他小城市，甚至是农村地区。

北京机械学院隶属于当时的第一机械工业部，当时派驻到学校的军代表是空军，工宣队来自北京铁路局，执行"一号号令"坚决且迅速。从1969年11月5日开始，在短短的20天之内，工宣队专列就将几千名学生从北京迁到了汉中。这是一次前所未有的大搬迁，也是对我们青年学子意志与信念的一次严峻考验。

汉中，这座位于陕西西南部的小城，北依秦岭，南临大巴山，中间是一片肥沃的盆地。其辖区内的阳平关，是个一夫当关万夫莫开的地方，山势险峻，地势险要。这里成为北京机械学院师生新的栖息之地，也见证了一段难忘的历史。

当时搬迁到汉中的有两所大学，一所是北京大学，另一所就是北京机械学院。一个小城市忽然涌入这么多人，后勤保障是极其艰难的。住在哪里，成了摆在我们面前的第一道难题。

最初的安排是，女同学住大厂房，所有的男教师和男同学则住进了位于汉中南边的大窑洞（原来是胡宗南的弹药库）。窑洞内通风不畅，温差巨大，潮湿得让人难以忍受。每天早上醒来，褥子上都凝结着水珠，可以想象晚上是多么寒冷。所幸当时的我们年轻，否则根本承受不了。

半年后，我们也搬进了大厂房。工厂一分为二，男生和女生分居两侧。这样的生活虽然简陋，却也充满了青春的活力与朝气。我们在这里学习、生活，直到毕业离开汉中。

激情燃烧的岁月

抵达汉中,我们这群从北京搬迁而来的学子,面对的不仅是一次地理上的迁移,更是一次身体与精神上的"双重洗礼"。在这里,每个人都要投入到建校劳动之中,用我们的双手和汗水为新校园的建设添砖加瓦。

我们系的全体师生分配到汉江机床铸锻件厂,这个厂是第一机械工业部在汉中"三线项目"的关键一环,工作强度很大。铸件的生产需要使用巨大的压力锤,地基必须打得特别深,厂房的高度也有严格要求,我们需要爬到厂房的高处进行作业。看着那些高高耸立的建筑,连老师都会腿脚发软、望而却步,而我们当时却无所畏惧,总是迎难而上。或许是因为那时我们还年轻,如果换作现在,我很可能也会因恐高而退缩。

那真是一段"激情燃烧的岁月"。"活着干,死了算,热血洒在新汉川"的口号此起彼伏,如同战鼓般激荡着我们的心灵。虽然条件异常艰苦,但是我们的劳动热情却十分高涨。

在搬进工厂之前,为了缓解窑洞里的湿气,我们需要组队上山砍柴。对于我们这些在城市长大的学生来说,这绝对是一个全新的挑战。我们不知道怎么挑选木材,也不知道怎么使用斧头。去砍柴的路上,我们需要经过一段古栈道,古栈道极其崎岖陡峭,下面就是万丈深渊,让人不寒而栗。

尽管有些犯怵,但是看着别人走,我们也跟着走,走了二十多公里,终于到达砍柴的地方。可是,由于缺乏经验,我们不仅砍错了柴,而且还不知道怎么绑柴。最后,我们带着一堆漆木回到了窑洞。漆木的汁液会导致全身浮肿，我们这群男生无一幸免，浮肿不堪。那次砍柴的经历，让男同学和男老师们都吃了不少苦头。

窑洞生活、走古栈道砍柴，这些经历虽然艰苦，但我们都挺住了，没有一个人退缩，没有一个人放弃。在汉中的那些日子，在我们的人生中有着特别的意义，它让我们更加深刻地体会到了生活的不易，也教会了我们如何克服困难与挑战，如何在逆境中成长。

请缨支边

1970年6月，学校开始筹备招新生，我们这一届也即将毕业。与现在不同，那个时代，大学生毕业时国家会进行统一的工作分配。具体分配到哪里，需要结合学生在校期间的学习、生活、工作等多重因素来考量，此外，还有最为关键的一点——政治觉悟。

1970年7月20日，北京机械学院一系9班在汉中四厂窑洞前毕业合影（第三排左起第六为付于武）

换句话说，校方对你的去向有着绝对的决定权。循规蹈矩了二十多年的我，恰好，在抵达汉中的那一年里，遭遇了两次来自系领导的严厉批评。

一次是因为班上同学突遇变故，作为班干部的我未能及时掌握具体情况。另一次是另一位同学思乡心切，私下向家人发送电报请求回家探亲，不料电报被领导发现，而我没有第一时间汇报，还试图缓和这一冲突，在校领导看来，这无疑是一错再错，"雪上加霜"。

幸运的是，一位管理我们学生的赵师傅给予了我温暖的安慰："付于武，你不要往心里去，我知道你的品性，你做不出落井下石的事。今天你没有做错！"他的话语如春风化雨般，让我的内心不再忐忑。

我与那位领导之间的隔阂，直至工作分配时才得以化解。

临近毕业，传出国家号召青年学生支援边疆、到祖国最需要的地方去的消息。在那本就纷乱的年代，还要远离家乡去更遥远的西部边陲，迎接更不确定的未来，大家都难免心中踌躇，有些犯难。

出乎系领导意外的是，当他们收集志愿单时，我积极主动表态"服从分配"，愿意去新疆、西藏工作。

正是这件事，让那位领导对我有了新的认识和评价："通过这次考验，我才真正了解了你，你是一个很纯粹的人。"在那位领导看来，这才是一次真正的"思想觉悟"的考验。

最终，我没有去成新疆、西藏，而是分配到哈尔滨汽车齿轮厂，与机械作伴，和齿轮为友。在那里，我开始把所学的知识与技能运用到实际工作中。

我记得，毕业之际，我的心中充满期待，坚信天地广阔，必将大有作为。

第三章 企业之旅

职业生涯中的抉择，可能是源于一次偶然的灵感，也可能是出于对某个目标的追求。但这些选择与坚持，最终都让我投身于汽车事业，并且始终保持着对它的激情与热爱。

毕业正逢造车潮

直到多年以后，当记忆将我拉回大学毕业后初入职场的那段时光时，我才猛然意识到，对于中国的汽车工业而言，那是一个多么特殊的年代。

中苏关系因1969年3月发生的珍宝岛事件而愈发紧张，中国开始积极构建适应战争需要的本土工业体系，于是就有了"大三线"建设（建立交通运输、邮电通信、燃料动力和农业、轻工业在内，以国防工业和基础工业为主体的国家战略后方基地）与"小三线"建设（建立以轻武器生产厂为主的后方基地）的战略部署。北京机械学院迁至汉中，仅是这场波澜壮阔的工业迁徙图景中的一小笔。

第三章 企业之旅

1970—1971 年，我国汽车工业迎来了造车潮，全国整车生产点曾一度多达 100 多个，配套企业也如雨后春笋般涌现，呈现出一片生机勃勃的景象。

如此高涨的工业建设热潮，需要有更多的专业人才投身到工业体系的建设工作中去。正因如此，因政治风暴与备战转移而暂时搁置的大学生毕业分配工作才得以重启。我们与前几届留校的学长学姐一道，带着对未来的期许与迷茫，告别了那段并肩奋斗的校园时光，踏上了不同的征途。"三线"建设的重心在中西部，而我前往的却是位于东北的新中国工业重镇——哈尔滨。

1970 年夏末秋初，我手持"派遣证（毕业生分配工作通知书）"，与同窗好友挥手作别，也与正在崛起的新汉中挥手作别，踏上北上的列车，目的地是哈尔滨汽车齿轮厂。

哈尔滨汽车齿轮厂原大门

初入哈齿

哈尔滨汽车齿轮厂（以下简称哈齿），在其发展历史上曾几度更名，原来是一汽托拉斯[一]公司的一员，后来直属中国汽车工业总公司，当时是哈尔滨乃至全国机械行业的大型骨干企业，也是国内最早生产汽车齿轮的企业之一。1997年，哈齿被纳入中国第一汽车集团，更名为中国第一汽车集团哈尔滨变速箱厂。

截至20世纪60年代末，哈齿生产了雪佛兰、丰田、万国、福特、太脱拉等30多种车型的变速器齿轮、差速器齿轮、减速器齿轮、分动器齿轮和部分后桥齿轮、螺旋伞齿轮，产品质量和企业实力均获得业界高度认可。

1970年夏末的一天，我和其他分配到哈齿的同学在抵达哈尔滨后，背着行囊，几经周折才找到工厂——因原厂址已不能满足生产需求，哈齿早已整体迁至郊区。

进入哈齿，就像是到了"万国博览会"。不管是哪个国家的汽车，它的传动系统，包括齿轮、变速器，甚至是车桥，等等，哈齿都能生产。例如，捷克太脱拉货车（业内俗称卡车）的T111、T138、T148、T815等多个系列车型，以及法国军车品牌贝利埃。此外，哈齿还负责配套和生产奔驰商用车的车桥、变速器等关键部件。1971年，哈齿曾因为支援坦桑尼亚生产的太脱拉T138型自卸车齿轮而受到第一机械工业部的表扬。

早在1958年，哈齿就拥有国内少有的、可以实现用机械手生

[一] 一汽托拉斯以中国第一汽车制造厂为主体，涵盖东北地区汽车零部件企业和汽车改装车厂长春分公司，1966年解散。

产后桥齿轮的、高度自动化的生产线，可就是这样一个代表着国家先进水平的汽车齿轮厂，当时却没有太多技术创新的空间与实力。

在我们这批大学生进厂之前，工厂的技术力量主要由工人技师与"资本家"工程师组成，他们没有多少研发能力。从某种程度上讲，那些资深技师，才是支撑工厂发展的中坚力量。

正因如此，1970年，黑龙江省委生产指挥部发起了全省范围内的汽车生产大会战。哈尔滨市也随即成立了汽车会战指挥部，并做出了两个重要决策：一是以江西八面山汽车厂（在经历一系列更名、合资、停产、重组后，现为大乘汽车）生产的井冈山70型载货车为蓝本，开发生产140型载货汽车；二是选定星光牌HRB130型汽车作为首批投产的车型。在大会战过程中，哈齿是主力军中的主力。

这次会战声势浩大，可以说是全市响应。但是，受限于各企业的技术水平和设备能力，生产出来的汽车质量差、成本高，最终只能草草收场，各企业陆续停产转产。此时，省市领导才意识到，要想在第四个五年计划期间完成汽车工业"新的飞跃"，必须要培育人才，狠抓技术创新。

我们近百名大学生，就是在这样的背景之下进入哈齿的。当时还处于"运动"之中，全国各地都卷入斗争的漩涡，哈尔滨亦未能幸免。由于当时企业的派系斗争比较严重，革委会已难以正常开展工作，上级遂决定让革委会全体成员到黑龙江大学参加为期三个月的脱产学习班。

当时，需要从我们这批大学生中挑选一人担任秘书工作，不知为何他们选择了我。在三个月的教育活动中我被选为秘书，活动结束后，终于到了分配工作的时候，厂领导突然找到了我，希望由我来担任厂里的团委书记。

我十分惶恐,求学十几年当过的最大的"官"只是班长,干过"最出格"的事儿就是组建"教育革命小分队",我从不敢想有一天我会担任团委书记。我连忙拒绝:"对不起,您应该看过我的档案,我以前顶多就当过班长,可能并不适合担此重任。"

他们对此毫不在意,反而召集数位领导向我表达他们对我的高度认可。可是我始终认为,钻研技术才是我应该走的道路。特别是在中苏关系激化、国家工业基础薄弱的背景下,做一颗筑实产业根基的螺丝钉,才是来自机械世家的我所肩负的使命。

工作分配的拉锯战,最终以领导的让步而告终。他们尊重了我的意愿,将我安排到哈齿技术科工作。由此,我成了厂里第一个学生出身的技术员。

这次初入职场的选择,决定了我今后人生努力的方向。在数十年的职业生涯中,我对机械制造的热爱从未消退过,对于投身这个行业更没有过丝毫悔意。正如文学与艺术能滋养人的灵魂,汽车工业亦同样是一片富有激情与创造的沃土。我愿把对文学艺术的热爱,融入每一颗螺丝钉、每一道工艺,让冰冷的钢铁拥有生命的温度。

从技术员到总工程师

事实证明,我的选择是正确的。

车间内,处处充满了熟悉的味道。从机床到各类零件,甚至是空气,都与儿时记忆中爷爷的工厂一样。对我而言,这里的一切都似曾相识。

然而，熟悉的只是氛围，作为刚刚毕业、毫无实战经验的新人，我并没有比同期加入的同事们拥有更多的专业知识和技能。为了能够尽快进入状态，我决定从每一个具体的工序入手，深入各个车间和部门实习，到一线汲取营养。

在此期间，我有幸得到了工人师傅和工程师们的无私帮助与耐心指导。在他们的悉心指导下，我怀着对未知的好奇和对成功的渴望，经过不懈的努力和奋斗，终于熟练掌握了工厂所有设备的操作和工艺流程，完成了从大学生到独当一面技术员的蜕变，为未来的发展奠定了基础。

当时，为生产出满足奔驰商用车所用的变速器和车桥，我们购置了奔驰的原件，将其拆解后进行清洗，研究其内部结构。令人难以置信的是，虽已行驶了上百万公里，这些部件内部的加工细节依然清晰可见。德国汽车先进的工艺水平和严谨的技术理念，给我带来了强烈的冲击和震撼。

同样让我印象深刻的是太脱拉，那种重型、粗犷、常常穿梭于林区的三轴自卸卡车，在拆开之后，我们发现，其传动系统并不算复杂，但设计却异常精妙。

它采用12缸V型风冷技术发动机，极大程度地满足了严寒地区低温环境下难起动、易结冰的难题；同时，中央脊管式车架，传动轴和差速锁全部封锁在管梁内，左右车轮错位布置，并配备了独特的摆动式车桥，这些都保证了车辆强劲的动力输出，即使在全车断开气制动的情况下依然可以起步行驶。

每一次新的发现，都让我们深深地感到，当时的中国汽车工业与国际先进技术水平相比存在着多大的差距。别说是超越，仅仅是想要跟上，似乎都是遥不可及的奢望。

清楚地认识到这样的现实之后，我便更加努力地画图。在那个年代，没有计算机辅助设计，所有的设计图纸都必须手工绘制。在办公室靠墙角的方桌旁，从早上 7 点到夜里 12 点，我不停地画图，最多时一天画 200 多张。

一位从事锻造工作的师傅，曾在与我讨论产品优化方向之后，感慨地说："付于武，你可真能画，我好几次路过这里，你都在埋头画图，一整天都不见你挪过地方。"那时，我总觉得时间过得飞快。一个零件的改进方案，我总是画了改，改了再画，反反复复，不知不觉已到深夜。尽管身体极度疲惫，但我的内心却感到无比充实。

在图纸的"淹没"之下，我已经没有时间，也没有心思追逐自己的"文学梦"——我一头扎进了汽车这个让我无比热爱的领域，与之相伴终身。

通过画图，我实现了职业生涯的很多个"第一"：设计了第一套复杂夹具；设计出了第一台机床；主持设计出了第一辆特种车……

☆ **我的第一个设计：一套复杂夹具**

汽车齿轮是精密零件，对加工工艺和设备有着极高的要求。制作出合格的齿轮，是一个涉及齿轮啮合原理、强度、精度、摩擦学、运动学、动力学和电子计算机等一系列应用技术科学的复杂工作。

每辆汽车上的齿轮数量多达数十个，甚至上百个，而且，受不同品牌、不同驱动形式、不同载重能力等多重因素的影响，相同种类的齿轮还会在尺寸、强度以及齿数、模数、压力角等等多方面存在差异。

这对加工设备提出了极大的挑战。要知道，20 世纪七八十年代，我国齿轮加工机床还没有实现完全自给，很多依赖于进口。

如何在现有的机床上加工越来越复杂的齿轮，是我们当时极为头疼的事情。

我接受的第一个自主设计任务，就是设计一套专门用于磨削差速齿轮凸面的磨削夹具。

在齿轮加工时，夹具需要提供稳定可靠的夹持力，以防齿轮坯料在切削、磨削等加工过程中出现松动或位移。我所设计的夹具，灵感来源于人手的五个指头和三个关节，通过精密的机械结构，实现对齿轮的稳固夹持，确保磨削过程的精确性。当这套夹具在工具车间完成时，老师傅用欣赏的语气说："小付，你是怎么想到这个设计的？真是太巧妙了！"

使用这套夹具，可以确保每个齿轮的凸面都被精确磨削，从而达到设计要求的精度和表面粗糙度。此外，由于夹具的高刚度和强夹紧力，它能够有效抑制断续切削过程中的冲击力，提高加工的稳定性，这对于提高齿轮的耐用性和可靠性至关重要。这套夹具在汽车齿轮加工中的应用，不仅提高了加工效率和精度，还为后续的机床再设计和产品优化设计提供了重要参考。

这是我职业生涯中的第一个自主设计，这次设计的成功让我信心倍增，使我对自己的技术能力有了底气。

☆ 我设计的第一台机床

20 世纪 70 年代末，汽车用齿轮开始朝着高传动比、耐久性好、低噪声等方向发展，这对齿轮啮合精度的要求越发严苛，同时也对切削刀具的寿命以及加工效率提出了更高要求。于是，越来越多的企业开始将电火花加工方法应用到深孔、腔线、花键孔、精锻模加工内外齿轮成形等加工中。

电火花加工其实并不是一个新工艺，早在 30 年前就开始研究并逐步应用到生产中，其原理是使工件和工具之间脉冲性地火花放电，靠电火花局部、瞬时产生的高温精确蚀除多余的金属。因为是脉冲性放电，所以某些场合下也叫作"电脉冲加工"，或者将其统称为"电蚀加工"。

为进一步改良工厂所产齿轮产品的精度与质量，哈齿决定引入这项技术。然而，项目伊始便遇到了障碍——缺乏专用的电火花机床。我所要做的便是设计制造出厂里的第一台电火花机床。

当时，市场上并没有现成的专业成品可供参考。没有办法，我只能凭借自己对电火花加工原理的理解，在传统机床的基础上进行创新设计。或许是因为年轻而无所畏惧，我的思维不受拘束，说干就干。经过无数次试验和持续调整，我最终成功设计并制造出了一台专用的电火花机床。这台机床极大地提高了精密齿轮的加工效率，保证了制造成品的合格率，确保了每个齿轮的精确度和耐用性，并且通过优化的加工流程，进一步降低了生产成本。

☆ 我主持设计的第一辆特种车

20 世纪 80 年代，哈齿不再满足于汽车零件的生产制造，开始尝试更多的产业。比如，紧跟齐齐哈尔冰刀厂，哈齿的"飞龙牌"冰刀曾一度成为市场畅销产品。为补充特殊行业的需要，我们也开始研制特种车辆。

由于我国经济高速发展，特种车的需求不再局限于军用改装汽车、消防改装汽车等领域，而是逐渐开始根据国民经济各部门的需要，向其他领域扩展，例如专用于各类木材运输的运材车，还有液化石油气罐车、啤酒和鲜奶罐车、散装水泥罐车，以及医用车、保温车、油田试井车、农牧车、环卫车、起重车等。

为了解潜在市场需求，厂领导组织包括我在内的多位工程师，走访东北、华北、西北市场进行深入调研。我们在青海、甘肃、内蒙古调研时，曾考虑过生产房车、牲畜运输围栏车，但最终决定开发排污特种车。

相较于运材车、罐车、保温车以及油田试井车等直接参与国民经济生产的特种车，排污车虽属于城市环卫车，但改装难度却不小，因此很少有企业愿意开发制造，而这恰恰成为哈齿进入特种车领域的切入口。

1981年9月，哈尔滨的气温已经开始转凉，可是在哈齿员工的心中，这却是最为炎热的日子。经过一年时间的不断摸索后，我们基于解放牌CA10B型二类底盘，在加装取力器、真空泵、液罐、吊杆、排放阀门、气路系统和除臭器后，第一辆可以用于城市、农村抽排和运输污水、泥浆、粪便、饲料等悬浮液体的XP35-1型真空吸入式排污车试制成功。此后，第二辆、第三辆……共计6辆XP35-1陆续驶出哈齿，开往双鸭山市环卫公司。

1982年，这辆特种车经省级技术鉴定，产品性能达到国内同类产品的先进水平；同年，获市优秀技术成果奖。1983年6月，在中国汽车工业总公司举办的全国改装车、专用车展评会上，哈齿的特种车获"产品展评奖"和"功能优秀奖"，并被评为省优质产品。同一年，哈齿的排污车真空泵质量攻关小组被国家命名为"全国优秀质量管理小组"。

鉴于首辆特种车的成功，哈齿决定成立一个改装车分厂。之后，改装车分厂又陆续开发了洒水车、喷罐车等多种环卫车辆。

每一次设计，每一次创新，都倾注了我的心血与努力。正是这些"第一次"，成了我职业生涯中无可替代的宝贵财富。它们激励着我，从一个初出茅庐的技术员，逐渐成长为技术科长，再到开发科长。

我个人的这些成长经历,也反映了我们那一代工厂技术人员在那个激情燃烧的年代努力拼搏奋斗的历程。

经过数年的努力工作,我被提升为总工程师。我也是在企业转型的关键时刻,首批被破格提拔的年轻人之一。时至今日,我仍然感慨万千,厂里有许多资历深厚、才华横溢的老工程师,他们本应是担任这一职务更合适的人选。

厂领导任命我担任总工程师,这让我感到既荣幸,又有些许不安。幸运的是,我得到了同事们的大力支持和鼓励。他们对我说:"小付,你只管放手去做,你的组织能力非常出色,遇到任何难题,尽管告诉我们。"

就这样,一个年仅三十多岁的年轻人,带着老领导、前辈、同事及工友们的期望,成为厂里的总工程师。这是我的荣幸,更是一段宝贵的人生经历。

计划经济与企业转型

技术员的工作做起来并不容易。

当时,十年动乱刚刚过半,派系斗争还在持续,国家的经济生产尚未恢复正常秩序。即使在某地兴起了汽车生产会战,那也是偶发性的,持续的时间通常也都不长,真正形成规模并长期推进的项目寥寥无几,很多企业都只是维持着最基本的生产活动。

新中国成立之初,向苏联学习实行高度集中的计划经济,让国家从战争的废墟上站立了起来。但随着国家进入正常的发展建设阶段,这种体制的弊端就日益暴露出来。以哈齿为例,配套什么车型由国家安排,原材料也是根据计划分配,生产多少也是按计划安排的，所生产产品的销路早有去向。工厂生产什么、是否卖得出去、产品真正的体验如何，这些问题我们都不需要考虑。

厂里如果想开发新产品，或者改进现有产品，需要先写一份很详细的报告，经由国家组织专家评审同意后，才能批准立项。然后再去排队等待国家财政拨款，资金到位后才能真正动手去做。整个流程涉及非常多且繁复的手续，不仅耗时耗力，而且对于企业来说，并不会带来直接的经济利益。很多技术人员更是以多一事不如少一事为原则，做一天和尚撞一天钟。

这种状况一直持续到20世纪70年代末才开始有了变化。随着十一届三中全会的召开，我国从以阶级斗争为纲转向以经济建设为中心，开始了改革开放的历史性转折。

对于我们来说，这种转折最直观的体现就是国家指令性计划大幅减少。生产什么产品、生产多少，以及如何改进技术，企业拥有了更多的自主权，企业开始告别"大锅饭"时代。也是从那时起，哈齿的技术创新、设备升级以及企业改造迎来了新的发展机遇。

不过，简单的放权并不能改变我国汽车工业整体上产品落后、科研薄弱以及生产批量小、专业化程度低等现实困境。于是，1980年国家机械工业委员会颁布《全国汽车工业调整改组方案（试行）》，要求在全国以工业城市为依托、以生产同类车型骨干企业为基础，组建东风、南京、解放、重型、上海和京津冀六个汽车工业联营公司，同时重新筹建中国汽车工业总公司。

国家于1990年1月开启汽车工业体制改革的第二次尝试——撤销第一机械工业部汽车总局，成立中国汽车工业总公司，由饶斌同志任董事长、李刚同志任总经理、陈祖涛同志任总工程师。有相当长的一段时间，哈齿是由中国汽车工业总公司直接主管。

在这个时期，哈尔滨的汽车工业在中国经济体制改革的大潮中，率先迈出了第一步。

新厂长张会春

不可否认，哈齿的发展，离不开国家政策提供的肥沃土壤，但哈齿真正的腾飞离不开一个关键人物——张会春厂长。

如果说王竞先生、韩少华老师让我知道了何为好老师，那么张会春厂长让我知道了何为好领导。我也深刻认识到，一位出色的领导者，对于企业的成长与进步具有不可替代的重要性。

1976年末，笼罩在中国大地的"十年"乌云终于消散，我们也迎来了新厂长，一位来自国家大型骨干企业，在社会动荡期间依然带领企业稳步推进多项新产品试制计划（甚至完成了一次产能扩建），拥有现代企业意识和管理经验的优秀企业家。

他就是原松花江拖拉机厂（1988年更名为哈尔滨拖拉机厂）副厂长张会春。

那时的哈齿，虽然顶着国家汽车齿轮行业骨干企业的"虚名"，但在工厂规模、技术创新、经济效益等方面，都无法与松花江拖拉机厂相提并论。我没有问过张会春厂长，初到哈齿时是否有过因为落差过大而困扰。或许他根本就没有时间去困扰，上任伊始，他就提出了一个当时所有人都认为不可能完成的目标——哈齿要在1977年"一年摘掉三顶落后帽子，扭亏为盈"。

结果是，在他雷厉风行的一系列安排之下，哈齿仅用了八个月就全面完成了八项经济技术指标，一举扭亏为盈。

那段时间，全厂员工一改往日的散漫，按照张厂长细化到每个月，各部门、各车间甚至是各小组的目标努力工作着。当张厂长后来提出，要在取得胜利的基础上一年内将工厂办成"大庆式企业"，第二年又提出"上质量求生存，上品种求发展，把产品质量提高到国内一流水平"的口号时，没有人再质疑；相反，每个人都充满信心与干劲。

在张厂长的领导下，哈齿如同凤凰涅槃，焕发出全新的生机与活力。1979年3月26日，哈齿被黑龙江省政府命名为"大庆式企业"；随后，连续多年被评为黑龙江省机械工业系统全面质量管理先进单位；1980年，哈齿还曾被国家经济委员会授予"企业管理先进单位"称号。

虽然接连取得了这样的佳绩，但这并不意味着哈齿从此就可以高枕无忧。作为一家生产制造型企业，如果不能紧紧把握市场需求，不断进行产品技术创新，哈齿随时都有可能面临经营上的困境。1981年初，哈齿获得的订货合同不足全年任务的四分之一，这一下全厂员工都紧张了，大家第一次如此切实地有了生死存亡的危机感。

国家经济体制改革，对企业管理者放权让利，实行经济责任制，这就要求厂长不仅是生产技术上的"行家"，更应当是经营管理上的"里手"。在这样的关键时刻，厂长需要做出重要的决策。在张会春厂长看来，国民经济调整是取长补短，有所增必有所降，既然现有业务不行，那我们就扩大主业范围。

于是，张厂长带领我们一众工程师，外出走访调研，最后提出了"扩大主业范围，开拓二、三产品，全面质量管理原理渗透全厂"的办厂方针。

"开辟二、三产品"，指的便是冰刀与改装车。而"扩大主业范围"，不仅仅是扩大齿轮机型、品种，更关键的是扩展变速器总成的生产能力，进而达到两个目的：一是借助日本五十铃 TD72LC 变速器技术，对国内 8 吨级载货汽车进行技术革新，以满足进口车辆配件的市场需求；二是通过增强变速器总成的生产实力，与主机厂建立稳固的合作伙伴关系，双方互利共赢，共同驶向成功的彼岸。

全厂员工认真贯彻这一新的办厂方针，1981 年，哈齿生产齿轮的配套车型和品种由原来的 4 个车型 57 个品种，扩大到了 16 个车型 214 个品种，并且成功地生产了五十铃变速器总成。在年初只有三分之一生产任务的情况下，年末完成产值达到常年水平，实现利润 47 万元。

在不断探索和拓展主营业务的过程中，我们不仅注重齿轮机型与品种的丰富多样化，更将重点放在了提升变速器总成的生产能力上。值得一提的是，1979 年下半年，我们基于五十铃 8.5 吨级 TD72LC 型变速器，成功试制出 HC152 型变速器。在经过长达一年多的道路试验后，我们将 HC152 型变速器的部分齿轮送往泰国、广州等地进行展销，获得了广泛认可，求购齿轮和变速器总成的订单纷至沓来。1981 年，我们成为国内第一家生产五十铃变速器总成的制造商。

1982 年，张会春厂长将自己在哈齿工作五年积累的经验，整理成《当厂长的几点体会》一文，并发表在当年的《企业管理》杂志上。在文章中除了强调在关键时刻厂长需要做出明智的决策，张厂长还特别指出，善于用人至关重要："我们厂能够进入全国先进企业行列，最重要的一个原因就是充分发挥了人的作用。"

张厂长履职哈齿期间，提拔了一批有专业知识、年富力强而又积极肯干的各级领导干部，我也是其中一员。

每当回首往昔，我总是被张厂长那铿锵有力的口号所感染，被他那雷厉风行的行动力所激励,他坚持不懈、埋头研究的精神,以及知人善用的能力,都让我深深折服。他让我深刻地领悟到,一个卓越的领导者,能够赋予企业以灵魂。

全面质量管理成果竞赛

关于全面质量管理,还有一件小事儿。

1980年9月,国家又一次对全国企业质量管理实践进行集中检阅。各省市精选的千余家企业的质量管理小组,汇聚于人民大会堂,展开了一场智慧与实践的激烈碰撞。这其实就是一次全国性的全面质量管理成果竞赛。

那一次,我作为哈齿的代表,参加了这场备受制造业关注的比赛。那时的哈齿,已成为全国机械工业(包括汽车)推行全面质量管理的标杆、旗帜性企业之一。比赛结果,哈齿的插齿工序质量管理小组荣获全国第八名。

返程的列车上,窗外景色飞逝,我的思绪随着一声声鸣笛起伏不停:全国第八名,这个成绩虽说不错,但并不是很理想。张厂长也许会失望吧?如果不是由我,而是由那些奋战在生产一线的工人来做汇报,讲述那些无数次尝试与改进的故事,也许会更加打动人心,那样的话,或许能获得更好的名次。

当火车到达哈尔滨时,张厂长亲自到车站来接我,这让我喜出望外。他见到我的第一句话就是:"辛苦了!这次全国竞赛是对我们过去几年的企业管理,以及产品从设计到制造、使用、生产全阶段管理的成果检验。第八名,意味着哈齿的全面质量管理工作已达到了全国先进水平,这是值得骄傲的事情!"

我向他汇报,也许应该由一线工人做汇报更好,他神情变得严肃起来，向我强调，设计是生产的第一道工序，产品设计得好坏，从根本上决定了产品的性能与质量。产品的定型只是暂时的，产品的质量提高却是持续不断的，每一个调整都可能会涉及设计的再调整。技术员与工人，在质量管理小组中都是不可或缺的。

张厂长的话如同冬日里的一缕阳光，穿透了我内心的阴霾，让我深刻体会到，真正的胜利不在于名次的高低，而在于持续提升，在于每一步都走得坚实有力。

第一次失声

摆脱"产品质量低劣"的历史阴影，并连续多年荣获全省全面质量管理先进称号，这绝非易事，它意味着对卓越品质的不懈追求。

20世纪70年代末，中国领导人邓小平走出国门，亲眼看到二战后的日本，凭借"质量兴国"的战略，仅用十余年时间便成功撕下"东洋货次品"的标签，在诸多领域赶超欧美。当时，邓小平深有感触地说：我想把日本发展科学技术的先进经验带回去。

此后，中国出现了官员、企业家前往日本考察学习的热潮，在这股热潮的推动之下，全面质量管理（TQM）的理念与实践犹如春风，吹进了国门。

从1979年开始，哈齿迈出了实施全面质量管理的关键一步，首先做的是系统性地排查从设计到生产制造全链条中所有可能影响产品质量的因素，并将其量化。随后，借助数理统计工具对这些数据进行细致的整理与分析。数据分析的精髓在于，利用统计学原理与图表展示监测质量波动，设定控制界限，识别影响质量的主要及次要因素，探究工艺间的质量关联，计算工艺能力指数，从而总结出生产规律与量化的管理依据，以期达到预控质量的终极目标。

一切用数据说话，避免主观臆测。

在这一变革浪潮中，哈齿组建了多个专项攻关队，包括几何精度攻关队、热加工攻关队和质量管理攻关队。在担任总工程师之前，我曾担任几何精度攻关队的负责人，我们的目标是将每台机床的工程能力指数降至1.33以下，使产品合格率最大化。

那是一段刻骨铭心的时光。哈尔滨的盛夏虽不及南方那般酷暑难耐，却也有几分燥热。当其他员工遵循着常规的作息时，我们攻关小队的六名成员却夜以继日，从毛坯加工到机械加工，再到成品检验，从原料筛选到每一道工艺流程，再到生产设备的优化，步步为营，最终将优化的生产经验普及到每位员工，构建起一套体系化的质量控制能力。

以哈齿的核心产品齿轮为例，齿形加工前，对孔与端面的摆差要求极高，稍有偏差便可能导致噪声等多重问题。面对这一挑战，我几乎三天三夜不曾合眼，沉浸在对问题根源的探索中，最终发现是机床夹具的稳定性不足造成了齿轮加工时的偏心现象，进而引发了齿形误差。问题确诊后，我又一头扎进了解决方案的研发中，再次连续数日不眠不休，直到对夹具做了改良，这一难题终被攻克。

然而，质量改进之路漫长且充满挑战，刚翻过一座山，又有更高的山峰等待征服。那些日子，我把工厂当成了家。而我爱人是全面质量管理攻关队的队长，我们夫妻两人谁也顾不了家，家里的大事小情只能都抛给岳母。那时的我，全身心都被质量攻关这件事占据着，心无旁骛，竭尽所能去攻克一道道难关。

一日午后，在短暂的休息之后，我正准备重新投入工作，突感一阵眩晕，随即失去意识，倒在地上。同事们连忙过来，将我扶起。由于长时间过度劳累，身体发出了警告。张厂长得知后前来探望，我欲与张厂长打招呼时，竟然发现嗓子发不出声音——这是我的第一次失声。

那段全力以赴、攻坚克难的日子，令我难以忘怀。正是我们团队坚持不懈地奋斗，使得哈齿的产品质量实现了质的飞跃。哈齿在质量管理上的杰出表现，赢得了哈尔滨市科学技术协会的肯定，市科学技术协会决定，将为期三年赴日留学深造读研的宝贵机会给予哈齿。

记得那是一个初秋的夜晚，我正在辅导女儿做功课，张厂长敲响了我的家门。坐下后，他开门见山，说要将这次赴日留学的机会留给我，并告知这是厂领导集体讨论的结果，但唯一的条件是，学成归来要继续为哈齿做贡献。

听到这一消息，我当时的心情别提有多激动了，同时，心里也充满了对领导的感激，以及对个人将要实现更大抱负的期待。但想到一家老小，我又犹豫了。张厂长似乎察觉到了什么，便给了我一夜的考虑时间。当晚，我们夫妻两人深夜畅聊，爱人对我赴日留学表示支持。我的爱人无论是此前攻关队的忙碌，还是即将来临的三年留学生涯，她始终是我最坚强的后盾。

次日清晨，我将慎重考虑后的决定告诉张厂长，语气中带着不可动摇的坚定："我的家在哈尔滨，学成后一定会回到这里，继续服务于哈齿。"

然而，世事如棋局，变化莫测。赴日留学一事后来出现了变数，最终这一宝贵机会未能给哈齿，我也未能如愿赴日。不过，这突如其来的变故并未能撼动我对工作的热忱。我深知，无论命运之神铺设了怎样的路径，一个人只要勤奋努力就可成就一番辉煌。

在哈齿我历任工程师、开发科长、设计科长、厂长助理、总工程师、第一副厂长兼总工程师等职务。是哈齿给了我成长的舞台，也让我每一步都脚踏实地。

访问底特律：争论和震撼

1984 年，我们厂干了一件大事——投资 300 万美元从美国引进先进的齿轮加工设备。

20 世纪 80 年代初，在张会春厂长"扩大主业范围，开拓二、三产品，全面质量管理原理渗透全厂"的方针下，我们凭借对日本五十铃 TD72LC 变速器技术的掌握，对国内 8 吨级载货汽车进行技术革新，从而为哈齿的发展打开了新的局面。

1984 年 4 月 24 日，我率领企业代表团访问美国罗切斯特（Rochester）格里森（Gleason）公司，洽谈引进 12 台尖端锥齿轮加工设备事宜。

在我们筹备前往格里森公司考察的那一年，这家公司已有近 120 年的悠久历史。产品线丰富多样且质量上乘、生产效率高、技术开发实力强大、技术发展速度快、产品更新换代频繁，这些显著优势使得格里森在全球汽车后桥螺旋伞齿轮及锥齿轮机床行业中占据着垄断地位。

我国曾分别于 1966 年、1975 年和 1978 年进口过三批共计 146 台格里森机床，总价值超过 1000 万美元。直至我们启程赴美考察，乃至后续多年，中国锥齿轮的生产标准在很大程度上都借鉴了格里森的标准。

彼时，汽车行业对提高燃油经济性的追求，促使变速器与主减速器传动比配置日益多样化,加之方向盘布局的差异化,导致齿轮副的螺旋方向需求复杂,如何在单一加工设备上实现不同传动比与反向螺旋的高效生产,成为提升制造效率的关键。格里森公司成功开发出的一次装卡便可完成从粗加工到前工作面精加工、后工作面精加工的成套系统,满足了这一迫切需求。

当时,我国的齿轮加工技术水平整体滞后,大多数企业都还停留在20世纪60年代的水平,仅有极少数企业接近70年代的国际标准,但也远未达到大规模生产高精度锥齿轮的能力。此次赴美,我和代表团肩负着引进中国首台齿轮研磨机以及拉齿机等多台配套设备,用于改进国内后桥齿轮加工技术的重任。

与我们同行的还有另一个中国代表团,他们的预算只有100万美元,我们的预算是他们的三倍。但同期抵达美国格里森工厂的还有十多个国家的代表,他们也同样在寻求先进的齿轮制造工艺。

我们在格里森公司参加为期21天的培训。在此过程中,发生了很多有意思的事情,其中还包括一场误会。

在培训的后期,格里森的技术人员向我们传达培训结果与设备引进的关联性:"常规情况下,接受培训的人员所生产的产品只需要达到5级精度就可以算作达标,但是对于中国,则需要按照6级精度进行验收。"

对此,我难以接受。为什么要这样区别对待呢?

美国齿轮制造业协会(American Gear Manufacturers Association)汇编的AGMA390.03《齿轮精度分级手册》,对齿轮和齿轮副规定了11个精度等级,数字越大代表着齿轮加工精度更高、尺寸公差和齿形偏差更小。

在我看来,既然5级精度就能达标,那就应该按照这个标准行事,我们引进的这批设备必须按5级精度验收,不接受按6级精度进行验收的要求。

为此,格里森公司的 Harbin 先生和我进行了非常激烈的讨论。最后,他解释了格里森公司为何要按 6 级精度验收的原因:齿轮机械加工后格里森肯定会同意中方按 5 级精度验收的要求,但材料各项参数稳定性不同,会造成齿形变化,可能会降低精度。由于中国当时的材料稳定性不够,所以才要求按 6 级精度标准验收。

至此,误会消除,这使我对格里森的处事规范以及产品验收标准有了新的认识。要知道,20 世纪七八十年代,仍处在工业发展初期的中国机械工业,与国际发展水平相比差距很大。齿轮机床技术先放在一边不谈,单就生产者对产品、对客户的负责任态度,以及对标准的严格把控、对技术的积极探索,都是刚刚进入改革开放阶段的我们应该学习的。

正是这次深入的交流,加深了我与 Harbin 先生之间的友谊。在培训课程结束后,他盛情邀请我去他家做客。那时,我才了解到,他刚从英国调任至美国工作,而我是他接手后负责的第一个大客户,也是他认识的第一个中国人。

初次拜访外国友人的家,我并没有感到丝毫的不自在。或许是因为我的亚洲人面孔,又或许是身为女孩父亲所自然散发的亲和力,Harbin 先生的小女儿总是喜欢围绕在我身边,乐于与我分享她的点点滴滴,直到告别的那一刻,她还依依不舍。

多年后,当我离开哈尔滨,担任中国汽车工程学会秘书长一职时,Harbin 先生作为格里森公司全球高级副总裁,来到中国参加北京机床展,在欢迎晚宴上我们再次相逢。尽管我们多年未见,但彼此间一直保持着联系,因此重逢时并未感到生疏。他向我展示了照片,分享了这些年他家人生活中的变化,那个曾经天真可爱的小女孩，如今已经成为母亲，怀中抱着一个与她小时候极为相像的孩子。

1985年，我们顺利将这套具有20世纪80年代先进水平的格里森齿轮加工设备引进国内。在随后的"七五"期间，哈尔滨第一工具厂同样斥巨资，引进格里森铣刀制造技术和设备，为新产品的开发奠定了基础，更为一汽解放重型车与轻型车的研发发挥了重要作用。

在美国考察期间，我们还去拜访了代表着国际汽车工业先进制造水平的底特律汽车三巨头——通用、福特和克莱斯勒。给我带来最大震撼的是福特工厂，1984年福特工厂一年可以生产500万支车桥！这是多么惊人的数字。同一年，中国一共才生产了31万支车桥，这是多么大的差距！

除了产量令人震撼，通用、克莱斯勒四大工艺生产线的生产规模和自动化程度都极高。看到每一个生产环节，我都在脑海中不停地将我们的生产水平与之对比。参观结束时，代表团一片沉寂，没有了初踏入工厂时的惊叹与兴奋，而代之以一种因差距过大而产生的无力感。

40多年前，作为第一批前往海外考察的汽车工程师，在感受过前所未有的震撼之后，我心中充满了疑问：中国的汽车工业究竟何时能够与美国并驾齐驱？

当时，无人能给出确切的答案。但那些震撼之后的冲击，却激起了我们强烈的斗志，我们知道了什么是好的标准，每个人心里都攒着一股劲，都想要冲一冲，努力追赶上先进水平。

进入中国汽车工程学会工作之后，得益于中国加入世界贸易组织所带来的国门开放，我作为学术团体代表进行国际交流的机会有所增加。我时常会想起当时的情景，心里多少会有些遗憾——对于

40年前的企业和地方政府工作人员而言，这样的机会太少了。如果当年能有更多的国际交流活动，或许能拓宽更广阔的视野，无论单个企业还是整个产业都可能发展得更快一些。

从配件到总成的跨越

从美国归来之后，我们一方面积极吸收并内化格里森的技术，另一方面则着手规划哈齿的转型升级。

自1984年起，我国逐渐进入"六五"计划收官阶段，并同步展开"七五"计划工作。在十年动荡之后，我国汽车工业经过快速的整理和恢复，在"六五"期间突破了"以油定产"和"运力大于运量、要限制汽车生产"等观点的桎梏，大力推动全面质量管理与管理体制改革，技术引进和换型改造也取得了进展，实现了产值、产量及利润的飞跃性增长，并提前两年完成汽车工业"六五"计划目标。

在此背景下，"七五"计划能否进一步催化汽车产业成为国民经济的关键支柱，并实现质的飞跃，成为亟待解决的重大战略议题。

就我个人而言，在目睹国内外企业在技术实力、设备配置、经营管理和产品多样性等方面的巨大差距后，我则更加深刻地感受到自己这一代汽车人肩负的历史重任。

1985年2月，中国第一汽车集团公司（简称一汽）向吉林省委、省政府以及中国汽车工业总公司、第一机械工业部、国家计划委员会提交了一份关于"七五"期间实现20万辆产能技术改造的设计任务书报告，并顺利获批。于是，一汽随之启动了以该项目为核心的大规模结构调整。

在这一调整过程中,哈齿于 1986 年 12 月正式更名为第一汽车制造厂哈尔滨汽车齿轮厂。

那一年,一汽在"不停产、不减产、垂直转型"的策略指导下,成功实现了换型转产的目标,创造了中国汽车发展史上的奇迹。乘着这股势头,尽管企业的自我积累能力尚未完全恢复,资金短缺问题依然严峻,但一汽毅然决定全身心投入轻型车的改制生产中,力争解决我国汽车行业缺重少轻的结构性难题。

我有幸见证了这一转变,并亲身参与了这一历史性进程。一汽的老同事们曾向我感叹,在过去的数十年里,他们设计了无数重型车和轻型车图纸,但这些图纸最终都被废弃,未能转化为实际产品,更谈不上成为生产力。然而,我们正逢其时,基于一汽的发展需求,哈齿在 1987 年提出了新的生产经营方针——从汽车部件和配件的生产,向总成生产转变。

这是一个时代的巨变。

当然,哈齿的转变并非"等"来的。实际上,哈齿的总成车间早在 1984 年就已落成,其目的是拓展工厂的产品线,转变产品结构,增强企业竞争力。后来的事实证明,这一举措对企业的长期发展产生了深远影响。当时,工厂决定成立"试制指挥部",我被任命为总指挥。

最初,总成车间的建立是为了生产星光 HRB130 型汽车变速器。然而,由于技术力量和设备能力的限制,以及汽车市场需求量低迷,HRB130 型汽车的产量始终难以有效提升。因此,1981年,星光厂决定停止生产 HRB130 型汽车,并转向开发 2 吨的双排座 HRB131 型客货两用轻型载货汽车。

在这一期间,我们在完成对日本五十铃 TD72LC 变速器从齿轮到总成的全面试制生产后,将目光聚焦到了俄罗斯第三代3.5吨级军用越野卡车——吉尔HC131型汽车变速器上。而且,基于对HC131变速器的试制生产,在随后一年多的时间内,哈齿培养出了一大批能够高效生产小件的精干技术队伍,月产量已提升至万件。

我想这也是一汽愿意接纳哈齿,并帮助我们实现"从配件向配套的转变,以及从单件向总成的转变"的根本原因。

正是在这一方针的指引下,哈齿积极开发新产品,成功试制并生产了包括CA10B、JN150、TD72LC、EQ140、T815等型号的变速器齿轮及轴,以及TJ110、WJ110、HRB130等车型的后桥齿轮。此外,公司还实现了对日本五十铃TD72LC变速器总成和HC150重型车变速器总成等产品的生产,为星光厂、哈尔滨飞机制造公司以及国内其他主要汽车制造厂提供配套服务。

在我离开哈齿前往政府工作前,哈齿已经累计生产了308万只(台、套)各类齿轮。这些产品不仅供给国内各省、市、自治区,还为星光厂、哈尔滨飞机制造公司、济南汽车厂、湖南汽车制造厂、丹东汽车制造厂等提供配套服务。

此后,厂里持续贯彻这一方针,根据整车配套和备件维修两大市场需求调整产品结构,积极开发新产品并拓展产品系列。公司从最初主要生产各类后桥齿轮、CA141型中型汽车取力器,逐步转向汽车变速器的开发生产。

一汽重型车试制

20世纪80年代初期,改革开放煦风轻拂,中国汽车工业从沉睡中渐次苏醒。不仅哈齿等企业焕发新生,位于变革洪流核心的一汽，也在诞生三十年后踏上了波澜壮阔的二次创业之旅。

三十而立，于人而言，是心智与体魄的黄金时期；于一汽而言，三十年的辛勤耕耘，却使得这位承载着现代化梦想的企业巨人露出些疲态，产品、装备、工艺乃至人员，皆显露出岁月的沧桑。

当汽车不再是国家调控的稀缺资源，随着私营运输业的兴起，一汽面临着前所未有的挑战。

在计划经济体制下，一汽没有产供销人财物的自主经营权，更没有工厂改造的决策权和资金筹措渠道，只能对着翻版自苏联吉斯150的"老解放"CA10型4吨载货汽车反复修补，衍生出CA10B、CA10C型，甚至还开发出CA15型作为过渡车型。那些年，一汽先后研发出了75种车型和38种机型的新产品，其中包括为第二汽车制造厂（简称二汽，现东风汽车集团公司）研制的EQ140型5吨车。

可是在外界看来，一汽似乎停滞不前：产品三十年一贯制，那曾经辉煌的"老解放"，那时已经显得格格不入——外形陈旧、油耗偏高、驾驶条件差、车速低、自重大、大修里程短等缺陷广为人知。当二汽生产的新型EQ140东风载货汽车越发成熟，相比之下，"老解放"无论是在发动机功率、载重能力抑或最高时速都远远不如时，市场便逐渐做出了选择。

一汽的销售部门门可罗雀，原定的订单也陆续搁浅，停车场里停满了滞销积压的"老解放"。此时，一汽人才切实地体会到，公司正面临生死存亡的严峻局面，产品必须更新换代。

要知道，一汽可是新中国成立后"156项工程"中最为重要的工程，它的建设结束了中国不能造汽车的历史。它不仅是新中国工业化进程中的璀璨明珠，更是东北汽车产业生态链中不可或缺的一环，其兴衰关乎全局。

解放汽车工业企业联营公司的组建，成为推动一汽产品更新换代、技术革新的关键一步。作为参与者之一，我眼看着当时负责一汽产品换型总指挥，也是时任第一副厂长的李治国，在短短几年间原本满头的黑发尽数变白，这背后是无尽的压力与挑战。

1983年，历经三年磨砺，CA141型5吨载货车横空出世，并被国家鉴定具备80年代国内同类车型的先进水平，这标志着一汽的技术与设计迈入了新的时代。

然而，从设计到生产，每一步都布满荆棘。一汽的生产线专为旧型号打造，转向新车型意味着大规模的设备改造与停产风险，加之高昂的资金需求，几乎等同于重建一座汽车厂。面对外国公司估测的23亿~27亿元天文数字的改造成本，与停产的不可承受之重，一汽却选择了另一条路——"不停产、不减产、垂直转型"，这是一条充满挑战与创新的道路。

一汽兵分三路。第一条为CA15型载货车的现有生产线，需保证在1985年生产8.6万辆车，以赚得足够多资金支撑自己进行技术改造。第二条战线，进行CA141新型载货汽车的转产，要在1986年7月15日做到部分转产，并投入批量生产，一年后要达到设计能力，1988年要实现大量生产。第三条，布局未来，开发轻型车、厢式车、平板车，洽谈国际合作，以期在"七五"计划期间实现产品多样化。

这一战略不仅要求内部协作无间，还需广泛调动国内外资源，从国内零配件厂到国际汽车巨头，一汽的足迹遍布全球。

与日野汽车的合作，更是这一战略的重要组成部分。

自1983年CA141定型之后，为确保新车技术水平较国内同类车型高一个等级，达到出口水平，一汽先后派出333批1204人次，分赴美、日、西德等二十几个工业发达国家，共从国外引进 14 项重要的先进技术、359 台关键性的现代设备。由我带队前往美国考察并引入格里森先进齿轮机床，便是其中的一项。而与日野汽车洽谈合作，以期引进日野汽车带同步器的变速器，也是一件非常重要的事情。

彼时，依托五十铃 8.5 吨级 TD72LC 型变速器的成功研发，哈齿推出了自主研发的 HC152 型变速器，借此机会广泛吸引了大量齿轮及变速器总成的订单，并成为国内为数不多对日本变速器先进技术有一定了解，且具备开发改制能力的中国汽车齿轮、变速器制造商。

1986 年 7 月 15 日，一汽顺利完成换型转产目标。当第一辆焕然一新的 CA141 缓缓驶出生产线，一汽迎来了历史性的时刻。全厂都沸腾了，数万职工拥挤在生产线边欢呼雀跃。随着新解放一辆一辆驶下生产线，带着一汽第二次创业的期许走进千家万户，一个新的时代就此开启。

新车投产后，产量、质量直线上升，在不到一年的时间里，通过了质量稳定期。1987 年 9 月，解放 CA141 被评为国家一等品，在市场上逐步建立起了良好的信誉。回想当年，一汽从建厂到达到设计能力花了 9 年时间，而这次换型转产，仅用了半年的时间就达到了 6.8 万辆的设计能力，第二年年产量达到 8 万辆，超过设计能力 30%。1987 年 7 月 15 日，一汽换型转产工程顺利通过国家验收。哈齿作为后方力量，为一汽的转型升级提供了有力支撑。

"七五"期间，一汽投资 1.4 亿元建变速器厂，借鉴日野模式，引入先进管理理念与设备，这使得一汽的变速器厂迅速崛起，首批所生产的 10 台变速器送到日野汽车做试验后，双方就引进日野汽车变速器达成合作协议。

一汽轻型车试制

2001年12月，那时我早已离开哈齿，挥别了冰城哈尔滨，甚至是远离了一线工作，转而在北京投身于新的职业生涯。日常工作不再限于产品的细微改良与技术的边际突破，而是站在行业的高度，致力于为企业、产业乃至整个行业贡献更多的智慧与力量。

某日，偶得一份报纸，其上一行标题赫然映入眼帘"记述一汽第十一次党代会的盛况"，文中言及一汽已然圆满完成了第三次创业的历史使命。此消息如电光石火，瞬间激活了我心中尘封于20世纪80年代的那份饱含热情与挑战的记忆。

在第二次创业征程方兴未艾之际，一汽毅然迈出了第三次创业的步伐，首要目标便是轻型车的试制与研发。

那时，改革春风吹遍大地，民间的经济活力被空前激发，短途物流需求激增，个体经济蓬勃发展，这使得市场对轻型车的渴求日益迫切。一时间，华夏大地，轻型车制造业如雨后春笋般涌现，至1988年，涉足轻型车领域的企业已逾40家。

为避免重蹈中型车"小而全、小而散"的覆辙，国家高瞻远瞩，决定重点扶持东北、南京、北京及西南四地，包括一汽在内的大型轻型车生产基地。一汽在1983年收到了国家经济委员会下达的组织开发研制轻型车的任务，彼时，一汽第二次创业正处于换代车型定型的关键节点。

1985年7月，国务院批准了一汽对于"七五"期间的扩建改造项目建议书，生产纲领20万辆。其中，中型车13万辆，重型车1万辆，轻型车6万辆。在此过程中，一汽成立了轻型车指挥部，而我，作为哈齿的总工程师，有幸成为这一核心团队的重要一员。指挥部每周都要召开一次调度会议，以确保各项工作顺利进行。每次参会，我和几位同事早上4点出发，坐北京212吉普车赴长春汽车研究所参加轻型车试制会议，无论冬夏，风雨无阻。

当时，考虑各省市企业都在制造2吨轻型车，载重更小，车型也更小，但更适合短途运输的1吨轻型车处于空白状态，指挥部审时度势，选定此细分市场为突破口，并交由我们负责车桥和变速器部分的试制开发。

四年磨一剑，指挥部历经三轮设计、试制与试验，其间穿插性能与可靠性滚动验证，不断迭代优化。

为了使轻型车达到一定水平，一汽采取了自主开发与引进技术相结合的方针，先后从美国克莱斯勒公司引进为道奇轿车配套的488 2.2升发动机及其主要的二手设备，以及日本日产凯普斯达驾驶室等多项先进技术和装备；引进膜片离合器、驾驶室、带同步器变速器等先进总成；自己开发底盘，建设第二铸造厂和第二发动机厂，并且建成了全国第一个车身中心，使轻型车整体结构具有较高水平。

全面努力的成果却带来了一个新的难题。彼时，例行的周调度会议引入了一项末位排名制度，要求业绩欠佳的团队"被告席"就座，这一安排无异于公开的批评。不幸的是，由于在变速器寿命与可靠性测试中连续失败，我们团队长时间占据了这个位置。

那段时期，我们的变速器项目是基于日产技术的逆向开发，已然完成了项目启动与内部验证的双重跨越，却在面对一汽严苛的标准时步履维艰。当时，轻型车项目的总指挥，一汽研究所的党委书记赵吉（后调任集团党委副书记）亲自过问，对我说：

"老付，你要亲自上阵，找出问题的根源，不能让团队总是坐在'被告席'上。"

在此之前，我们的研究所领导已率领试验团队进行了旷日持久的封闭式实验，聚焦于主体与对标变速器的性能比对。最后是值班人员发现，问题出在轴承上，而非齿轮。

不论是主体测试抑或对照组，总是轴承率先显露出疲态与损伤，进而波及整个传动轴系，最终导致齿轮崩坏。真相大白后，我们即刻调整战术，但凡变速器发出异响，便立即将轴承换掉，确保轴系坚如磐石，试验随之畅通无阻。

至于车桥问题，则完全是另一番景象。我们惊讶地发现，车桥在行驶1万公里后，齿轮竟已磨损殆尽。要知道，厂里刚刚引进格里森先进齿轮设备，我们深信，经由技术精炼的齿轮，在精度与耐用性上理应达到国内较高水平，绝不可能有如此不堪的表现。

经由一番抽丝剥茧的排查，确认是润滑油脂选用失当造成的后果，这一发现再次深化了我们对零部件整车化运作的认知。项目总设计师感慨万分，未曾料到，一个看似不起眼的润滑油，竟能产生如此巨大的影响。

参与轻型车试制项目，是我人生中第一次全面见证车辆产品从孕育到诞生的全过程，每一环节的试验我都紧密跟随。回顾这段经历，其中蕴含了诸多宝贵的教训，值得深刻汲取。其中不仅涵盖宏大的系统架构，也涉及精细入微的零部件，要确保这些元素和谐共生，持续、有序且无误地推动项目前行，无疑是一项极为艰巨的任务，每一个项目的成功都称得上是一个卓越的成就。

生产汽车产品，必须严格遵循行业规律，切莫轻视汽车的复杂性，它需要时间的积累，以及无数次的试验与验证，其中每一个环节都至关重要。我们应始终对此怀有敬畏之心,并尊重产品本身的规律。

奥迪变速器项目一波三折

一汽在第三次创业历程中,还有一个值得展开聊一聊的故事。

1984年,也就是一汽收到国家计划委员会下达的组织开发研制轻型车任务的第二年,一汽将这件事写进了"七五"计划中。而在一汽上交的第一版扩建改造项目申请书中,还潜藏了一个更为特殊的心愿——造中高级轿车。

众所周知,我国第一辆自主生产的轿车源自一汽。在那个"大跃进"年代,一汽以法国西姆卡(Simca)轿车为原型,成功打造出国内首款东风牌小轿车,并在中南海后花园接受了中央领导试乘。随后,一汽再接再厉,研制出红旗牌高级轿车,在此后数十年间成为国家的礼宾用车。

可就是这样一个承载着无数辉煌与荣耀的品牌,却因缺乏消费市场支持,加之被指"油耗较高",最终于1981年6月遗憾停产。这一决定,无疑成为一汽人心头难以抹去的痛楚,它深刻地提醒着每一位一汽人:在摘掉解放牌汽车"三十年一贯制"帽子的同时,要再造"红旗"二代。

事实上,哪怕是项目被"下马",一汽也从未暂停对轿车的研发与改制。也正因此,当重振轿车的梦想遭遇挫折,时任第一汽车制造厂党委副书记、副厂长兼汽车研究所所长的耿昭杰,依然决定将轿车发展规划藏于轻型车名下,并在1985年接任一汽总厂厂长重担之后，着手为生产轿车做准备。

同一时期，改革开放就像是打开了关闭已久的闸门，"水位"暴涨，几十万辆进口轿车源源不断涌进国门，穿梭在中国的街道上。数据显示，在"六五"期间，我国共进口了55万辆汽车，55万辆汽车所付出的外汇量与我国前30年累积进口各类汽车所消耗的外汇总量几乎相等。这让无数挣扎向前的中国汽车人，感到无比的悲哀。

于是，关于是否应限制进口轿车以扶持中国自主品牌轿车的讨论，在那些年成为社会各界广泛关注的热点话题。特别是在1987年的"十堰论战"中，讨论更是达到了白热化的程度，社会各界"摩拳擦掌"，首次将中国轿车工业的发展提升至前所未有的战略高度。

是年，中央财经领导小组在北戴河会议上做出重大决策：我国汽车工业进入了战略转移的新时期，即从生产载货汽车为重点转向以生产轿车为重点，今后要开始大规模筹建轿车基地。

一汽，又一次肩负起建设具有国际竞争力的民族汽车集团的重任。

当时，一汽重型车的换型改造工作刚落下帷幕，举全省之力推动的轻型车产业方才蹒跚起步，此时发展轿车，一汽依然面临着捉襟见肘的状况，但一汽还是决定迎难而上。一汽人对于重振轿车产业的执着信念，在这一刻得到了充分的体现。

事实上，彼时为轻型车引进的488发动机生产线，原是美国克莱斯勒公司在墨西哥专为道奇轿车配套的年产30万台2.2升萨蒂诺488发动机的生产线。由于该发动机可在轻型车和轿车上通用，被耿昭杰厂长看中，遂拍板决定引进。

基于这一合作，一汽又进一步与克莱斯勒商谈引进适配488

发动机的道奇 600 轿车生产线。原本设想的是，将两条生产线一同拿下后，一汽只需要将道奇 600 轿车外形稍做修改，就可以启动新一轮"小红旗"轿车的研发工作。

令人意想不到的是，克莱斯勒在得知一汽获得轿车生产资质后，态度突然变得傲慢无礼，导致原本看似水到渠成的谈判陷入了僵局，直至一通来自长春的电话，彻底拨开了笼罩在一汽代表团心中的阴霾。

彼时，同样得知一汽意欲建设轿车项目的德国大众董事长卡尔·哈恩博士（Dr. Carl H. Hahn），已抵达一汽展开访问。为了能与一汽合作，他接受了耿昭杰厂长提出的条件——将一汽已经引进的 488 发动机装入奥迪 100 轿车。

要知道，上汽大众在合作历程中，曾以半散装件（SKD）的形式成功组装了 100 辆奥迪 100 车型，专供中央政府相关部门及上海市官员使用，颇受好评。

一方态度傲慢，而另一方积极寻求合作共赢；而且，一个是市场上即将被淘汰的产品，而另一个却备受认可。面对这样的情况，一汽不难做出抉择——3 万辆先导工程车型从道奇 600 变成了德国大众公司的奥迪 100。

基于此前哈齿在重型车改制与轻型车试制中积累的丰富经验，我们迅速投身于奥迪变速器的引进工作中，并获得了国家经济委员会的大力支持与肯定。随着奥迪 100 引进项目的成功获批，国家经济委员会即刻拨付了高达 3000 万元的专项资金，以支持哈齿在奥迪变速器领域的开发、试制及生产工作。

但在这时，又出现了一个新的问题。

一汽在推进横向联合的过程中，大致可以划分为三个阶段：最初的生产技术合作阶段，随后是联合经营阶段，直至 1987 年，才真正迈入了紧密联合的新阶段。在这一阶段，被联营企业的生产经营活动被统一纳入一汽集团的安排与管理之下，实行"一厂两制"的运作模式，按"高起点、大批量、专业化"原则组织轻型车的开发与生产。

奥迪变速器项目的推进阶段，恰好与一汽联营模式的这次转型相重合。于是，在项目即将启动时，一汽方面提出了异议。原因很简单——一汽借鉴日野模式倾力打造的变速器厂，在这一年开始投产了。远在哈尔滨的我们，与位于长春的一汽本部相隔250多公里，亲疏远近有别。

"小付，你怎么就不明白，这么大的项目我们不可能交给大院外的工厂来干。"在我无数次迈进一汽的门槛，竭力缓和并化解这场阻碍项目落地的"矛盾"时，一汽负责联营企业事务的领导一语惊醒梦中人，浇灭了我所有的激情。

那时，哈齿内部曾有人说，"老付，你就直截了当地告诉他们，这是高层的决策，由不得他们反对。"可是，我们的目的是为一汽奥迪100提供配套，如果被一汽拒之门外，那我们的坚持便如同无根之木，一文不值。

要知道，在项目前期我已向黑龙江省政府、哈尔滨市政府相关部门汇报，如若项目正常进行，哈齿还将获得地方政府的鼎力支持，届时项目总投资将达到6000万元，这在当时，其价值足可媲美现今的10亿元。这将彻底改写哈齿的发展轨迹，让哈齿直接跃升到全新的技术水平和企业规模。

在走出一汽工厂大门的那一刻，我对哈齿的未来，深感茫然。

最后，哈齿不得不将这一项目拱手相让。然而，遗憾的是，一汽并未能成功驾驭此项目，导致在其后多年间，不得不持续依赖进口艰难维系。

熊猫汽车先导项目

奥迪变速器项目搁浅之后，大家的心态从最初的愤懑、抵触到逐渐接受，并最终回归到工作常态中。可是，看似风平浪静的表面下，却潜藏着对未来的忧虑。每个人心中都明白，过去十年的迅猛发展可能已经达到了顶峰，未来哈齿将何去何从，无人能够预测。直至哈齿迎来了一次新的发展契机——熊猫汽车先导项目。

这是一段在汽车工业编年史中被边缘化的章节，却在关键时刻为哈齿点亮了前行的灯火。我们多么强烈地希望借此契机，重启哈齿发展之路。

1987年，北戴河会议锤音定调，中国汽车工业揭开了轿车生产战略转型的新纪元，不仅激发了中国汽车人的激情，也吸引了德国大众董事长哈恩博士等一众海外投资者的目光，他们十分看好中国这片热土的发展潜力。

翌年9月，专营汽车零部件进出口业务的美籍韩裔企业家金昌源，在美国特拉华州成立了一家名为熊猫的汽车公司，这一命名背后的寓意，不言而喻。

公司成立不久，金昌源便抵达广东。那时，深圳作为我国改革开放后的首个经济特区，在短短数年间从一个落后的小渔村迅速崛起，发展成为与国际接轨的现代化都市。整个广东省也成为全国改革开放的前沿阵地，不受旧的条条框框的限制，经济发展步伐明显快于其他地区，轿车市场更是炙手可热。

于是，金昌源将目光锁定在毗邻深圳的惠州，并宣称将在此投资 10 亿美元，兴建一座占地 81 平方公里、年产 30 万辆轿车的大型汽车厂，所生产的汽车将全部用于外销，每辆车在国际市场的销售价格不超过四千美元。他宣称，在 2000 年到来之前，项目的年产规模将达到 200 万辆。

这一系列豪言，如石破天惊，震动人心。无论是 10 亿美元外商独资，还是全部外销的 30 万辆年产能，抑或年产 200 万辆汽车的宏伟蓝图，都给 20 世纪 80 年代末的中国带来了极大的冲击。"八十年代看深圳，九十年代看惠州"的口号也由此而生。

在这场以珠三角为中心的轰轰烈烈的投资热潮中，远在东北的哈齿，却意外地被命运之手推到了前台。

根据当时熊猫公司释放的信息，它汇集了美国、联邦德国和韩国三方的专用技术和尖端技术。这些技术的供应商包括曾为美国三大汽车公司以及大众、丰田、本田、沃尔沃等公司设计过轿车的美国 ASC 公司，为奔驰、大众、奥迪、沃尔沃、通用、福特等公司提供变速器、曲轴和其他零部件的联邦德国 HMH 股份集团，以及长期为大宇、现代和起亚公司提供汽车零部件的韩国统一汽车集团。

为表诚意，更为加速推动熊猫汽车项目在中国顺利落地，熊猫汽车决定投资一个汽车零部件先导项目，捐赠 5000 万美元，建立一个具有世界先进水平的变速器、车桥厂。一时间，全国各地政府官员蜂拥而至，都希望能在这个项目中分一杯羹。

黑龙江省省长陈雷的夫人李敏，时任黑龙江省政协副主席，她是朝鲜族。通过多方牵线后，黑龙江省政府联系到了韩国统一汽车集团相关负责人，陈雷省长极力推动统一汽车集团将投资项目放在哈尔滨。幸运的是，事情进展十分顺利，统一汽车集团更是决定直接向哈尔滨齿轮厂捐赠 5000 万美元，作为先导项目资金，用以研发、生产供应熊猫汽车项目的变速器和车桥。

由于涉及改革开放以来我国最大的外商独资项目，我们决定组织 8 个人的代表团前往日本、德国等国对汽车产业进行考察，由时任中国汽车工业总公司总工程师吴庆时亲自带队。

本以为对国际先进汽车制造水平已经有了初步了解的我，预想着会以一种更为冷静的心态开始这次考察之旅。然而，当我踏入考察的首站——日本丰田汽车工厂，目睹他们那高度自动化、质量卓越、效率惊人的生产线时，我仍然感到震惊。

这种体验与初次走访美国三大汽车制造商截然不同，它提醒我，在全球化的竞技场上，奔跑从未停歇。中国汽车工业的生产技术近年来虽也在进步，但与国际先进水平之间的差距，并没有缩短。

日本之行，我们受到了超乎预料的热情款待，这不仅是对代表团的认可，也是对中国汽车工业对外开放态度的肯定。考察当天的晚宴，共有 100 多位日本议员出席，随后更是安排了多位擅长中文的对接人与我们交流、讨论合作的问题。

有别于访日期间的待遇，韩国之旅则被一层微妙的紧张气氛所笼罩，尽管文化相近，但中韩两国外交关系尚未建立，我们不得不谨慎地隐藏自己的身份。因此，我们采取了分头行动的策略，我独自带领两位工程师前往韩国釜山访问统一汽车集团的工厂。我们甚至避免在白天进行访问，而是选择在夜晚，依次参观了他们的实验室和工厂。

适逢 1988 年，哈齿已完全纳入一汽集团，我深刻认识到，这次对熊猫汽车 1 吨车变速器和车桥项目的考察，对于一汽轻型车试制以及未来市场的重要性，若哈齿能够成功承接该项目，无疑将如虎添翼。

那一刻，我再次对哈齿的前景充满了希望。对哈齿而言，这是一个很好的发展机会；而从我个人的职业生涯来看，这也是一次关键的机遇。吴庆时在考察结束返回途中明确表示："我们必须抓住这次机会，否则对哈齿未来的发展将极为不利。"

回国后，我迅速整理了考察期间的所有资料，并向一汽集团汇报了研究结果。集团内部一致决定要尽快推进项目的启动工作。

然而，现实再次给了我沉重的一击。

尽管哈齿此时隶属于一汽，熊猫汽车的先导项目却是由黑龙江省引进，并特别指定要在哈尔滨实施，可哈尔滨市政府却有不同意见。

与一汽的策略不同，当时国内轻型车市场更青睐 2 吨级轻型车，尤其是在石油运输和林场木材运输需求旺盛的东北三省。哈尔滨市政府期望借助熊猫汽车的先导项目资源，带动本地星光机器厂生产的 2 吨轻型车的发展。

一边是当地政府，另一边是母公司，双方各执一词，都不妥协。参与讨论的韩国代表私下向我表达了困惑，他不解，为何一个零部件问题能引发如此激烈的争论。结果，这个价值连城的先导项目，竟因立场迥异而搁浅，如同一场梦幻泡影，令人扼腕。

或许是命中注定，这个曾经承载着无数期待的外资合作典范，最终未能跨越重重障碍，黯然离场，留给业界的，除了遗憾，更多的是对合作模式与战略决策的深思。

而对于哈齿，却是再一次错失良机。

哈齿，是否还能迎来第三次发展机遇呢？这个问题在我们心中久久萦绕，难以释怀。

天津 6450 轻型客车项目

在离开哈齿之前,我接手的最后一个项目,是轻型客车的创新试制工程。

20 世纪 80 年代,轻型客车生产发展很快。成千上万的中小企业和个体工商户迫切需要一种能够在城乡之间穿梭,以运输商品、平衡供需的工具;同时,广大农民也渴望将他们的农产品从偏远乡村运送到繁华都市,崎岖不平的山路呼唤一种轻巧且具备多功能的运输工具。这一强大的市场需求,为轻型客车的兴起铺平了道路。

"六五"期间,轻型客车市场的热度空前高涨,国内产能无法满足膨胀的需求,迫使国家采取措施通过进口超过 11 万辆轻型客车,缓解供需紧张。借助这股东风,一系列载重 0.75 吨、1 吨、1.25 吨、1.5 吨、2 吨、2.5 吨和 3 吨的轻型客车应运而生。然而,由于大多数轻型客车生产企业规模较小,缺乏专用的轻型客车底盘,这些轻型客车整体性能水平相对较低。

为了加快产品更新换代的步伐,并考虑到轻型客车生产企业自身开发能力的局限,中国汽车工业总公司于 1987 年 7 月决定,由中国汽车技术研究中心(简称中汽中心)牵头,联合国内多家轻型汽车制造商,以及一些改装和零部件生产企业,共同开发各类轻型客车专用底盘和整车试制工作。

1988 年 4 月,在经过一年的广泛调研后,在中国汽车工业总公司科技管理司何春阳司长的领导下,以中汽中心副总工程师钱天蛟为首的设计团队为主,联合湖南汽车制造厂、石家庄汽车制造厂、江苏仪征汽车制造厂等 25 家整车、改装及零部件生产企业，正式展开 ZQ6450 型（4×2）、6450Y 型（4×4）系列轻型客车专用底盘的开发工作。

哈齿，作为当时国内汽车变速器和车轿领域的先进技术企业，也参与了这一项目。

按照要求，几个主要生产企业的设计团队成员需要在 1988 年 7 月至 9 月期间齐聚天津中汽中心，共同参与设计任务。那时，熊猫汽车的先导项目陷入僵局，我从中抽身出来，踏上前往天津的南行列车，投身至新的工作任务中。

基于"三化"的设计原则，我们需要在设计中力求做到总成系列化、通用化，车型多样化，并择优选用国内已引进和开发的先进总成和零部件，使整车各项指标达到国外同类车型 20 世纪 70 年代末、80 年代初的水平。

设计工作充满挑战，客车底盘与载货汽车的标准、难度存在诸多差异，变速器和车轿的布局、转矩、性能以及寿命等特性也都有所不同。那些日子里，我往返于设计所和招待所之间，资料如山，思维如潮，我一次次地构思、推翻、重塑着设计方案。

联合设计第一阶段工作结束后，我携带着满载希望的图纸与数据重返哈齿，预备开启下一阶段的征程。就在这个时候，一道突如其来的调令，打乱了我所有的计划。

调任市政府

调至哈尔滨市政府工作，这完全出乎我的意料。为什么会有这一安排？我将承担何种职责？我能否胜任？哈齿的未来又将如何？这些问题在我脑海中迅速涌现。

可若问我是否愿意前往，答案是肯定的。奥迪变速器项目和熊猫汽车先导项目的接连搁浅，不断磨蚀着我的热情。这不仅让我对个人的职业前景感到迷茫，而且也对哈齿的发展方向失去了把握。或许，离开企业，加入政府，对我来说将是一个新的契机和开始。

然而，当我把这个消息告诉爱人时，却遭到了她的反对。这是我们共同生活多年以来，她首次对我的工作安排提出异议。

在哈齿的20年里，我从一个普通的技术员起步，历经车间技术员、车间技术副主任、技术科长、设计科长、产品开发科长、厂长助理，最终成为最年轻的总工程师，以及第一副厂长兼总工程师，这一路上离不开爱人在背后默默的支持。

当时，爱人已经离开哈齿，在政府机构担任要职。她深知，相较于政府工作的复杂性，技术研发更适合我。同时，夫妻俩同在政府部门就职，难免会引起外界不必要的猜忌，也会给我未来的工作带来阻力。

可是，留在哈齿，还能像以前那样从事我最想做的技术研发工作吗？错失多次发展机遇的哈齿，又能够给予我多大的研发空间呢？我不清楚，也没有人知道。最后，我还是选择接受上级安排，转入市政府工作。

那个在1970年拒绝团委书记职位安排，毅然投身工厂，以技术为笔，绘制工程师理想蓝图的青年，没有预见到，20年后，他竟会告别自己一直热爱、奋斗过的哈齿，踏上一段全新的旅程。

第四章 从政十年

在那个充满变革与挑战的时代，唯有非凡的勇气与智慧，方能成就哈尔滨市的汽车"一号工程"。一个地区若想在20世纪80年代末至90年代初推进这样的宏伟蓝图，必须展现出超凡的魄力。我深感荣幸，能够亲身参与这一历史性进程。

市委书记的期望

在我进入政府工作没多久，时任哈尔滨市委书记李根深就接待了我，他问我："付于武，你知道为什么调你来这里吗？"

我回答："我明白，是为了哈尔滨的汽车产业。"

那时候，哈尔滨市，乃至整个黑龙江省，要大力发展汽车产业早已不是新闻。仅从陈雷省长亲自出面牵线熊猫汽车先导项目，就足以看出黑龙江省的雄心壮志。

正如邓小平同志多次强调的，"改革是中国的第二次革命"，20世纪80年代的中国因改革而焕发出新的生机。哈尔滨的造车之路，正是伴随着80年代的迅猛发展而展开的。

然而，当时的哈尔滨尚不具备完整的整车设计、研发和制造能力，加之生产设备老旧，技术水平低下，成套性差，缺乏新技术与高附加值产品，仅有 15% 的产品达到了国际 20 世纪 80 年代的水平。管理粗放、经济效益低下的现状，让这座曾经支撑新中国发展的工业重镇悄然被贴上了"老"的标签。

1984 年，党中央做出关于经济体制改革的重大决定，国务院批准哈尔滨恢复计划单列，并赋予其省级经济管理权限，将其列为经济体制综合改革试点城市之一。这为哈尔滨这座老工业基地带来了前所未有的发展机遇。

随后，一系列人事任命让哈尔滨有了史上最强的领导班子，这为哈尔滨的发展奠定了良好的基础。黑龙江省委任命原省委常委、秘书长李根深担任哈尔滨市委书记，同时任命原副省长兼省经济委员会主任宫本言为市委副书记、市长，肩负起推动哈尔滨全面经济改革的重任。

宫本言市长用十个字精辟地概括了改革方向：电、工、轴、铝、麻、车、化、食、药、材。在当时，"电"代表由哈尔滨电机厂、锅炉厂及汽轮机厂构成的全国最大三大电站成套设备生产基地；"工"则指代我国最大的工量具生产、科研与出口基地——哈尔滨市的精密复杂刀具及高精度量仪量具产量居全国首位；"轴"即轴承，哈尔滨轴承厂作为国内三大轴承生产基地之一，在行业中占据重要地位；此外，哈尔滨亚麻厂是我国规模最大的亚麻纺织漂染联合企业。

与此同时，哈尔滨市青霉素钠盐产量位居全国第二，氨苄西林钠盐及其粉针剂更是稳居全国榜首，显著提升了哈尔滨医药行业在全国的排名。以"三大动力"为主的"七五"重大改造建设项目开始进入验收阶段，关键工艺和产能规模均实现了新的飞跃。特别是，作为主导产品的 60 万千瓦发电机组，在产品容量方面成功填补了国内空白。

展望下一个五年规划,宫本言市长期望在"七五"时期所取得成就的基础之上,进一步探索和培养新的产业动力,激发这座历史悠久的工业基地焕发出新的生机与活力。

于是,便有了"不抓汽车,抓什么"的著名论断。

汽车工业是一个劳动生产率高、部门关联度大、附加价值高、经济推动力强以及需求弹性大的规模经济类部门。这一点已为当时众多发达国家并正在为我国的实践所证实。在宫市长看来,拥有极强工业基础的哈尔滨市,有底气也有实力打造一个现代化的汽车工业基地。

1989年,哈尔滨市汽车工业总公司正式成立。第一任总经理是万同本同志,上任不久便因病去世,后由原哈尔滨轻工业局局长顾景春同志接任总经理。

随后,我便被调入哈尔滨市汽车工业总公司任副总经理,兼任汽车工业办公室副主任,另任命孟令贵为总工程师。实则,我们就是"一套人马,两个牌子",一个牌子是哈尔滨市政府汽车工业办公室,另一个牌子是哈尔滨市汽车工业总公司。

至今我仍记得,在我表明理解市委调我进入汽车工业总公司的意图后,李根深书记微微颔首,沉思片刻后,语重心长地说:"一定要把黑龙江省哈尔滨市的汽车工业搞上去。我们把这项工作放在重中之重的位置,这才把你调过来。你一定要改变思维,从宏观的角度规划好。"

他继续说道:"怎么做规划我不知道,因为我不懂汽车,但你懂,而且你有国内外考察、合作的经验。我对你唯一的要求是,希望你能够站在新的高度和角度看待汽车产业的发展,搞好哈尔滨汽车工业。你是专业干部,我就只提这点希望。"

时值十月下旬,哈尔滨已然步入了初冬的序章。窗外,枝条褪尽了最后一抹绿意，在寒风中无依地摇曳，仿佛迷失了方向。然而，在这肃杀的季节里，我却怀揣着一种预感——哈尔滨的汽车产业或许正迎来它的春天。

只是不曾想到，在见证哈尔滨汽车产业回春之前，一纸介绍信又将我派去了更为寒冷的地方——苏联，访问考察苏联的汽车产业。

赴苏联考察

苏联对于哈尔滨而言，无疑是一个极其复杂且具有多面性的地方。

作为世界上第一个社会主义国家，苏联曾是中国的"老大哥"，无论是在经济、技术、军事，还是政治等多个领域都为新中国提供了巨大的援助。尤其是对于与苏联接壤的黑龙江省来说，这种影响更是无处不在。

被誉为东方莫斯科的哈尔滨，在语言、饮食习惯、建筑风格乃至教育体系、经济发展及工业布局上，都深深烙印着俄罗斯文化的痕迹。哈尔滨市的标志性建筑——圣·索菲亚教堂，在当时早已伫立在道里区街头近半个世纪。

就着红菜汤吃着列巴，贸易多是苏联货，话里总还带着点俄语。得益于得天独厚的地缘优势，在新中国成立后，由苏联全力扶持的新中国"156 项工程"中，共有 13 个项目落户于哈尔滨市。从精密机械制造到石油化工等重工业部门，再到以食品加工为代表的轻工业领域，乃至新兴崛起的医药与电子产业，哈尔滨肩负起了引领全国工业化步伐的重要使命。

即便是在后来中苏关系趋于紧张的时期，哈尔滨仍为国家"三线"建设贡献了大量宝贵的技术资源和人才力量。

☆ **拜访苏联汽车拖拉机部**

1989年5月，应中国最高领导人邀约，苏共中央总书记戈尔巴乔夫正式访华，两国关系随之实现正常化，经济关系也随之快速得到修复。这让李根深书记意识到，汽车领域或许会有合作机会。

李书记是浙江湖州人，毕业于上海交通大学，1952年被国家选送到苏联莫斯科动力学院研究生部攻读燃气轮机专业，他的很多同学后来在苏联机械制造领域担任要职，其中便包括当时的苏联汽车拖拉机部部长。

就这样，一纸介绍信让我敲开了这位部长的办公室大门。

老部长极为热情，并没有因两国隔阂三十余载而对我们有所漠视。在相互寒暄之后，我向他坦言了此行的目的："我代表黑龙江省哈尔滨市的汽车工业来拜访您，希望可以寻求一些与苏联之间的合作。"

他问我："你希望从哪些方面入手？"

20世纪80年代末期，受制于气候条件与政治经济体系，苏联并没有微型车，更不用说配套的微型发动机，日常用作市区出租的达拉轿车，也不过是菲亚特124的改制版，并不先进。真正值得学习的莫过于他们的货车与客车，相较于逐渐走上正轨的哈尔滨星光机器厂2吨轻型车项目，客车或许值得一看。

那时，哈尔滨市内有两大客车公司，一个是黑龙江客车厂，另一个是哈尔滨市客车厂。若能引进更为先进的客车制造技术，无疑将会助力哈尔滨客车技术提升至国内先进水平，从而获得更多的竞争优势，这也是在临行之前我与李根深书记沟通后达成的共识。

于是，我向老部长提出，是否可以先行考察一下客车。他沉思许久，最终同意。考虑到苏联客车研究所位于1300多公里外的利沃夫（Lviv），老部长随即联系当地工作人员前来莫斯科接引我们前往，这让本没有抱有太大期望的我们喜出望外。在过去数次出国考察过程中，即便是在礼仪至上的日本，也没有获得过这样的待遇。我们连忙拒绝，表示可以自行前往，但老部长仍然坚持他的安排。

告别老部长之后，我们在莫斯科等了两天。不能免俗，我们趁着这难得的空闲时光，走上了莫斯科街头。冬季的莫斯科与哈尔滨很像，积雪放缓了人们的节奏，道路上零星的行人低着头向前行走。彼时，站在红场上的我，没有想到两年后的冬日，这个被视为密不可分的联盟会分崩离析。

☆ 混乱中的利沃夫

我们按行程安排，从莫斯科途经基辅，到位于乌克兰的利沃夫客车研究所参观考察，被安排住在了利沃夫客车研究院旁的一间宾馆。由于时间已晚，与当地的工作人员，一名老者约定好明早前往研究所。我们在安顿好后来到市中心找地方用餐，却不承想见到了当地的独立示威活动。广场上聚集着成千上万的人，高举着旗帜，疯狂但有节奏地高呼着："格季！（打倒！）""甘巴！甘巴！甘巴！（可耻！可耻！可耻！）"

广场旁的餐馆里，坐满了愤懑的居民，他们高声谈论着。餐馆里也不再提供菜单，物资的匮乏让他们只能提供最简单的餐食。不止如此，他们的日用消费品短缺现象也极为严峻，肥皂、洗衣粉、盐、面包、牛奶、鞋、床单这些日常必需品经常买不到。在苏联考察的那些日子里，时常能看到路边商场门口排大长队，细问之下才知道，那是在争购紧俏的肉食和奶产品。

中国也曾有过物资短缺的时代，我们也曾排队买过牙膏、洗衣粉和肥皂，米面粮油一应按票定额采购。没想到，这样的场景会在20世纪80年代末的苏联街头重现。

此时的苏联，人们不再正常工作，整个社会陷入了恶性循环，百姓生活困苦，抱怨和怒气日益加剧。

☆ **失败的考察**

在这样的背景下，苏联客车研究所内的状况自然也不会好到哪里去，甚至比我预想的还要糟糕。首先，他们仍然采用典型的计划经济体制，车型多年未更新，设计风格传统陈旧，没有跟上时代的发展，更不用说当时已在世界范围内广泛采用的全承载式车身设计。其次，他们的生产力相当落后，让我仿佛回到了国内20世纪70年代的汽车工厂，甚至更差。他们没有先进的自动化机器，工人的工作服破烂不堪，操作散漫。看到这一幕幕场景，我所有的热情，在小心翼翼地呵护了这么多天后，彻底被浇灭。

经过交流，我们了解到，他们实际上已经从其他发达国家购买了三段式全承载车身的客车技术，但由于缺乏推动产业化的意愿和资金，项目最终不了了之。

在考察过程中，我还试图与苏联客车研究所的总工程师交流，但他显然没有多少洽谈业务的兴趣。

很显然，这是一次极其失败的考察——远赴数千公里，费时多日，却一无所获。

当我们离开利沃夫时，那位老者前来送行。分别时，他叫住了我们，问我能否将羽绒服送给他，因为他的儿子即将结婚，却没有一件像样的羽绒服。我脱下了身上的羽绒服给了他，换上了一件大衣。接着，他又向我们要烟。我们一时之间也不知该说什么为好，便将所有香烟凑在一起，连同我身上仅剩的300美元一同递给了他。我不知道这些资金能否让他和家人度过一个温暖的冬季，但我也无心再想。

经过多日的辗转，我们终于回到了哈尔滨。尽管这座城市依旧被冰雪覆盖，与我离开时无异，但这次归来，我却意外地不再感到寒冷。街道上车水马龙，人流熙熙攘攘，一切似乎都在向着更加美好的方向发展。

老市长宫本言

我调入哈尔滨市汽车工业总公司，开启了为期十年的政府工作生涯。幸运的是我尊敬的宫本言老市长亲自领导哈尔滨市汽车工业，这是我获益终身的十年。

彼时，哈尔滨市汽车工业总公司共有数百名员工。在这个新的集体，上级交代给我的三项核心任务规划制订、政策协调与改造资金筹措，构成了我职业生涯中最为艰巨且充满挑战的使命。

1990年，在经过多次协商沟通后，哈尔滨市汽车工业总公司基本形成以轻型车、微型车、微型汽车发动机的技术改造和客车改装车、汽车零部件的技术改造为重点的基本思路，即"两车一机""两车一配"。随后，宫市长带着我去黑龙江省政府几次向邵奇惠省长汇报，受到邵省长的高度重视和肯定。

随即，我们将这一思路向上汇报给航空航天工业部。在与时任部长林宗棠反复协商后，航空航天工业部于次年4月正式决定，将哈尔滨汽车工业"两车一机"列为航空航天工业部民品以及省、市"八五"期间重点技术改造的"一号工程"，并组建航空航天工业部、黑龙江省、哈尔滨市"一号工程"领导小组，下设"两车一机"技术改造项目指挥部。邵奇惠省长和林宗棠部长任指挥部总指挥，常务总指挥是宫本言市长。办事机构是哈尔滨市汽车工业总公司，我先任副总经理，后任总经理。此后，我便成了宫市长的主要助手。

宫本言市长是个传奇人物。他文化水平不高，却凭借着勤奋学习，从兵工厂工人，一步步升任齐齐哈尔第一机床厂车间主任、基建科科长、副厂长、厂长以及富拉尔基第一重型机器厂厂长（简称一重厂）。记录他在一重厂改革事迹的《励精图治》一文，经《当代》杂志传遍全国，使他作为一名工厂干部被广泛关注。后来，他被破格提拔为黑龙江省委常委兼省经济委员会主任，主管全省经济工作。

此后，在调任哈尔滨市任职期间，宫市长始终以改善民生为己任，在市政路桥建设、消除城市重大安全隐患、危房棚户区改造等方面做了大量卓有成效的工作，推动了城市建设与发展，功绩卓著。

初次与宫市长接触时，我是有些紧张的。作为一名拥有20年经验的技术工程师，我不知道该如何与这样一位享受正部级待遇的高级领导共事。通常，我们习惯于领导的指示，他们提出大概念，我们则按照这些概念去扩展、细化并实施。

然而，宫市长并非如此。条条框框从未成为束缚他的枷锁，他总是以科学的态度和实干的精神来开展工作。他不仅懂得工业生产经验，也通晓经济，工作时从不空谈，从不发表虚泛而不着边际的号令。

"一号工程"立项初期,国家及黑龙江省、哈尔滨市为其设下的在"八五"期间技术改造目标为年产轻型车2万辆、微型车2万辆、微型发动机5万台,简称为"225"规划。然而,宫市长给我们内部的期望值却是"5510",即年产轻型车5万辆、微型车5万辆、微型发动机10万台。

他认为,汽车产业必须形成经济规模,没有规模何谈发展?宫市长指示我:"老付,你就这样去做。"我就按照他的构想,将"5510"目标一点点拆分藏匿在"225"规划之中。

伴随项目的滚动推进,国家也进入了针对家用轿车筹备、整顿轻型车产品的"混乱"状态,"两车一机"的产量目标也随之发生转变,调整为轻型车年产2万辆、微型车年产5万辆、微型发动机年产10万台。

这种对事件的判断能力,以及处事的创新思维、决策的魄力,是我之前从未经历过的,让我受益匪浅,以至于后来任职中国汽车工程学会,在参与规划制订时,我也始终强调,研究政策时必须有长远的考量。国家当前支持的项目不一定上得去,国家当前还没有支持的项目不一定上不去。

不管是"225""5510"还是"2510",实际上都可以代指哈尔滨市内的三家核心汽车制造企业:哈尔滨飞机制造公司(原名国营伟建机器厂)、哈尔滨轻型车厂(原名星光机械厂)以及东安发动机厂。如何为这三家企业量身定制出既能促进自身成长,又能服务于整体战略的发展路径,成为摆在我们面前的一大课题。

宫市长文字功夫较弱,每次向他汇报规划方案时,都由我根据资料口头讲述重点、纲领、目标、规模、时间、投资、实施方法，他总能在听的过程中，瞬间捕捉到不合理的地方，记忆力和对细节的敏感让人望尘莫及。

在研究哈尔滨市内客车产业发展时，宫市长提出要重点发展哈尔滨市内的两大客车厂，一定要形成规模。多大规模？"两个厂加起来产量要达到5000辆，建立客车集团。"

他与后来担任哈尔滨市政府的主要领导持有不同观点。宫市长并不倾向于将两者合并，而是主张在保持各自独立的基础上，一个专注于城市客车领域，另一个则专攻公路客车，放大其各自优势的同时又形成合力，最终实现规模化经营。

每一次参与会议聆听他对未来蓝图的描绘，都让我震撼不已。而同样令我印象深刻的，是他对报告撰写质量近乎苛刻的要求。

记得我们撰写的关于哈尔滨市轻型车发展的报告，完稿后被打回重写，一稿、二稿、三稿，始终不能通过。从立意高度到具体操作，宫市长处处不满意。我与总工程师薛令贵只能拿回来一改再改。

再次向他汇报时，像往常的每一次会议一样，他背靠椅背，皱着眉听完整篇，沉思良久后，忽然拿起报告，问在场的所有人："大家怎么看付于武写的这个东西？"突然，会议室内陷入了寂静，空气仿佛凝固了，没人敢发出声音。正当我准备再次接受批评时，宫市长出乎意料地说道："我觉得写得挺好。"

会议室的紧张气氛瞬间消散，不知是谁首先鼓起了掌，掌声渐渐响起。那一刻，我所有的压力和紧张都烟消云散，脑海中长期紧绷的神经终于松弛下来。

宫市长就是这样一位极具个性、务实高效的实干家。我常常向别人提及，宫市长是我人生中的导师之一。在与他共事的六年多里，我亲眼见证了这位颇具风范的领导者如何高效地处理复杂工作，如何运筹帷幄、谋划未来。他的远见与战略眼光让我深受启发。

汽车"一号工程"

事实上，经过"七五"期间的产品开发和技术改造，哈尔滨市的轻型车、微型车、微型汽车发动机和客车均形成了一定的生产能力，主要汽车零部件产品也有了一定的发展，具备汽车产品批量生产的基本条件。

在1991年4月6日"一号工程"领导小组首次会议上，我们确立了技术改造的核心原则："选准车型上水平，瞄准市场成批量，集中投入增效益，合资合作创名牌，组织起来求发展。"这一原则，旨在充分利用军工大企业和老企业现有的装备与人才资源，通过引进先进技术与关键设备，精准定位车型，在质量、品种、技术水平上精益求精，从而壮大汽车工业的实力。

我们的目标是，在"八五"期间实现年产轻型车2万辆、微型车2万辆、微型发动机5万台，使微型汽车、微型发动机达到全国领先水平和国际20世纪80年代水平；轻型车达到国内先进水平、国际20世纪80年代水平；产品质量创国家质量奖，争创名牌。

技术改造绝非空谈，而是要通过实际的投资项目来实现。根据最初规划，"一号工程"计划投资5.5亿元（含外汇2280万美元），重点改造四家企业。到"八五"期末，产品将实现升级换代，达到国内先进水平；产值、利税和创汇分别达到36.4亿元、5.98亿元和2560万美元。

然而，资金从何而来？那些年，哈尔滨市工业生产持续下滑，财政上并不充裕。面对资金短缺的困境，我和哈尔滨市税务局局长四处奔走，多方协调调配，最终确定"一号工程"实行"流转税零字包干"，即免除所有税务负担，全面实行边生产、边改造、边还贷，这为项目的推进扫清了障碍。

项目启动的第二年，改造资金缺口仍然很大。尽管哈尔滨市的资金到位，但黑龙江省政府的拨款却迟迟未到。在这种情况下，邵奇惠省长召开项目协调会议。会上，主管副省长、财政厅厅长表示有难度。邵奇惠省长态度坚定："'一号工程'是省委、省政府的战略决策。所有政策、资金都必须落实，没有商量余地。'一号工程'没钱，挤'二号'，'二号工程'没钱，挤'三号'。否则，还叫什么'一号工程'！"

回想起那段岁月，如果没有高层领导的坚定决心，我们的所谓协调工作恐怕也难以取得成效。正如宫市长会后私下对我说的："这种话，也只有邵省长说得出，做得到！"

在多方支持下，自1991年初开始，不只是"两车一机"的主要项目，我们还先后将数十项技术改造列入重点企业技术改造计划，并陆续实施。

据数据统计，"八五"期间，全市共投入技术改造资金12亿元，对汽车工业企业进行技术改造，形成了轻型载货车3万辆、微型车10万辆、微型发动机10万台以上的生产能力。

至1995年，全市汽车工业企业发展到68家，其中，汽车制造厂2家、客车改装厂3家、改装车生产厂4家、摩托车生产厂1家、零部件生产厂58家，生产轻型车、微型车、客车、改装车四大类25个系列111种汽车产品。全市汽车零部件产品形成12大类500余种，汽车零部件生产能力产值达到近4亿元。当年，全市生产各类汽车 148610 辆，完成工业总产值 29.7214 亿元。

其中，"两车一机"项目已经具备规模生产的坚实基础。客车、改装车生产能力和水平得到了提高，摩托车生产也开始起步，汽车零部件生产也有了一定的发展。黑龙江省汽车产业迈入了前所未有的快速增长期，吸引了全国范围内的广泛关注并获得了赞誉。

在此期间，哈尔滨客车厂的 HKC6978 型客车，获得全国客车行业唯一的国家优质产品银牌奖。哈尔滨飞机制造公司的微型车、哈尔滨轻型车厂的轻型车、东安发动机制造公司的微型汽车发动机产品多次被评为"中国名牌"产品和"中国公认名牌产品"。

紧随其后，基于"八五"期间所取得的技术革新成果，哈尔滨市政府明确了"九五"计划期间汽车行业发展的战略方针：以市场需求为导向，致力于提升本土企业的自主研发实力，优化产品结构，并将发展重点放在轻型与微型车辆及其核心零部件上，从而启动了新一轮被称为"新一号工程"的重大项目。

全省汽车工业考察

汽车工业整体水平如何，在一定程度上能反映出一个国家的工业水平。因为汽车是一个综合性的工业产品，涵盖了工业产业的方方面面。汽车的档次越高、技术越先进，就越能拉动相关产业的发展，也能展现真正的工业实力。

哈尔滨市若想将汽车工业打造成为本地经济发展的支柱，并以此为龙头带动其他相关产业的成长壮大，就必须打破"哈尔滨市"与"汽车工业"这两大"孤岛",积极引入外部资源和技术力量。

实际上,"两车一机"在初期规划阶段就已经涉及45个不同的子项目,包括但不限于汽车电器、传动轴、前后桥、钢板弹簧、轮胎、仪表盘总成、转向器、散热器、货厢、内饰件产品、橡胶密封件、减振器等多个方面。这些零部件及其背后产业的发展,不仅能进一步延伸和完善整个汽车产业的供应链体系,同时也在倒逼哈尔滨乃至黑龙江省相关工业的全面发展,形成联动效应。

为顺利推进"一号工程"的实施,在邵省长的领导下,由宫市长负责牵头,我们对全省机械工业展开摸底大考察。考察范围覆盖从哈尔滨到大庆、齐齐哈尔、牡丹江、佳木斯等城市,涵盖了轻型车、客车、微型车制造厂以及各类零部件企业,甚至包括相关联的企业。通过收集大量第一手资料并经过细致分析后,工作组内部展开了多轮讨论,最终形成了一份详尽且具有前瞻性的发展规划草案。

也是在那时,我才切实地感受到,黑龙江省的机械工业实力有多雄厚,基础条件何其优越。概括起来讲,黑龙江省机械工业具备五大显著优势:一是庞大的固定资产规模;二是一批在全国范围内占据重要地位的大型骨干企业;三是数量可观的精密设备;四是高素质的技术人才队伍;五是良好的市场信誉度。

据统计,当时国家设在黑龙江省的大中型重点机械制造企业共有82家(属于机械系统的有40家、农林部门的有10家、国防科技工业的有15家、铁路运输业的有4家,其余则分布在不同行业),其中包括第一重型机器厂、三大动力集团,以及十大军工、车辆、机床、轴承、量具企业在内的33个国家级别的大型骨干单位。

在科技人员方面，从业人员总数约为5万人，其中有接近4万名工程师直接参与到生产活动中。科研机构建设也取得了一定成就，全省范围内共有国家级研究所3个、省级研究机构10个，加上地方市级设立的综合型机械研究所14个，以及各大重点企业内部设立的专业实验室24个，共计有3700多名科研人员投身于科学研究工作之中。这些人才为推动黑龙江省乃至全国范围内机械工业技术的进步，提供了强有力的保障支持。

上述机械工业资源多集中在哈尔滨、齐齐哈尔、牡丹江、佳木斯。据不完全统计，这四座城市的机械类企业总数达到了1950家，占全省同类型企业总量的比例高达46.3%，而其创造出来的产值更是占到了全省总额的77.2%。

特别是在哈尔滨地区，专门从事汽车及其配件生产的厂家数量尤为突出。截至1990年年底，全市共有各类汽车制造及相关配套企业57家，涵盖卡车制造商2家、客车改装厂3家、专用车改装车厂11家、摩托车生产厂1家，以及40余家专门从事零部件供应的企业。这些企业分别隶属于机械工业、兵器装备、航空航天、交通运输、农业机械等多个政府部门。

它们能够提供包括轻型货车、微型货车（包括厢式货车）、大中轻型客车、改装车4大类11大系列68种汽车产品，并且还能生产微型汽车发动机及变速传动系列、电器系列、散热系列、通用系列等12大类240种汽车零部件产品。

我们需要整合现有资源，扬其精华，去其糟粕，围绕"两车一机"项目，按照生产要素优化组合的原则，组建以产品为龙头、以整车厂为依托的微型汽车、微型发动机企业集团，完善星光机器厂轻型车企业集团，发挥整体优势参与市场竞争，在日益激烈的市场竞争中求发展。

第四章　从政十年

重组星光机器厂

事实上，我们引入的外部资源和技术力量，并不局限于黑龙江省内，我们也积极寻求省外优质资源的支持。星光机器厂重组纳入一汽集团就是一例。

星光机器厂始建于1965年，是原第七机械工业部（航空航天工业部）的直属厂，曾先后承担了四十余种军品的科研生产任务，为国防建设做出了很大贡献。由于军品任务不足，星光机器厂从1973年起根据第七机械工业部关于"军民结合"的要求，开始民品选型工作，经哈尔滨市委批准后，承担起了哈尔滨牌130型轻型货车发动机和整车总装的任务。

在全国轻型车厂纷纷进行更新换代的新格局下，星光机器厂在车型、资金、技术和设备方面都落后于其他兄弟厂，与同行业的差距日益扩大。

我们不得不为星光机器厂寻找新的出路，以盘活现有资产，确保"一号工程"项目的顺利推进。

因此，在多次探讨与协商后，星光机器厂决定向一汽集团靠拢。1993年9月，经中国航空工业总公司、国防科学技术工业委员会和国务院国有资产监督管理委员会审批同意，星光机器厂与一汽集团实行资产经营一体化联合。联合后，企业更名为中国第一汽车集团哈尔滨轻型车厂（简称哈轻厂），成为一汽集团的全资子公司。

加入一汽集团后，按照一汽集团的统一规划，哈轻厂将建成年产轻型货车3万辆的轻型车生产基地，一汽集团协助哈轻厂进行技术改造，投资 10.7 亿元开发成熟产品 CA1040/CA1046 系列解放牌轻型货车，并将之转到哈轻厂生产，使企业改变被动局面，企业生产的产品水平一步跨越 20 年，成为国家轻型车生产基地之一。

1996 年，哈轻厂便彻底摘掉了连续六年亏损的帽子，在以生产"小解放"为标志的哈轻厂创业史上谱写了新的绚丽篇章。

星光机器厂重组成功，为黑龙江汽车产业资源整合开创了新的典范。1998 年 2 月，原被国家计划委员会、国家经济贸易委员会批准的汽车空调压缩机定点生产企业牡丹江空调机厂，在建厂后的第十年因经营不善陷入困境，最终由我们牵线后，也被并入一汽集团，组建成为一汽牡丹江汽车空调压缩机有限公司。

从发展的角度来看，重组这两家企业，都使它们回归了正轨。星光机器厂和牡丹江空调机厂的故事，可以说是中国汽车工业发展史上的两个缩影。两家企业的经历也说明，面对市场的波动和竞争，企业需要不断进行自我革新和调整以适应时代的发展。通过改革和创新，企业不仅能够摆脱困境，还能够实现跨越式发展，为中国汽车工业的繁荣做出更大的贡献。

特种车辆大有可为

全省工业考察收获良多，除了解现有工业资源外，我们也发现了一些此前被忽略的地方，并为此做出了一些很重要的决定。

其中，对大庆油田的考察经历尤为深刻。那是一个夕阳西下的傍晚，在乘车途中，我们远眺"磕头机"（石油抽油机）不停地上下摆动，周围是一系列配套完善的设施和来来往往的油罐车。然而，令人遗憾的是，在这壮观景象之中，却没有看到任何国产汽车产品的身影，无一例外地挂着国际品牌的标识。

在国家"五五"规划实施的第一年，即1976年，大庆油田实现了年产原油突破5000万吨的历史性成就，从而跻身于世界特大型油田行列。如此规模的一个油田，对油田专用特种车的需求无疑是巨大的。

1977年，哈尔滨市石油配件厂（已于2009年消失）根据大庆油田试井工作的需求，利用BJ130型汽车底盘、北京救护车的外形结构、牡丹江电工仪表厂生产的QC-24型活动测试机、BJ130型卫生车的取力器，成功试制出SJC-3000型油田试井车，填补了国内石油机械工业专用特种车的空白。同期，还曾研制了多款石油专用特种车，供应给大庆油田、华北油田、胜利油田、新疆油田等全国各大油田使用。

然而，随着我国国民经济持续发展，以及石油产量规模不断提高，油田对石油专用特种车的技术和功能提出了更高要求，这个问题一直没有得到有效解决。

以自走式石油钻井机为例，这种设备不仅仅是一种运输工具，更是关键的作业工具。鉴于其自身及所承载的重量庞大，车架的承载力以及平衡悬架系统的性能，对于保证整车性能与安全至关重要。在执行钻井任务时，该类车辆还须具备提供动力的能力，这意味着它们必须配备专门设计的动力系统。当时我国在这一领域的自主研发能力尚显不足，仍需要依赖进口。

在那一刻，我便思考：如果由我负责，一定会着手建立一个专注于生产油田专用特种车的企业。考虑到这个市场仍是一片空白，以及此类产品高技术含量所产生的竞争壁垒，我相信这将能极大地增强我们在该领域的竞争力。在随后的多年里，我始终坚信专用特种车在中国大有可为。

带着这样的想法,从大庆返回后,我立即召集研究团队,深入讨论是否应该将专用特种车纳入"一号工程"之中。

通过对国内 620 种专用特种车的深入调查,我们发现普遍存在一些结构性问题:通用型产品占据主导地位,专用品种相对稀缺;普通规格的产品数量庞大,高附加值的精品却寥寥无几;中轻型底盘改造车辆较多,相比之下重型底盘改装车辆则显得不足;适合一般道路条件下的车型较为丰富,专为高速公路设计的车型却屈指可数。此外,整体产品水平较低、质量不高的问题并没有得到根本解决。

鉴于此,我们最终决定将哈尔滨建成机械厂与哈尔滨拖拉机配件厂等主要改装车生产企业纳入"一号工程"的重点支持对象,并取得了显著成效。

随着业务转型与发展壮大,哈尔滨拖拉机配件厂正式更名为哈尔滨石油机械厂。

而哈尔滨建成机械厂,作为液化石油气罐车的专业制造商之一,自 1992 年起便开始了生产线升级计划,总计投入资金达 3200 万元,引进了包括国内外先进压型设备在内的 111 台关键生产设备,并扩建了 8620 平方米的现代化厂房。大规模技术改造,不仅大幅提升了建成机械厂液化石油气罐车的生产能力,还促使其相继开发出了液氨罐车、丙烯罐车等多种化工品运输车辆及牛奶罐车、啤酒罐车等液体食品专用运输工具,形成了年产千辆标准容积罐车的强大生产能力。

同时,为了满足日益增长的大件吊装市场需求,哈尔滨工程机械厂于 1991 年成功研制出 QY16HK 型全液压汽车起重机。随后,在与大庆油田的紧密合作下,哈尔滨工程机械厂推出了一款适用于沼泽地带作业、最大起重量可达 25 吨的高性能汽车起重机,填补了国内市场空白。除此之外,该厂还先后完成了克拉斯专用汽车起重机 QYZ25 型和 QY25HK 型两款型号的设计工作。

回顾整个发展历程,"八五"期间,哈尔滨市内的石油专用特种车,无论是在产品多样性还是技术创新方面,都实现了质的飞跃,较好地满足了包括大庆油田在内的全国各大油田对专用特种车的需求。

在参与并见证哈尔滨市内专用特种车产业的壮大过程中,我曾认真思考过:如果继续留在哈齿工作,我会将全部精力投入专用特种车市场之中,尤其是会在油田专用特种车领域内构建起从轻型到重型(涵盖沙漠载重 1 吨至 30 吨)系列化产品线。我坚信,只要持续不断地推进科研创新和技术进步,就能够逐步摆脱对外部进口的高度依赖。

特别是在 20 世纪 80 年代初,XP35 – 1 型真空吸入式排污车取得初步成功之后,哈齿加大了对这一领域的投资力度。在我离开哈齿前,哈齿已经成立了专门从事专用特种车研发、生产的分厂。

访问韩国现代

"一号工程"的主要内容是,以市场为导向,选准车型上水平,加速产品结构调整,同时加速新车型开发,并引进技术、资金加速科技进步,最终组建以产品为龙头、以整车厂为依托的轻型汽车、微型汽车、微型发动机企业集团,以整体优势参与市场竞争,在竞争中求发展。

20世纪90年代，日本汽车公司通过出口战略成功地打开了中国市场，成为中国汽车企业主要的竞争对手。面对这一局面，"一号工程"希望能够找到具有技术优势，但又不存在太直接竞争关系的合作伙伴，对于我们来说，这是一个关键挑战。

那时恰逢中韩关系缓和，韩国对华投资已持续了近七年。仅在1990年，韩国银行批准的对华投资项目就激增至38项，投资额达到5449万美元，几乎是过去五年韩国银行批准投资额的两倍。至关重要的是，我在1988年曾访问韩国，对当地的汽车产业布局有所了解。同时，哈尔滨市内朝鲜族人口众多，与韩国汽车企业合作具有天然优势。

因此，我们便积极寻求与韩国汽车企业达成合作。韩国现代集团凭借其在国际市场上的竞争力和技术创新能力，成为我们重点考察的对象。

1992年8月24日，我国与韩国正式建立大使级外交关系。我们是两国建交后第一个访问韩国的中国汽车代表团。代表团由哈尔滨市前市长、时任哈尔滨市委顾问的宫本言带队，我则负责具体的事务对接与安排。

当时，中国大陆城市与韩国之间尚未开通直飞航线，只能经由香港转机前往韩国。在转机期间，发生了一段小插曲。航班抵达香港时正值中午，而下一班飞往韩国的航班还需等待数小时，我们便决定一同享用午餐稍作休息。我询问老市长想吃些什么，他回答说："你吃什么，就给我带一份。"我不知道他不能吃辣，结果带回了一份辣子鸡丁。他看见了也没说什么，默默地吃着。

现代汽车集团总部位于蔚山市。如同日本的丰田市，蔚山也是依托一个大的产业集团建立起来的。作为一个沿海城市，当地居民的饮食习惯是海鲜汤和泡菜，几乎顿顿都离不开辣椒。

包括我与宫本言市长在内，考察团的其他成员（包括翻译）都是男士，大家都比较粗心，等到我发现老市长吃不了辣时，他已经默默吃了数日面包。

一天工作结束后，我出门找到了沿街的一家餐馆，与老板协商，提前支付20美元，希望他们能在第二天早上为我们准备一份不含辣椒的面食。然而第二天，我们得到的面食中仍然含有辣椒。我向老板提出疑问，他解释说："没有特意添加辣椒，这个汤底本身就有辣椒。"

幸运的是，考察的时间并不长，并且收获颇丰。

事实上，现代汽车的诞生晚于中国一汽集团的红旗和上海轿车。1967年年底，现代集团创始人郑周永在蔚山买了一块地，挂出"现代汽车公司"的牌子，计划生产七种型号的汽车。

数月后，郑周永与美国福特汽车公司签订技术转让合同，合资生产柯蒂那牌轿车、大客车和卡车。1968年11月，第一批柯蒂那轿车驶出蔚山工厂。两年后，现代汽车就具备了年产汽车2.6万辆的能力。在此之前，韩国汽车工业充其量只能从事进口组装。

就是这样的机遇，让现代汽车打开了对外的通道。1976年10月，在由英国巴克莱银行（Barclays Bank）贷款建造的新汽车厂，现代汽车独立生产出了超小型轿车小马（PONY）。自此，韩国成为第16个能够完全自行生产轿车的国家，并且成为汽车生产大国日本、美国、德国的强劲对手。

我们抵达蔚山时，那里已经围绕整车制造厂建造了现代钢铁厂、现代造船厂等一系列产业链上下游企业，俨然成为韩国经济起飞的中心。现代汽车仅仅用20年的时间就发展到了如此大的规模，确实令人震撼。

在考察过程中，有两点给我留下了深刻印象。

第一，对于生产设备和新产品开发，现代汽车不惜投入巨额资金。例如，他们投资 20 亿美元建造了一个轿车研发中心，每年用于新车型研制的费用就有 3 亿美元。难以想象，在那个年代，如此大手笔只是为了一个研发中心和新车的研制。

第二，现代汽车刚建成了一条 1.3 升轿车生产线，年产能为 30 万辆。现代汽车全年总产量可达百万辆，而那一年中国汽车总体产销量才刚刚百万辆，我们的"一号工程"目标还在为是"225"还是"5510"而努力。

投资差距如此巨大，由此带来的结果也就不言而喻。除客观层面的差距之外，现代汽车集团的企业文化同样让我印象深刻。

考察期间，现代汽车创始人之一郑周永在现代集团总部接待了我们。在我们的想象中，现代汽车作为韩国最大的汽车公司，其总部不说金碧辉煌，也该是气势磅礴，相反，它却是一座老派但不失庄重的中型建筑，这多少让我们感到有些意外。

77 岁高龄的郑周永，也没有所谓的上位者姿态，而是与不少大领导一样，看起来都非常和善，没有什么架子。他非常耐心地听老市长介绍黑龙江的汽车工业基础，以及我们以汽车为龙头产业发展的"一号工程"，并多次向我们询问黑龙江省以及中国对于外商投资的政策，表达了进入中国市场的强烈愿望，随后安排相关对接人与我们洽谈进一步的合作细节。

那也是现代汽车第一次接待中国汽车代表团。那时，中国一年的汽车产量仅与现代汽车一家企业相当，面对我们，现代汽车的工作人员会不由自主地表现出几分傲慢，虽然他们并没直接说出来。其中，一位张姓总工程师，祖籍山东，却没有一丝尊重祖国同胞的礼仪。在谈判过程中，他甚至把两条腿架在了谈判桌上。

那一刻，我多次告诉自己，这些事情郑周永肯定不知情，只是执行团队的素养问题。但这也让我意识到，我们必须变得强大，因为只有自己强大了，才会被人尊重。

接待现代汽车考察团

回国后不久，我们收到了现代企业集团的通知，得知韩国汽车产业的"教父"郑世永先生将亲自率领代表团回访哈尔滨。为了展现我们的诚意，我特地前往北京，以政府代表的身份迎接郑世永先生。

当时，中韩两国刚刚恢复外交关系，双方的敌对情绪尚未完全消除。加之机场有警察和武警的警戒，不只是我，郑世永一行人其实也有点紧张。

我们一行人从北京出发，北上抵达哈尔滨。黑龙江省省长亲自带领各主要业务部门全程接待，一同参观了"一号工程"的主要企业，特别是哈尔滨飞机制造公司。

从韩国归来，我们整理了所有收集到的资料，经过多次内部讨论，基本确定了引进现代汽车排量为1.3升、定价在10万元以下的小型轿车的合作方向。

当时，中国汽车工业面临"重型车缺乏，轻型车不足，轿车几乎空白"的状况，是过去数十年忽视轿车发展的结果。1990年，全国汽车保有量为607万辆，其中轿车仅为56万辆，除了大约1.5万辆私家车外，其余均为公务用车。私人购车占比太少，即使轿车工业日后能发展起来，仅凭公费购买，不仅不能促进国民经济增长，反而可能导致财政负担加重。因此，从长远来看，中国轿车必须进入家庭。

在当时，我国千人轿车保有量仅为0.5辆，与世界平均水平78辆相比差距巨大，即便是世界上最贫穷的国家埃塞俄比亚，其千人汽车保有量也超过了我国。我国有11亿人口，广大的普通家庭是我国轿车产业发展的巨大潜在市场。

因此，经济实惠的小型轿车及其研发能力，是我们寻求合作的核心。这项合作如果能够实现，将极有可能改变哈尔滨飞机制造公司的命运，并彻底改变哈尔滨乃至中国东北汽车工业的未来。

遗憾的是，我们遇到了一个重大障碍——轿车生产资质问题。没有轿车的生产许可，合作项目难以推进。

"资质"之困

在今天中国的"汽车圈"里，大概没有人再听过"三大三小"的说法。在当时，三大是指一汽、东风、上汽三大轿车基地；三小是指北京吉普、天津夏利、广州标致三个小型轿车基地。这实际上相当于设置了行业壁垒，既不让新的企业加入，现有的这几家也不会退出，保持一种没有竞争的垄断关系。

1988年国务院发出通知，除已批准的六大轿车生产厂外，不再安排新的轿车生产厂点。除了"三大三小"之外，还有"两微"。黑龙江省可以生产"两微"，但"两微"意味着可以生产微型客车（俗称面包车）和微型货车，但不能生产轿车。因此，哈尔滨市乃至整个黑龙江省当时都不具备轿车生产资质。

韩国现代汽车考察团在来访前,对中国汽车产业政策进行了深入研究,他们提出了这个尖锐的问题。邵奇惠省长授意我回答。我试图以一种含糊的方式解释:"我们引进的是1.298升微型车,不属于轿车范畴。"但韩国现代方面并不接受这一解释,他们清楚地知道,资质问题是双方合作的关键障碍。

与韩国现代汽车的合作是当时"一号工程"的重要组成部分。从国家计划委员会到航空航天工业部、黑龙江省,再到宫本言老市长和我本人,都做了大量工作和尝试,但最终问题仍未解决。哈尔滨与韩国现代汽车的合作,最终因资质问题而告终,这实在令人遗憾。

直至今日,我仍然认为资质问题影响了许多企业的发展。为了获得资质,一些新兴的造车企业不得不花费巨资购买生产牌照,比如奇瑞汽车,当年不得不向上汽支付20%的费用;直到2002年,吉利汽车才获得轿车生产资质;北京汽车与现代汽车也是在那一年被允许合作;后来,德国奔驰寻求与中国合作,也因资质问题直到2005年才达成协议。

可是在所谓的"三大三小"中,上海大众的桑塔纳、一汽-大众的捷达、神龙(东风雪铁龙)的富康、北京吉普的切诺基、广州标致的505都是中等排量的轿车,唯有天津夏利属于微型车。这五家企业生产同一档次的车型,导致国家投资分散,没有一家企业能够真正做大做强。北京吉普、广州标致、天津夏利的年产量更是只有两三万辆,与国际通行的经济规模相去甚远。规模小,成本无法降低,产品的竞争力自然无法提升。

就是那么一张牌照,使得真正优秀的大型轿车合资项目进不来。实际上,资质问题一直影响着中国汽车工业的发展,不仅限制了企业的成长空间,也削弱了中国汽车工业的整体竞争力。

哈飞兴与衰

合作失败,腾飞之梦告终,但日常的技术改造项目并未搁置。

1991年9月23日,哈尔滨飞机制造公司(简称哈飞)"一号工程"项目正式破土动工。

那时,哈飞20万平方米的厂房,全是由人工建设完成。当时万人挖地基的场景非常恢宏。现在的工程都是外包的交钥匙工程,而我们那时候都是自己干。整个工地红旗飘飘,创业精神展现无遗,我们用最低成本盖起了一个现代化厂房,那是一代汽车人的创业精神。

1994年9月20日,经过三年的艰苦奋战,被誉为部、省、市"一号工程"的哈飞汽车生产线竣工投产,共建成4条生产线,产品性能指标达到国内领先水平,基本达到年产微型车10万辆的综合生产能力。

在投建新厂、生产线改造的过程中,哈飞克服困难,建立了自己的模具中心。

汽车制造最难的三个部分莫过于发动机、变速器以及汽车造型。但中国自主品牌汽车企业要形成自己的创新力,没有独立自主的模具中心是不行的。而哈飞的模具中心没有从国外引进,是自己一点点打造而来,形成了强大的自主研发团队。在当时的历史背景下,哈飞模具的制造能力已经走在了全国的前列。这一前瞻性做法,现在看来也是极有远见的。

时任机械工业部部长何光远来哈尔滨考察时,我陪同他参观哈飞。一路走来，从总装到冲压、焊接、涂装，他连连称赞："哈飞真棒！没想到这么少的投资，能取得如此成就。"何部长亲眼见证了哈飞从一片平地建造出如此优秀的生产线，还包括模具中心，他深知哈飞的珍贵之处，也由衷欣赏哈飞的创新精神。

之后，时任中央政治局常委吴邦国也来到哈飞考察，同样给予了高度评价。

生产线投产的次年，哈飞开始密集展开与海外企业间的合作，包括与意大利宾尼法瑞那（Pininfarina）公司合作，以HFJ3651A型车底盘为基础，完成松花江中意HFJ6351B型微型客车全车技术图纸和技术文件的设计工作，1998年2月试制7辆松花江中意微型客车样车。

哈飞汽车在不到十年的时间，从模仿研制、合作开发到自主研发，坚持自信、自立和创新的方针，先后研制出单排、双排和厢式货车等系列产品，松花江微型车走向千家万户，哈飞汽车被国家确定为"微型汽车生产基地"。

遗憾的是，随着2009年中国航空工业集团公司与中国兵器装备集团公司的资产重组，中国航空工业集团公司旗下的哈飞汽车被并入长安汽车集团。2010年，哈飞汽车年销量还高达22万辆。然而，由于汽车市场竞争日益激烈，以及消费者需求的快速变化，哈飞汽车的产品逐渐显得力不从心，产品线的更新换代没有跟上市场的步伐，导致其产品在市场上的吸引力逐渐减弱，销量开始一路下滑。

最终，哈飞汽车未能逆转颓势，不得不退出市场。对于黑龙江省的汽车产业来说，哈飞汽车的衰落无疑是一次灾难性的打击。哈飞汽车曾经是黑龙江省汽车工业的骄傲，为地方经济发展做出了重要贡献。它的衰落不仅影响了哈尔滨市内的就业和产业链的发展，也对整个区域汽车产业的竞争力和形象造成了负面影响。

哈飞汽车的案例，在过去数十年间不断重演，时刻提醒着所有企业，必须紧跟市场变化不断创新和提升产品力，才能在激烈的市场竞争中立于不败之地。同时，对于地方政府和相关部门来说，如何通过政策引导和支持帮助企业转型升级，增强企业核心竞争力，也是值得深思的问题。

陪同领导考察

自1993年哈尔滨客车厂重组为哈尔滨客车集团以来，我们从未停下前进的步伐。在哈飞与韩国现代微型轿车项目的合作尝试未能如愿后，为进一步推动合资合作，并实现技术引进的战略目标，我们组织了一系列海外考察活动。考察团由我组织，成员包括黑龙江省省长及相关部门的重要领导，共计五人，我们跨越重洋前往日本、英国、北爱尔兰、德国、法国以及意大利等国，寻找理想的合作伙伴。考察的主要对象就是各国的客车企业。

☆ 日本——日野

日本是我们考察的第一站，目的是考察日野汽车。

1993年，黑龙江客车厂、黑龙江省进出口公司与日本日野自动车株式会社、日本三井物产株式会社四方合资建立中日合资龙日客车有限公司。合资公司利用黑龙江客车厂的厂房设备，引进日野新型发动机、离合器、变速器、转向器及仪表等关键部件和日本产空调机、消声系统配套件，建立生产高档大中型旅游客车生产线，经过调研设计及反复试验，于1994年首推龙日牌

LR6980CH01型高级旅游客车。

然而，在此次合作过程中也遇到了一个难题——如何将空气悬架技术引入中国。早在20世纪90年代初，日野就已经在其部分车型上采用了所谓的"浮动式空气悬架"系统。以日野RR172型号为例，其前轴采用钢板弹簧加空气弹簧组合方式，而后桥则使用了半钢板弹簧配合空气弹簧的设计，这样既保证了乘客乘坐时的良好体验，又兼顾了车辆行驶的稳定性。

尽管我们强烈建议将这项先进的空气悬架技术纳入技术转让范围，但日方却迟迟未能给出肯定的答复。记得有一次，我和汪光焘市长一同前往位于日本的日野总部进行谈判，对方派出了多达28位董事参加接待晚宴，场面十分盛大。随后的日子里，日野方面还多次派遣代表团前往哈尔滨实地考察，仅差旅费用就已不菲。但即便如此，他们仍然不肯向我们开放这项关键技术。

我们发现，如今的合资企业，无论是来自日本、韩国还是德国的品牌，似乎都没有充分意识到中国汽车市场更新迭代的速度。为什么中国本土汽车企业近年来能够迅速崛起？为什么他们对市场需求反应如此灵敏，且竞争力不断增强？导致外资品牌市场份额逐渐萎缩的原因，绝不仅仅只是"燃油车"的问题。中国消费者既非常包容又极其挑剔，只有那些能够准确把握市场脉搏，并及时做出相应调整的企业，才能在这个充满活力却又竞争激烈的环境中立足。

☆ 德国——梅赛德斯-奔驰客车

德国的客车制造业在欧洲堪称翘楚，而我们的目的地正是位于德国南部斯图加特的梅赛德斯-奔驰客车厂（原EvoBus GmbH）总部。或许是得益于大众汽车集团与中国之间的紧密合作，德国人对中国市场的重要性有了深刻的认识。又或许是因为他们一贯的好客，我们在德国受到了极为周到与热情的接待。

20世纪80年代在访问美国和日本的汽车制造企业时，我们仅能匆匆地浏览一下他们的生产线，那是因为当时海外企业普遍认为中国汽车产业太落后，没有必要展示更多细节，而且即便展示了，你也看不懂。然而，在奔驰客车厂，除了参观生产线外，奔驰公司还为我们特别安排了试驾环节，让考察团成员能够亲身体验最新款车辆在多种路况下的操控性、稳定性和乘坐舒适性，这无疑是一次前所未有的难忘经历。

奔驰没有向我们重点展示冲压、焊接等传统生产工艺，而是率先带领我们参观了涂装车间——一个长期被视为环境污染严重且能耗巨大的地方。当时，国内大多数涂装生产线仍处于高污染状态，而奔驰却早已将环保理念植入生产流程之中，达到了极高的环保标准。如今，当我们谈论使用环保涂料，并以废水处理后可用于灌溉甚至养鱼为卖点时，殊不知奔驰早在多年前就已达到了这样的水准。

经过此次全面深入的参观交流之后，省长明确表示必须争取合作成功，因为对方显然在技术研发上投入了大量心血。随后，双方进行了多轮富有成效的谈判。当时，国内还有一家企业扬州客车厂（现亚星客车）在与我们竞争，他们先于我们与奔驰客车接洽，但扬州的工业基础远不及黑龙江省。德国人非常严谨，在接受了我们的合作意愿后，做了很多可行性研究，多次谈判均很顺利。

就在一切看似顺理成章之际，一个被长期忽视的因素却成为致命障碍——取暖费用及物流成本。地处中国北方的黑龙江每年几乎一半时间都需要供暖，而高昂的取暖费成为无法削减的成本。相比之下，位于长江三角洲地区的扬州则无须面对这一问题。因取暖费会导致车辆成本额外增加 2000 元，这将严重影响产品的市场竞争力。

无奈之下，原本充满希望的合作计划不得不宣告终止。

☆ 北爱尔兰——Wrightbus

北爱尔兰，我可能是国内汽车界唯一到那里考察过的人。当得知北爱尔兰的客车制造商 Wrightbus 有强烈的合资意向时，我就向省长汇报了这一情况，并表达了前往考察的愿望。出乎意料，我得到的反馈是，去可以，但只能我一人前往。于是我只能独自飞往北爱尔兰的巴利米纳（Ballymena）。

抵达北爱尔兰后，我才意识到自己对这个地方了解甚少。北爱尔兰是全球知名的动荡地区之一，暴力活动已经在那里持续了超过 25 年。从走下飞机的那一刻起，我就置身于严密的安保措施之中。我的所有行李，包括一路考察所收到的车模，都被拆开了包装进行检查。

尽管如此，Wrightbus 公司的员工们仍然非常热情友好，特意安排了一位中文翻译前来机场迎接我。接下来的几天，这位翻译成了我与当地团队沟通的重要桥梁。通过参观工厂、生产线，以及与工程师和技术人员的深入交流，我对 Wrightbus 的技术实力有了全面的了解，逐渐明白这次合作几乎不可能实现——他们的技术水平不比我们先进。

我们追求的是一款全承载式车身的旅游客车，它不仅对技术要求高，外观设计也要非常出色。而 Wrightbus 自 20 世纪 90 年代初以来，一直专注于客车车身制造，致力于打造可以适配不同厂家、不同底盘技术的客车车身产品。

这种定位显然与我们的需求相去甚远。

☆ 英国——零部件企业

作为第一次工业革命的摇篮,英国是全球最早步入工业化进程的国家之一,也是汽车制造业最为发达的国度之一。其在发动机和变速器等关键零部件技术上的卓越成就,是我们考察的重要目标。

在英期间,我们走访了多家行业翘楚,其中包括全球最大的等速万向节制造商之一吉凯恩(GKN),收获良多。最为深刻的感悟便是,我们所参观的所有工厂从外观上看往往都是破旧的厂房,但却内含精良的设备。反观国内许多企业,往往倾向于先建设宏伟壮观的厂房,大兴土木却忽视了技术的本质。

但是,与英国企业的合作最终也未能达成,这并非缘于技术层面的障碍,而是由于英国人的"绅士风度"在某种程度上与中国人追求"短平快"的商业理念难以契合。

☆ 法国——雷诺和意大利——菲亚特

对法国和意大利的考察同样未能如愿,当地企业的表现,在某些方面比英国同行更令人失望。

在赴法之前,我做了详尽的准备工作,特别是针对雷诺品牌的研究。20世纪60年代,法国成为首个与新中国建立外交关系的西方大国。改革开放后,中国市场迎来了大量进口汽车,其中不乏法国的雷诺18。随着合资汽车企业的兴起,广州标致和神龙汽车公司相继成立,尚未与中国企业建立合作关系的雷诺,自然成为市场上的热门选择。

然而,在我满怀信心地按照约定时间前往雷诺进行访问时,我的联系人却突然宣布要休假。不久之后,我得知雷诺与中国三江航天集团签订了合资合同,并于1993年12月31日在湖北孝感正式成立合资公司,专门生产Trafic系列轻型客车。

当时我不禁反思，究竟是自己行动迟缓了一步，还是应该归咎于法国人那所谓的"浪漫失约"。这种纠结并未持续太久，因为随后意大利菲亚特工作人员的态度，以及雷诺在中国合资公司的迅速失败，都昭示了一个不容忽视的事实：态度才是促成合作的关键因素。

那时每一次出国考察，我都是带着明确的目标和期望出发的。然而，在1993年至1995年间，尽管我们频繁组团访问了多个国家和地区，但遗憾的是，并没有取得预期的成果。

作为代表团负责业务谈判的主要人员、考察团的领队，我的主要职责是负责业务谈判工作。通常情况下，只有当谈判进展到一个相对平稳的阶段，省长或其他相关部门领导才会正式介入。

记得有一次，市里一位相关部门的领导无意中看到了我随身携带并做记录的笔记本，便表示希望能够借阅，他以为里面藏有什么特别的"秘籍"。我说："这个可不能给，这个笔记本上记录的大多是一些基础性的专业知识和技术细节，咱俩专业不同，给您也没什么用。"

类似的拒绝，并非个例，某些领导的兴趣似乎总在其他方面。每当此时，我不禁沉思：如果一同出行的是邵奇惠、宫本言这样的领导，是否会是不同的景象？但宫本言市长已于1993年退休，次年邵奇惠同志升任机械工业部常务副部长、党组副书记，一切都已物是人非。

清洁汽车示范城市

黑龙江省坐拥全国最大的油田。20世纪90年代初，在铁人的故乡，在大庆市区宽阔的柏油路上，我们亲眼看见，一辆辆背着"气包"的大客车不时地驶过。为省出更多的汽油支援国家建设，大庆人不怕麻烦，设法把油田零星的天然气收集起来供自己用。那时，我们曾问一位开背"气包"车的年轻司机："大庆这么多油，你们怎么背起了这东西？"他笑了笑说："大庆油多，可国家油少啊！"

与后来无数追求清洁能源的地区不同，黑龙江省对清洁能源的使用不只源于责任，更是一种奉献。这种精神，也为哈尔滨在国家推行的空气净化工程——清洁汽车行动中赢得了先机。

"九五"计划初期，全国汽车保有量逐年增加。在一些大城市，汽车保有量每年增长将近20%，汽车尾气因此逐渐成为空气污染的主要来源。根据国家环保局的数据，全国660个大中城市的大气环境监测结果显示，大气环境质量达到国家一级标准的仅有1%，其中北京、上海、天津、广州、西安和乌鲁木齐等城市大气污染状况超标。哪怕是哈尔滨、深圳及海南省的大气污染指数，也呈上升趋势。

回到哈尔滨后，我便组织研发团队，围绕使用代用燃料汽车技术展开进一步研究，并决议将这一任务交予多年来生产民用液化石油气钢瓶和微型汽车的哈飞落实。1997年3月，为了减少汽车尾气对空气的污染、节约燃料费用，哈飞开始研制以液化石油气代替汽油作燃料的油气两用双燃料客车。次年，首款HFJ6350-A型双燃料微型客车试制成功，并通过部级产品技术鉴定，随后投入批量生产。由此，哈飞成为国内第一家双燃料汽车生产企业。

是年，HFJ6350-A型双燃料微型客车亮相北京汽车展览会，获得一致好评。

因此，当国家宣布将推进清洁汽车示范城市项目时，我认识到这是一个难得的机遇，我们应当积极争取。于是我们带着准备充分的资料,第一时间找到了黑龙江省省长,直截了当地表达了我们希望成为清洁汽车示范城市的想法,并强调清洁燃料汽车的广阔前景,同时也提到了目前面临的资金短缺问题,因为我们需要建立加气站。

省长开门见山地问我,需要多少资金?我回答说,大约5000万元。省长果断地批准了这笔基金。我们便迅速在哈尔滨建立了首个加气站,那时,它似乎是国内最早的加气站之一。

依托现有的基础设施和清洁汽车技术,我再次前往北京,向国家相关部委申请将哈尔滨纳入示范城市。然而,从国家发展与改革委员会获取资金的流程与省长基金的审批流程截然不同。在确保能够促进省汽车产业发展的基础上,省长基金审批速度极快。相比之下,国家部委的审批流程更为复杂,涉及的部门众多。

首先需要机械工业部的会签,然后还要有国家计划委员会的批准。我先找到时任机械工业部汽车司司长张小虞,希望机械工业部予以支持。尔后,张小虞又找到包叙定部长签字通过。

就这样,哈尔滨市汽车代用燃料具备了必要的发展基础。

1999年4月6日,国家各相关部委清洁汽车行动协调小组在北京召开"空气净化工程——清洁汽车行动工作会议"。会上,哈尔滨正式被选定为第一批12个试点示范城市和地区之一,相应的资金也按时到位。

作为试点示范城市,哈尔滨获得了强大的政策支持。我们开始进行大规模改造,大力推广使用以天然气和液化石油气作为燃料的出租车。随着加气站建设的推进,出租车加气变得更加方便快捷,大大降低了司机的运营成本,因此受到司机们的普遍欢迎。

当时,哈尔滨已经不再批准新建加油站的申请,有环保优势的加气站享受了特殊待遇，甚至无须进行环境评估，几个部门的领导现场考察协商后，几天内就可以批准申请。所有这些工作的推进速度极快，也促进了清洁汽车产业的发展进程。

一年多的时间里，全国多个清洁汽车试点示范城市在燃气汽车的推广和应用上都取得了显著进展。这些进展不仅体现在燃气汽车的使用数量上，更在于这些城市在推动清洁能源汽车方面所做出的积极探索和实践。

清洁汽车试点示范城市项目对环境的改善效果同样显著。1999年，国家环保局监测的数百个城市中，氮氧化物超标的城市比例比1998年下降了1%。在监测的46个重点城市中，有31个城市的空气污染综合指数出现下降，空气质量得到了明显改善。

哈尔滨作为清洁汽车项目的试点示范城市之一，已经成为全国的典范，为后续加入的其他城市提供了宝贵的经验。这一项目的实施不仅改善了哈尔滨的城市环境，提升了市民的生活质量，也为我国清洁能源汽车的发展做出了重要贡献。

无比艰难的国有企业改革

我人生中最大的考验莫过于国有企业改革。

在这一过程中，很难想象所承受的压力之大。这种压力不仅仅是身体上的，更包括精神层面。这种压力与我们当年建设新汉中、上山砍柴时所经历的体力劳累相比，是截然不同的高强度挑战。当然，我后来也逐渐领悟到，国有企业改革不仅加深了我对改革的理解，还提升了我对一线企业的管理能力。可以说，我从中获得了极其宝贵的历练。

"一号工程"诞生的本质，是为了给哈尔滨这座老工业基地培育新的经济支柱。1991年，尽管哈尔滨工业总产值实现了增长，但由于大多数企业产品缺乏竞争力、原材料价格高昂，以及受处理历史挂账、潜亏等因素影响，全市工业经济效益下滑。

为调动经营者积极性，我们在哈尔滨汽车工业总公司管辖的十几家企业中全部实行不同形式的承包经营，并按生产经营成果进行奖惩。

1994年末至1995年初，我们又与哈尔滨锅炉厂商定，由他们出资，在已经破产的哈尔滨市汽车缸垫厂的基础上，组建以生产汽车缸垫为主的股份合作制企业——哈尔滨大昌密封件有限责任公司，盘活破产企业资产。

"一号工程"无疑是成功的，但却没能改变整个市场环境。20世纪90年代中期，受亚洲金融危机、消费需求不足、松花江特大洪水等外部因素的影响，加上经济结构、经济体制和经济增长方式等深层次问题的制约，哈尔滨经济陷入困境。

在那段困难的岁月里，企业经历了前所未有的挑战。起初，只是一家企业订单锐减，继而陷入停产困境，后来资金链断裂如同多米诺骨牌般迅速蔓延至大部分企业。最终，工作人员不得不接受无薪休假的命运。

记忆中尤为深刻的一幕是，一位面容憔悴、眼神充满绝望的工人找到我，他哽咽着说："付总，我已经好几个月没有领到工资了，家里实在是揭不开锅了。"那一刻，我内心的沉重难以言表。我当即从自己的积蓄中拿出一部分钱给他，希望能暂时缓解他的燃眉之急。然而，个人之力毕竟有限。在此之后，我还号召所有管理层成员捐出一个月薪水，以支援那些同样处于水深火热中的工人们，但这不过是杯水车薪。

随着事态愈发严峻,办公室主任每天都需要与我的司机确认当天是否去办公室。有一次,办公室主任十分紧张地告知我:"付总,今天您不要过来,办公室大门已经被堵了。"这场景宛如电视剧的情节再现,令人感到既熟悉又陌生。

国有企业改革在那时还叫"改制",社会保障体系还不健全,银行也不给批贷款,厂里的问题就更难解决,都是"谁家的孩子谁抱"。

有一次,当我前往一家专门生产客车底盘的企业进行实地调研时,工厂大门突然被关,数千名情绪激动的工人将我与随行的工作人员团团包围。现场一片混乱,喊叫声此起彼伏。当时,如果随行人员没能及时出手保护,后果将不堪设想。经过短暂的情绪调整后,我高声向离我最近的几位工人承诺道:"请给我三天时间,我会尽全力解决问题。"这才让骚动逐渐平息下来。

随后,我提议,选出24人为一个班组,作为代表团队参与谈判,并邀请不同层级的员工共同参与讨论,以便全面了解问题所在。市场形势低迷,加上经营管理不善,使得企业面临当时的困境,但那些辛勤付出汗水支撑着工厂运转的工人们何其无辜!尤其是许多家庭三代人都在同一工厂工作,一旦工厂发不出工资,就意味着全家都将面临生计危机。

国有企业改革那两年,是我度过的极为艰难的时光,几乎每天都在"灭火",局面异常紧张。而我经历的这些,不过是当年艰难的改革历程中的一个缩影。

当年,哈尔滨市是全国副省级城市中辖域最大、人口数量名列全国第二的特大型中心城市,同时又属于经济发展相对滞后的地区。在市场经济日益发展的现状下,国有企业的活力明显不足,企业三分之一明亏、三分之一潜亏的局面长期未能得到根本扭转；许多大中型国企一直难以走出困境，有的甚至成为国家的沉重负担。

随着国有企业改革的不断深化，破产兼并和减员增效工作力度也在加大。这么多人员，如何实施下岗分流、减员增效，推进再就业？这个"马蜂窝"怎么捅？捅出了问题可怎么办？

各地不断出现的一些情况，使我深感国有企业改革、结构调整真是一场波澜壮阔而又极为艰难的变革。上至国家，中至地方政府，下至企业和无数国有企业职工，都付出了巨大的代价。但不改革没有出路，只能迎难而上。

工作面临调整

20 世纪 90 年代中后期，国有企业改革的推进工作异常艰难。为了加强企业管理，提升经济效益，哈尔滨全市机械行业确立了扭亏为盈的首要责任人体系，要求责任人缴纳风险抵押金，并签订责任状。企业的厂长自然成为主要责任人。然而，随着国有企业改革的深入，厂长一职变得无人问津，即使被任命，最终也会辞职。

因此，自 1996 年起，哈尔滨市机械行业实施了局级干部帮扶重点亏损企业的制度，派遣 7 名局级干部负责 12 家企业的扭亏工作，结果这些企业当年的亏损额比上一年减少了 5%。次年，全市机械行业又决定派遣中青年干部到困难企业挂职，根据亏损企业的具体情况实施分类指导。

就在这一年，市里竟然准备安排我到哈尔滨轴承总厂担任厂长。更出乎意料的是，当年已 52 岁的我竟然也被归入了"中青年"干部的行列。还没想到的是,作为国内三大轴承厂之一的哈尔滨轴承总厂,竟然也需要帮扶。

实际情况是,这样一个曾经辉煌的英雄企业,在当时已有10个月未能发放工资,3万多名工人急需救助。

与此同时,哈尔滨轴承总厂正处于改制改组的关键时期,必须在1998年内按照《国有资本金绩效评价规则》和《国有资本金绩效评价操作细则》的要求,进行企业绩效评价试点。

无论哪一项任务,对于长期致力于汽车产业技术研发的我来说,都是极其严峻的挑战。在讨论新一轮人员分配的市委领导会议上,针对派我到轴承总厂任厂长的提议,组织部部长并不支持。他指出:"付于武是一名技术干部,也是一名业务干部,去轴承总厂显然不合适。"我知道他是在保护我,但在严峻的形势之下,任命并未因他一人的意见而改变,我的调令只待市委常委会最终决定。

会议结束后,组织部部长找到我,建议我尽快向市委书记表达立场,否则一旦任命通过,便无回旋余地。

最初听到这个消息时,我简直不敢相信。"一号工程"的成果有目共睹,汽车产业仍是哈尔滨经济的支柱,许多项目还在推进中。如果我离开,谁来接替我的工作?作为一个年过半百的人,我是否有能力拯救轴承总厂这样一家企业?

意识到问题的严重性后,我立即放下手头所有工作,迅速找到市委书记。见到市委书记时,我直言不讳地说我不能去轴承总厂。这番话让本已因国有企业改革而忧心忡忡的市委书记勃然大怒,一方面是因为任命会议结束不到一个小时消息就已泄露,另一方面是因为我对领导工作安排的不配合。

然而,我顾不得那么多,只能向他陈述我的想法。幸运的是，市委常委会考虑到"一号工程"的重要性，最终没有下达这一任命，让我得以继续留在汽车行业。不然，我的故事或许又是另外一个结局。

对于哈尔滨汽车产业的发展，我始终抱有极大的期待。那时，我们对汽车产业的看法并不像现在这样成熟，只是觉得发展汽车产业大有可为。然而，如何更好地规划，我们并没有现成的答案，也没有完全想透彻，依靠的是一腔热血和省市企业间的共同努力。

实际上，"一号工程"经过多年的推进，可以说是间接失败了。因为轿车资质的问题，我们与韩国现代的合作失败；多年考察下来，合作成功的案例寥寥无几；客车厂的兼并重组也是问题不断。再加上邵省长、宫市长相继调离和离休，多任省市领导的更迭，使得原本坚定的发展方向变得模糊不清。

尽管这次职位调动最终没有实现，但它不禁让我开始怀疑，"一号工程"是否还能持续？

张兴业来到哈尔滨

正当我对"一号工程"能否继续推进感到迷茫之际，张兴业先生来到了哈尔滨。

那时，年逾古稀的他，是中国汽车工程学会理事长，更是海外先进技术的重要翻译与传播者之一。应黑龙江省的邀请，他前来分享世界先进汽车技术的最新进展，特别是关于 PNGV 计划——一项被誉为可与阿波罗登月相媲美的伟大工程。

PNGV（Partnership for a New Generation of Vehicles）计划起源

于美国,由政府机构,如能源部(DOE)、国防部(DOD)、航空航天局(NASA)以及国家科学基金会等九个部门,联合以美国三大汽车制造商为主的13家民间汽车研究委员会组成的一个叫"新一代伙伴协定组织"所制定。该计划的目标是通过技术创新在2000年前开发出燃油效率比现有车型提高三倍以上的新一代汽车。以1994年款Concorde、Taurus和Lumina三种车型平均油耗26.6英里/加仑(约合11.31公里/升)为基础计算,这意味着,到2000年时新车将实现每百公里仅消耗2.94升汽油的目标。如果能取得这样的成就,对于全球汽车行业而言,无疑是一次革命性的进步。

想要达到这一目标,不仅需要改进发动机设计以提高其热效率,还需从减轻车身重量、降低空气阻力及回收制动能量等多方面入手。PNGV计划之所以伟大,在于它不仅设定了一系列令人振奋的目标,还建立了一种政产学研用相结合的创新模式与机制。

当张兴业先生完成对PNGV计划相关资料的编译后,其内容引起了广泛关注。时任机械工业部副部长吕福源对此给予了高度评价。在那个信息相对闭塞的时代,这份计划如同打开了一扇窗户,让外界看到了无限可能。因此,当受邀前往黑龙江省进行专题演讲时,张兴业受到了业界的广泛欢迎。

作为黑龙江省汽车工程学会常务副理事长,我有幸负责接待并主持了此次会议。晚宴上,作为东道主,同时也是汽车行业的晚辈,我向张兴业先生请教了许多问题。没想到的是,在谈话间他突然邀请我加入中国汽车工程学会工作。这一突如其来的邀请,让我既感到荣幸又有些措手不及。

坦白地说,在此之前我对中国汽车工程学会的认知并不清晰。

那时候，不仅汽车行业组织，甚至全国的科技团体，都还处于一种职责和功能定义不甚明确的状态。而且，在张兴业先生此次来哈尔滨之前，我从未考虑过离开哈尔滨回北京发展的可能性。

哈齿是中国汽车工业总公司的直属企业，因此我与张兴业先生非常熟悉。正当我重新审视个人职业生涯规划的关键时期，张先生向我传递出求贤若渴的信息。这或许正是命运的巧妙安排吧！

恰在那时，我的家庭也出现了变故：两位终身未婚的叔叔均已退休，其中一位突发中风，母亲独自一人难以照顾。考虑到回京后既能照顾亲人又能追求事业上的新突破，我和爱人商量后决定接受邀请。起初，她非常支持我的选择，但到真正要离开哈尔滨之际，又有些不舍。

1999年5月，哈尔滨原市委书记调任河南省委常委兼政法委书记，新任市委书记王宗璋上任后提出了"工业立市"的战略方针，致力于推动哈尔滨市制造业的发展壮大。所以，当中国汽车工程学会发出调令并经哈尔滨市委组织部批准后，调令却被王书记按了下来。王书记说，付于武是哈尔滨市发展汽车工业不可或缺的人才，不能轻易放走。为此，市委组织部还受到了批评。

面对如此局面，我只能求助于老领导宫本言，希望他能从中斡旋。但老领导明确拒绝了我："这件事我帮不了你，如果你坚持要走，可以直接找王书记。我个人是同意你离开的。反过来说，你到了北京对哈尔滨汽车产业有什么坏处？显然没有。"

可是，王书记对这一"无害论"并不认同。"哈尔滨要发展汽车产业，你是搞汽车工业的优秀人才。我已经批评了他们，你不能走。"在我向王书记说明个人情况后，他仍表达了自己的坚持。

无奈，我只能向他解释："如果您能够早来一年提出'工业立市'，我想我不一定会走。我对汽车是有感情的，也一直推进着'一号工程'的工作，但太多的阻力让我不再确信还能否继续下去。而另一点也非常重要，我的叔叔们一辈子没有结婚，没有子嗣，他们需要我赡养，我必须回北京。"一番坦诚交流之后，原本激动不已的王书记沉默了。

几天后，王书记再次将我叫到办公室，告诉我他同意了我的调动请求，但条件是，我爱人必须留在哈尔滨继续担任市长助理兼经济贸易委员会主任一职。他表示，在未来相当长的一段时间内，他需要依靠她来主持工业战线工作。这意味着，我需要独自面对家庭的困难和挑战。

尽管后来我的确遇到了一些这方面的挑战，但我始终坚信，这次工作调动于我而言是一个正确的选择。我也相信，无论身在何处，只要我们心怀对汽车产业的热爱和执着，就一定能够为中国汽车工业的发展做出自己的贡献。

回顾我所走过的职业旅程，我的内心充满了自豪与满足。在二十多岁的黄金时期，我从大学毕业，将最宝贵的青春岁月献给了技术研发事业。四十多岁，踏入政府机关，为产业发展建言献策。步入五十岁，正值人生的巅峰时期，有精力也有经验，加入中国汽车工程学会，继续在专业领域贡献力量。

企业是物质财富的创造者，这是其存在的核心价值；在政府部门工作，更多地涉及服务公众和制定政策；而社会组织则充当了公共服务的平台。这三者虽然在职能定位上存在显著差异，但它们共同构成了社会发展的基石。

一个人能够在企业、政府和非营利组织这三个不同的平台均有涉足，并非常事。我很幸运，能够在不同的年龄段、在不同的平台上有所作为，使我拥有了丰富的职业经历与体验。

第五章 学会旅程

在中国汽车工程学会工作的二十年探索旅程中,我致力于推动汽车产业的技术进步、弘扬汽车文化。我深知,一代人有一代人的责任,唯有走向专业化、职业化和国际化,学会才能实现国内领先、国际一流。这二十年里,汽车世界风云际会,海归回家,联盟诞生,自主创新,汽车产业走向强大,世界汽车工程师学会联合会(FISITA)有中国一席之地,我们耐住寂寞二十年,终于有了今天的成绩。

开启新的人生

对于前往北京赴职,我内心满怀期待。自 1969 年跟随学校外迁离开北京,毕业后被分配至哈尔滨,悠悠三十年时光转瞬即逝,如今,我终于得以重返故乡。

我常说,我的职业生涯始于齿轮。那时的我,怀着对机械世界的无限热情,每一天都在与各种精密零件打交道。在哈齿,与一件件精密的齿轮零件日夜相伴,反复推敲每一项技术细节,力求打造出精度更高、合格率更优的产品;不仅见证了从原材料到成品的转变,也见证自己从青涩的新手,逐步成长为处事沉稳、技术娴熟的专业能手。

在哈尔滨市政府工作的十年里，我褪去车间的工装，开始学会在政策的蓝图上精准校准制度齿轮，让我真切体会到：好的制度设计能像精密的齿轮传动系统，让各种生产要素有序咬合。而这部巨大机械系统中每一个齿牙的咬合精度，都切实地决定着千百万人的命运轨迹。

与之前的工作经历截然不同，中国汽车工程学会（China Society of Automotive Engineers，简称学会）宛如一座连接政府、企业与学术界的坚固桥梁。它的诞生，源于汽车产业发展的迫切需求。1958 年之后，中国汽车工业呈现出新的态势，各省市纷纷借助汽车配件厂和修理厂，开启了拼装汽车的征程。一时间，一批汽车制造厂、汽车制配厂和改装车厂如雨后春笋般涌现。

同一时期，各地相继成立汽车专业学组，并积极组织学术报告，精心举办汽车专题会，针对诸多实际问题展开深入讨论。得益于汽车专业学组的积极努力，各地会员数量持续攀升，仅长春一地，会员人数就超过 600 名。正因如此，广大汽车行业的科技人员内心迫切希望成立一个全国性的组织机构。

于是，在中国科学技术协会、国家科学技术委员会、中国机械工程学会、第一机械工业部汽车局的指导下，中国机械工程学会汽车分会于 1963 年 8 月 23 日在长春成立。

不同于企业和政府，社会组织更侧重于社会服务与公共利益。学会一心致力于推动汽车工程领域的学术交流，积极促进技术创新、科技咨询、标准制定、人才培养、科普与文化传播、战略研究、科技奖励等诸多业务的蓬勃发展。

置身于此，我深知自己肩负着推动整个汽车行业可持续进步的重大使命。这无疑是一个充满挑战的全新领域，而我的人生也自此迈入了崭新的阶段。从企业到政府，再到社会组织；从车间技术员到政府官员，从政策制定者到行业服务者，我的人生轨迹恰似一组精密啮合的齿轮组，每一个齿牙的咬合，都在有力地推动着更大的时代齿轮滚滚向前。

只是这一切期待的开始，并不完全美好。

当1999年那个料峭的秋日，走进学会那一刻，扑面而来的现实让我有些恍惚。学会的办公场所仅有两间办公室，其中一间作为几位领导的办公区域，另一间则成了同事们共同的办公室。特别让我感到不解的是，连财务人员也挤在这有限的空间，大量的财务凭证堆积在桌面。这两间办公室皆位于阴面，终日不见阳光。领导所在的办公室状况更糟，暖气还是坏的，一到冬季办公室阴冷难耐。

细问之下了解到，学会成立之初，只是中国机械工程学会的一个分会，属于二级学会，直到1985年我国汽车工业进入全面发展阶段，汽车老品牌（解放、跃进、黄河）也进行了升级换代，结束了三十年一贯制的历史，学会经由国家体制改革委员会批准成为国家一级学会，更名为中国汽车工程学会。

然而，随着国家机构改革的不断深入，学会的管理归属几经变迁。曾经由中国汽车工业总公司拨款运作的岁月一去不返，此后学会曾挂靠于机械工业部，最终归入中国科学技术协会的管理体系之中。在这一系列变革历程中，学会逐渐成了一个无依无靠的独立存在，尽管名义上仍旧承载着推动汽车行业发展的使命，但却失去了过去那种稳固的后盾支撑。

当我翻开学会的资料，手指在人员结构那一栏间反复确认，心中滋味甚是复杂。这个引领全国汽车技术发展方向机构的工作人员，竟大多是来自各单位离退休老领导。新调入的拟担任下一届副秘书长的葛松林博士及张宁同志，本应是为学会注入活力的新生力量，却因学会内部资源匮乏，无奈之下只能选择居家办公。

到学会工作不久，我遇到了一件尴尬的事情。大众汽车（中国）负责政府事务的总监巴西蒂安和冯星野先生要拜访学会，商讨双方合作事宜。在哪里接待？怎么接待？我们被这点小事难住了。最后商定，借用楼下的中国汽车销售公司的会议室应急。而那时，竺延风同志刚刚担任一汽集团总经理，与接待大众汽车（中国）不同，我们就在简陋的办公室里接待了他！

深夜伏案时，窗外的玉兰树在风中沙沙作响，使我联想起哈齿厂区那株饱经岁月的老树，曾无数次默默陪伴我迎接日出。而此刻的我，凝视窗外的夜色，不禁自问：肩负重任的我，如何将这个国家一级学会的齿轮释放出更大的能量？

要生存，必须改变

调我进学会的原因其实并不难揣摩。在我之前，学会领导层大多由各机关单位的离退休人员担任。就拿理事长张兴业来说，他加入学会时就已 66 岁，到 1999 年我入职时，他与秘书长金东瀛都已达 73 岁高龄。这样的情况并非个例，在后来很长一段时间，很多兄弟学会依旧沿用着这一传统。

然而，时代在发展，学会也面临着新的挑战与机遇，急需注入新鲜血液来实现突破与变革。

第五章　学会旅程

☆ 学术为本，不能动摇

那些年，中国大地上正经历着一场静默而壮阔的深刻蜕变。2001年，"鼓励轿车进入家庭"被写入国家"十五"计划，政策解冻的春水正悄然漫过计划经济时代的堤坝。还记得1994年《汽车工业产业政策》颁布那天，全国汽车产业沸腾不止。

在这样的政策背景之下，当新世纪钟声敲响时，中国汽车产销量已较20世纪80年代暴涨百倍，200万辆的关口被轻松跨越。更为重要的是，世界贸易组织（WTO）的大门即将敞开，全球化的季风将裹挟着机遇与挑战呼啸而至。就是在这样的历史褶皱里，54岁的我接过了学会的接力棒，掌心能触摸到前辈们残留的温度，眼前却必须望穿迷雾重重的未来。

初入学会的那段日子，夜幕降临后，我常常独自坐在办公桌前，伴着一盏昏黄的台灯，翻阅各国汽车工程学会的年鉴。美国汽车工程师学会（原Society of Automotive Engineers，后更为SAE International，简称SAE）的百年积淀，日本汽车工程师学会（The Society of Automotive Engineers of Japan，简称JSAE）的精益之道，德国汽车工业协会（VDA）的严谨体系，它们像三面巨大的镜子，无情地映照出我们的稚嫩与不足，更不用说在国际汽车工程领域有着举足轻重地位的"汽车技术联合国"——世界汽车工程师学会联合会（FISITA）。

第一次站在SAE年会现场时，那震撼人心的场景至今仍历历在目。一场纯粹的学术交流活动能够发展成一场盛大的科技节，吸引全球各地上万名工程师趋之若鹜，这正是我们所向往并努力追求的方向。

随着参与了一系列国际会议以及多次海外考察，我对全球汽车工程学会有了更为直观、深刻的认识，也愈发清晰地意识到，打造一个为全行业科技工作者服务的信息交流平台是学会不容推卸的重要职责和首要任务。我们要打造的是一个学习型、研究型的学会，通过不断推动汽车产业行业标准的完善，为汽车行业的持续发展贡献力量。

科学技术是第一生产力，学术则是滋养科学技术的沃土。我们这一代汽车人，恰逢汽车发展的黄金时期，产业报国、产业强国的使命在肩，学术热情不能灭，学术想象要驰骋，为汽车产业的崛起拼尽全力。政府、企业以及地方组织都有着各自独特的价值，学会也要找准自身定位，充分发挥自身的价值。若能发挥得恰到好处，其价值将不可限量。

学会的核心使命有两点：其一，推动汽车产业技术进步；其二，弘扬汽车文化。

我们所做的一切事情，诸如设立科技奖励、举办学术交流活动、拓展国际交流渠道、构建创新联盟，以及全力支持地方学会的工作，其根本目的皆是为了让学会真正成为科技工作者温暖的家，进而推动汽车产业的技术进步，这是我们义不容辞的使命。

而在汽车文化方面，我们积极举办大学生方程式比赛、设计大赛，精心创办各类专业杂志，这些工作无一不是为了弘扬汽车文化，让汽车文化在中华大地生根发芽、开花结果。

在这一过程中，优秀的工程师和技术人才是推动汽车产业持续发展的关键力量，能否有效地吸引、培养和激励这些人才，直接决定了我们能否最大限度地发挥人的潜力，从而推动产业的迅猛发展。

因此，我们要做技术交流平台，更要用心、用情、用扎实的工作营造最有温度的科技工作者之家，为工程师和技术人员提供如家般的关怀与支持，这是学会的使命和责任。

☆ 中国汽车工程学会，服务行业

方向已定，可如何实现谈何容易。站在学会办公室内，举目望去是办公条件简陋、资源匮乏、团队人手不足，让每一步工作都举步维艰。最让我揪心的不是物资匮乏，而是计划经济时代留下的思维惯性——当市场经济大潮席卷而来，这个国家级一级学会正逐渐失去与时代的链接。

学会的未来究竟在何方？我们还能在困境中坚守多久？这些问题如同枷锁，紧紧束缚着我的思绪，成为那段时间挥之不去的困扰。

学会的基业由老一代汽车人奠定，他们为学会的品牌塑造、业务开拓倾注了大量心血，将学会打造成汽车工程师之家，并成为隶属于中国科学技术协会的全国一级学会。这在当时的时代背景下，实属不易。

然而，时代的车轮滚滚向前，窗外长安街上的车流川流不息，新一代民营汽车企业蓬勃崛起，我们的学术阵地却日渐沉默。在这样的背景下，我们提出了"经营学会、开启二次创业"的口号，不仅仅是为了守业，更是要盘活现有资产，积极主动地去寻找新的发展机遇。这既是责任，更是使命。

二次创业，首要任务是打破旧有的思维束缚，实现思想的彻底转变。我们的工作，本质上就是服务。学会不该是高高在上的衙门，我始终坚信，大家来到学会都是怀揣着对汽车事业的热爱和期待，期待我们能够为汽车工程师提供切实的帮助与支持。我们应当以平等、谦逊的态度，与每一位来访者、每一位需要我们的人坐下来，共同商讨解决问题的办法。这，才是真正的服务。

光有服务还不够，在汽车工程这一复杂精密的领域，如果没有扎实的专业功底，我们根本无法立足；在艰苦卓绝的创业道路上，如果没有满腔热血，我们绝不可能坚持走下去；提供卓越的服务，离不开与各方的紧密合作。激情，是推动我们前进的动力源泉，但如果只有激情，而缺少理性的思考与战略性的规划，最终也难以成就一番大业。

基于此，我们深入总结了学会的宗旨、初心、使命，以及独特的企业文化。说到底，就是八个字：专业、激情、服务、合作。我们将这八字理念醒目地镌刻于最显眼之处。它绝不是一句空洞的口号，而是精准地定义了学会的价值观与工作模式，是学会文化的精髓所在，更是每一位学会人在工作中时刻坚守的信念。

在这样的文化指导下，学会的服务意识与精神面貌逐渐与其他组织拉开了距离。我们从连暖气都严重不足的办公环境起步，一路披荆斩棘推进着第二次创业，我们绝不能得过且过，只有秉持不懈奋斗的精神持续寻求突破，才能在时代的浪潮中乘风破浪，立于不败之地。

李书福带着吉利造车梦叩响学会大门的场景至今仍历历在目。当时，李书福想造车，却没有批文、没有资质，学会为此做了大量工作。李书福创办了多所学校，如吉利学院、浙江汽车工程学院、三亚学院等，这些学校的申请资质，也都是由我们学会严格把关并批准的。我曾私下问过李书福，学会批准的文件是否有效？他毫不犹豫地回答道："只要你们认可，那就足够了。我拿着学会批的文件，再去与其他方洽谈，都能顺利解决。"这句话，让我深深感受到学会在行业中的分量。

我们始终坚持一个原则：凡是企业的需求，我们都会全力呼应。支持企业的工作，不仅仅是为了企业的利益，更是为了学会能够更好地发挥服务职能，实现与企业的共同发展。直到现在，许多组织在遇到难题时，仍然会首先想到寻求学会的帮助。

当年，乘用车市场信息联席会（乘联会）不被行业组织吸纳，我力排众议决定吸纳他们加入。在我看来，乘联会的汽车统计数据有着极高的价值，这些数据不仅权威，而且经过深入分析后能够为整个行业的发展提供有力的参考和依据，其贡献是巨大的。后来，乘联会认为加入中国汽车流通协会更符合他们的战略规划，对此，我也欣然同意。只要对行业有益，我便尊重他们的选择，因为学会的出发点始终是为了整个行业的繁荣与发展。

在学会发展的漫漫长路上，内外部的环境变化万千，但无论如何变化，我们都切不可忘却学会的学术初心。事实上，学会内部也在逐步调整整体功能划分。学会不必包揽一切，各司其职，各方共同推进，才是行业发展的最佳选择。与其分散精力，不如让其他有能力的组织接手。合作，才能实现共赢。

学会要行稳致远，须有格局、胸怀和文化，无论是学会自身还是行业发展，都需要一个更加宽容、包容、互利共赢、互相赋能的新生态。

☆ **二次创业，不破不立**

现在回过头来看，我所提到的二次创业的核心主要有三个方面：职业化、专业化和国际化。我们依托这三大策略，一步一个脚印，扎实地前行，最终成为中国科学技术协会旗下首个实现专业化、职业化转型的学会，在中国科学技术协会系统中堪称独树一帜。

所谓职业化，就是要摒弃传统的、以人情关系和退休安置为导向的运营模式，转而遵循市场经济的内在规律，积极拓展和优化学会的各项业务。

在我之前，科技社团普遍存在"退休安置所"的积弊，有相当长的一段时间，领导层多由各单位的离退休干部构成。然而，随着管理部门的调整，学会进入了自筹自支的新纪元，我们必须做出改变。如果说我是学会职业化运营中的第一代，那么张进华就是第二代，而后是侯福深，三代职业化团队接续奋斗，将个人职业生涯与学会发展深度绑定，彻底摒弃了旧有的、不再适应时代发展需求的模式。

如果说职业化是组织变革的根基，那么专业化则是我们安身立命的核心。作为科技社团，我们不仅要服务行业，更要成为行业智库，凭借自身学术观点为行业建言献策，引领中国汽车产业健康快速发展。这便要求我们输出的产品具备高度的专业水准，从行业视角出发，打造具有参考价值和深远意义的报告或活动。

为了实现这一目标，从第二次创业开始，我们广纳贤才，吸引了大量博士、硕士等高层次人才加入。他们是经过系统化专业训练的精英，带着专业知识和创新思维，以高效的执行力和卓越的专业素养，为政府、行业等服务对象提供了高质量的产业报告。从2008年首部《中国汽车产业发展报告》（汽车蓝皮书）的横空出世，到累计发布超千万字的技术路线图；从构建跨企业的产业共性技术攻关联盟，到百人专家库，学会在行业树立了专业形象。

在国际化工作方面，在胡亮、张兴业两位前辈的领导下，学会早已实现了显著突破。

随着时间步入千禧年，中国成功加入世界贸易组织推动中国汽车产业进入了高速发展的黄金期，年产销量呈现出连续多年两位数的迅猛增长态势，几乎每年都迈上一个新的百万辆台阶。在这一过程中，学会成功推荐李骏院士当选 FISITA 轮值主席（2012—2014 年），随后赵福全教授再次获此殊荣，成为中国科学技术协会旗下 200 多个学科领域中第一个担任国际学术组织领导者的学会。

可以说，如今的学会已经完成了华丽的蜕变，成长为一个职业化、专业化、国际化的组织，在汽车工程的国际舞台上，绽放着属于自己的光芒，为行业的未来发展继续贡献着力量。

☆ **争做国内领先、国际先进**

在第二次创业过程中，我曾提出一个更远大的目标愿景——把学会建设成为国内领先、国际先进的工科学会。

在朝着国内领先迈进的道路上，我们对数十个国内工程学会进行了细致入微的对比分析，自认我们具备实现这一宏伟目标的巨大潜力。在参加 18 家国内工程学会的座谈会时，我们发现，这些兄弟学会的诉求与我们截然不同。当其他学会仍在为维持基本运转殚精竭虑时，我们早已在市场化运营、专业化服务和办会理念这三个维度上构筑起难以逾越的护城河，这无疑为我们的前行注入了强大的信心。

回首过往，学会的成长足迹清晰而坚实。我们从最初借鉴美国、日本、德国等国的经验，逐渐探索出一条独具特色的学术交流之路。

2013 年 11 月底召开的中国汽车工程学会年会，吸引了 1200 多位汽车工程师齐聚一堂。JSAE 的老秘书长，一位在行业德高望重的长者，在会上由衷地赞叹道，这一届年会的规模和学术水平已经超越了日本。特别令他羡慕不已的，是中国年轻的汽车工程师们在年会上积极参与学术讨论的热情。多年前，JSAE 年会曾是我们遥不可及的目标，是我们努力追赶的方向，如今，我们不仅追上了，还实现了超越，这种成就感真是让人沉醉。

11 年后，我们的学术年会已能容纳 6000 名与会者，展览面积也扩展至两万平方米，吸引了三四万名专业观众前来参观。这不仅是数量上的飞跃，更是质量上的升华。从最初参会的几十人到如今的数千人，从简陋的场地到如今宽敞明亮的展厅，这一路的变迁，见证了学会的成长与壮大，也见证了中国汽车工业的崛起与辉煌。

与此同时，中国汽车工程师在国际学术交流活动中也开始崭露头角。

2014 年 6 月，在荷兰举行的 FISITA 年会上，来自中国工程师的论文数量领先于其他国家。仅华晨汽车就提交了 23 篇论文，其中近一半被录用，并且在大会现场宣读讨论。那一刻，我站在国际会议的会场外，望着中国工程师们在台上自信地宣读论文的身影，心中不禁涌起一股强烈的自豪感。我想，这会不会成为我国汽车产业升级、由大变强的一个标志？

然而，我们也清醒地认识到，与那些在国际舞台上久负盛名的学术会议相比，我们在国际化上仍有差距——我们还没有打造出一个真正能够与 FISITA 年会或 SAE 年会相媲美的国际性学术会议与展览。但令人欣慰的是，我们正在不断缩小与世界顶尖水平的差距，目前已基本实现了国内领先、国际先进的目标。

我相信，未来学会依然会继续砥砺前行，致力于提升国际影响力，打造具有全球影响力的学术交流平台。

岁月流转，汽车行业历经沧海桑田，从传统燃油车的一统天下，到新能源汽车的异军突起；从单纯的机械制造，到如今融合人工智能、物联网等前沿科技的复杂产业体系，变化纷呈。但学会的使命和职责始终没有改变，作为科技社团，学会理应积极发挥自身价值，勇挑重担，为推动汽车产业健康、可持续发展，为传播中国汽车工业新思想、新技术、新观念，为增进国际汽车行业交流，不断贡献力量。

令人欣慰的是，经过不懈努力，我们已成为中国汽车产业不可或缺的重要力量，得到国内外汽车行业、政府部门和汽车科技工作者的广泛认可。截至2024年年底，学会已拥有个人会员8万余人、学生会员5万余人、团体会员2千余家，下设57个分支机构，并与各个省级汽车工程学会建立了业务指导关系。

令人敬仰的几位老领导

"江山代有才人出，各领风骚数百年。"在学会的发展历程中，一批又一批杰出人物留下了浓墨重彩的印记。学会能在时代的浪潮中破浪前行、代代传承，离不开一批老科学家、老工程师以及老汽车人的辛勤耕耘与无私奉献。

时光回溯至1963年，当第一任理事长江泽民同志（汽车技术专家，与已故国家主席同名）在成立大会上发言时，或许已预见这将是一场跨越世纪的学术传承。此后，胡亮、张兴业、张小虞、吴正若、金东瀛、何赐文等一批老同志相继投身于学会的建设与发展中。他们都是满怀热忱、极具情怀的科学家，在科技领域造诣颇高，同时也是备受尊敬的老领导。正是有了他们的不懈努力，学会才得以在中国汽车产业一穷二白的时代中挺立，在一轮轮国家机构改革的浪潮中稳步前行，一步一个脚印地发展壮大。

他们不仅是学会的奠基者，更是中国汽车产业的引路人。他们的贡献不仅得到了国内外汽车行业的广泛认可，也赢得了社会各界、政府部门和广大科技人员的高度赞誉。他们的名字与功绩，应该被铭记。

☆ "多面手"张兴业

引我踏入学会大门的张兴业先生，是一位"多面手"。每当翻阅他泛黄的工作笔记时，从那些跨越半个世纪的钢笔字迹里，总能窥见一位学者型工程师的传奇人生——从山东乡村的贫寒少年，到中国汽车工业的奠基者与战略推动者，再到执掌国家汽车工业命脉的行业泰斗，他以惊人的学习天赋在翻译、机械、军工、经济等多个领域劈波斩浪。

如果说，人这一生只专注于一件事，那他的这一辈子便是紧紧与汽车行业交织在一起。我常常觉得，这是他的兴趣所在，也是命运使然。

1951年7月，一个由清华大学、北洋大学（现天津大学）、天津工学院、南开大学，还有上海交通大学、北京大学工学院等高等院校70多名学生组成的汽车工业筹备组学习班成立。张兴业凭借出色的能力和扎实的专业知识，成为学习班的负责人。似乎这一刻，为他后来在汽车工业领域屡次临危受命埋下了伏笔。

由于国家对建设人才的迫切需求，这一批学员提前毕业，张兴业在1952年8月正式进入汽车筹备组设计室工作，肩负起752厂标准件车间和技术设计以及标准件的冷锻工艺设计的重任。

然而，752厂由苏联包建，几乎所有资料都是俄语版本。张兴业凭借着英语方面的优势，参加了俄语10天速成班的强化训练，并购买了大量有关汽车、机械的俄文书籍，又一次从零开始学习一门全新的语言。仅仅半年之后,他购买的80多本俄语书上,已然找不到一个生字,这学习能力实在是让人惊叹。

学习期间,张兴业出差到长春孟家屯,正在那里筹备建设中的一汽正如火如荼地进行着基建工作。时任一汽总工程师郭力一句:"兴业,你不要走了,就留在这里吧",彻底改变了张兴业的人生轨迹。他就此成为一汽人,全身心投入生产准备工作,负责全厂上万台设备、各类工具材料、协作件、动力及人员培训等事务,还参与翻译了苏联技术资料,从理论走向实践,成长为优秀技术干部。

1959年年中,当一汽生产进入常态化后,张兴业随饶斌调入第一机械工业部汽车局,任职于工艺处。平静的日子仅仅维持了数月,国际形势风云突变,苏联停止向我国供应飞机、坦克轴承,这给我国飞机、坦克的生产和维修带来了巨大的困难。张兴业再度临危受命,要求对飞机用的100号轴承和坦克用的500号军用轴承进行技术攻关。从未涉足这一领域的他闭关数月,将《轴承制造工艺学》翻烂成散页,带领团队在三年内建成专用生产线,生产出的轴承能够满足飞机和坦克配套所需,为中国军工产业的发展立下了汗马功劳。

时间流转到1987年,61岁的张兴业被任命为香港华盛昌汽车有限公司董事长,负责中国汽车、发动机和技术向东南亚的进出口。短短半年,这位曾经的工科生就已能精准分析汇率波动对汽车进出口的影响,连香港本地银行的信贷经理都惊叹他做的财务报表堪称教科书范本。

1992年的早春,当北京城头的柳枝刚刚抽芽,张兴业回到北京,接过了学会的帅印,在角色转换之际,展现了惊人的行动力:搭建国际学术桥梁,夜以继日地翻译美国PNGV计划引入前沿理念，全力推动与海外华人工程师的交流，等等。在他的指导下，学会与国际接轨的步伐明显加快。

七年之后的深秋，在他的邀请下，我踏进了学会大门。后来才知，这份薪火相传的机缘，正是他力排众议促成的新老交替。

张兴业为中国的汽车产业奋斗了一辈子，他的足迹遍布大江南北，汗水洒在了中国汽车产业发展的每一个角落。直至病倒之前，他仍坚持每年奔赴企业车间、高校讲堂授课八十余场。即便银发渐生，但他对汽车行业发展的认知，不仅没有落伍，反而始终站在潮头，成为一位敏锐的"瞭望者"，为中国汽车产业的发展指引着方向。

☆ "技术引进派"胡亮

在张兴业担任学会理事长之前，这一重要职位的担纲者，是胡亮同志。胡亮于1995年12月溘然长逝，令人扼腕叹息。我无缘与他深入交流，但他为中国汽车工业发展殚精竭虑的事迹，却早有耳闻。

胡亮是新中国汽车工业主张技术引进的代表人物，他总是希望能学习国外的先进技术。20世纪60年代初期西南汽车厂引进法国贝利埃重型车技术和设备时，是他带着翻译在谈判室连守七天，硬是把整车图纸和工艺标准都谈了下来，由此才有了中国汽车工业的第一个整车成套系列引进项目。

提及康明斯，如今它已经是柴油发动机的代名词，如雷贯耳。然而，现在的年轻人可能不知道，康明斯发动机技术和设备的引进同样是他的功劳。引进的康明斯发动机，与重型车完美配套，使得我国汽车用柴油机的生产能力从无到有、从弱到强，逐步建立和发展起来。

胡亮的视野，绝不止步于发动机领域。他对汽车涂装技术，也表现出超乎寻常的敏锐与重视，他大力呼吁引进国外先进涂装技术，身体力行推动技术升级。在胡亮的主导下，我国汽车涂装生产工艺的落后面貌彻底扭转，技术水平逐步与世界接轨，趋于先进。

作为学会创始元老之一，胡亮最让我敬佩的是国际视野。在20世纪80年代初期，中国汽车产业规模与技术水平和国际先进水平仍有着不小的差距，学会也还只是中国机械工程学会下的一个分会。在这样艰难的行业大背景下，他就已经积极投身于国际交流活动中。在他看来，只有与世界接轨，才能为国内汽车产业注入新的活力。

在他的主导下，学会开启了国际化征程。1984年，学会成功跻身FISITA，与国外25个著名的汽车工程师学会建立了稳固而正常的联系。同时，推动学会成为亚太地区国际汽车工程会议（IPC）的6个发起国之一，并亲自带队参加IPC东京年会，那一刻，中国的声音第一次在国际汽车领域清晰地回响。

时间来到1989年11月，他克服重重困难，成功地在北京举办了IPC第五次国际会议。这是在中国首次举办的国际汽车会议，意义非凡。当会议圆满落幕时，中国汽车产业的国际地位得到了前所未有的提升，而胡亮，也在这历史的长河画卷中，留下了浓墨重彩的一笔。

☆ 为人本分、有学识的金东瀛

金东瀛，是学会的老秘书长，原是中国汽车工业总公司科技司副司长，后调至学会担任秘书长，直至将接力棒郑重地交到了我手中。

金东瀛的一生，是一部与时代紧密相连的传奇。1926 年，金东瀛出生于宁波的一个商人家庭，幼年随家人一同前往日本，在那里开启了他最初的学习生涯。然而，天有不测风云，日本侵华战争爆发，整个华夏大地陷入纷飞战火。在民族大义与家国情怀的驱使下，父亲毅然决然地带着全家人回到祖国，寻求安稳与希望。回到祖国后，金东瀛凭借着自身的努力与天赋，在 1946 年考入清华大学，迈出了人生中重要的一步。

20 世纪 50 年代初，新中国的汽车工业建设正如火如荼地展开，那是一个百废待兴、充满无限可能的时代。在清华大学机械系苦读四年的金东瀛，终于迎来了学以致用的机会。毕业后，怀揣着满腔的报国热情，他毫不犹豫地投身于汽车行业这片广阔天地，成为重工业部汽车工业筹备组的一员。随后被选派至上海第一压铸厂实习压铸技术，由此开启了他三十余年的技术生涯。直至 1985 年卸任中国汽车工业总公司科技部部长一职后，转调至学会，出任秘书长，开启了新的工作篇章。

金东瀛的为人，在业内有口皆碑。他一生工作兢兢业业，如同老黄牛一般，默默耕耘，踏实本分，对功名利禄毫无所求。生活中的他，是一个简单纯粹的人，将全部的精力都奉献给了热爱的汽车事业。可惜的是，在新冠疫情时期，这位为汽车行业奉献一生的老人，永远地离开了我们，享年 95 岁。他的离去，是学会的重大损失，更是中国汽车工业的重大损失。

金东瀛的母亲是日本人，在他父亲去世后，母亲选择回到日本生活。有一次，金东瀛前往日本参加一场重要的行业会议，这本是他与三个弟弟团聚的难得机会，令人意想不到的是，他在日本仅仅停留了两天，便匆匆踏上了回国的旅程。我得知后，十分不解，便问他："你的三个弟弟都在日本，难得有这样的机会，完全可以多待几天，和家人好好聚聚，不用这么着急回来吧？你这又是何苦呢！"他只是淡然一笑，并未过多解释。他就是这样一个循规蹈矩、坚守原则的人。其实，他的母亲曾经希望他能回日本继承家族产业，但他却坚定地拒绝了，因为在他心中，祖国的汽车事业才是他一生的牵挂。

金东瀛将毕生心血都奉献给了中国汽车行业。他不仅品德出众，更拥有深厚的学识底蕴，尤其精通英语，利用语言优势，实时追踪全球汽车行业的最新动态。在国际学术交流活动中，他能够自如与国外专家深入探讨，精准传达中国汽车行业的发展成果与诉求；同时，积极牵线搭桥，将国外先进的技术理念与经验引入国内，为推动中国汽车行业与国际接轨、实现创新性发展，贡献了不可忽视的力量。

☆ 吴正若、何赐文

在胡亮、张兴业、金东瀛之外，还有两位重要人物。

一位是吴正若，他毕业于哈佛大学，曾是中国汽车工业总公司的总工程师，后担任学会常务副理事长。吴正若的学术背景和工作经验，让他在学会中发挥着重要作用。另一位是学会副理事长何赐文，负责学术期刊编辑工作，这种工作需要深厚的学术功底和严谨的工作态度，何赐文恰好两者兼备。他们都是学识渊博、见解独到的老科学家，他们的学术素养卓越，工作态度严谨，令人敬重。

正是这样一批老科学家，凭借他们的智慧和努力，为学会奠定了坚实的学术价值和发展基础。他们的贡献不可磨灭，他们的精神激励着我们不断前行。

感谢张小虞

2014年11月12日，我失去了三十多年的好朋友、好领导、好同事——张小虞。

我和小虞早在1978年就相识了。那时，他刚从乌鲁木齐新疆第二汽车配件厂调回北京，在第一机械工业部汽车局规划处工作。而我还在哈齿做技术研发，经常要去部委汇报或申报项目。在这过程中，我们逐渐熟悉并成了好朋友。跟他成为朋友并不是一件很难的事情，他额头宽，眼睛炯炯有神，说话声音洪亮有力，笑起来像尊弥勒佛，见到他的人都会感觉很亲切。

后来，张小虞的职业生涯一路顺利，先后担任中国汽车工业总公司规划司司长、机械工业部汽车工业司司长、国家机械工业局副局长和中国机械工业联合会副会长等重要职务。我也从哈齿转到哈尔滨市政府工作，最终来到北京，担任中国汽车工程学会常务副理事长兼秘书长。

张兴业先生退休后，张小虞兼任了学会理事长。在之后的十年中，我们亦师亦友情谊越发深厚。可以说，没有他的支持，学会第二次创业之路将寸步难行，也绝不可能造就今天的成绩。

☆ 汽车行业的传道者

汽车圈子里，几乎没有人不知道张小虞。他是中国汽车工业的活字典，见证和参与推动了新中国汽车工业从计划经济走向市场经济、从封闭走向对外开放、从弱小的汽车工业走向世界第一大汽车市场的全过程。他是亲历者，更是重要领导者之一。

三十多年挚友，十年共事，让我从他身上学到了很多，其中一点便是他对汽车产业了如指掌。熟悉到什么程度？有一年，在《中国汽车报》主办的行业峰会上，他受邀解读汽车产业格局演变。当投影仪的光束在会场流转，从全球市场布局到国产化进程，从最新技术介绍到未来预测，半个小时的脱稿演讲，他对汽车工业的数据如数家珍。会后工作人员将演讲记录与年鉴比对，竟然分毫不差。一个人能敬业、专业到如此程度，没有下了大功夫，怎么能做得到？

在战略视野上，他总有种举重若轻的智慧。当业界为"市场换技术"论战不休时，他的观点鲜明，在认可合资模式带来成就的同时，也提醒大家不要把自主开发绝对化和神秘化，要贴合市场，更要注重长远，开发的形式可以多元化和多样化。很多企业都从小虞的建议中受益匪浅。扬州东升公司就是一个很好的例子。当年，小虞给了他们方向性的建议，如今这家公司已经成为欧洲戴姆勒－奔驰稳定杆的独家供应商。

最令人动容的，是他为人热情周到，几乎是有求必应。记得有一年在上海举办的大学生方程式大赛颁奖前夜，得知颁奖环节需要他出席，正在山东潍坊出差的他没有丝毫犹豫，以最快的速度赶到济南，随后，便迅速登上即将启航飞往上海的航班，下了飞机又急切地赶往赛场，最终如期抵达热闹非凡的赛场，为那些顽强拼搏脱颖而出的杰出选手颁发奖杯和证书。每一次与选手们有力的握手，每一个鼓励的眼神交汇，都传递着对他们努力与成就的高度认可和由衷赞赏。他的出现为整个赛事增添了庄重而荣耀的氛围。

颁奖后，我们考虑到他舟车劳顿，特意为他精心准备了食物，希望他能借此稍作休息、补充体力。然而，他却表示实在没有胃口，吃不下去（现在想来，他已重病在身了），便又匆匆踏上赶往江苏常熟的旅程。

这种热情不只是对企业、对高层,对所有人都是如此,他非常平易近人,没有任何架子。不管是在正式场合还是私下聚会,他总是笑呵呵的,让人感到亲切温暖。每逢行业论坛茶歇,总能见到他被媒体围成的"人墙"所包围。每次接受记者采访,他总会认真对待每一个问题,有问必答,没有套话,观点明确,立场鲜明。

我的爱人对他评价非常高,说他就像是汽车行业的传道者,不仅为同行答疑解惑,还用自己的行动为这个行业加油鼓劲。

☆ 我亲密无间的伙伴

回望与学会共成长的岁月,最难忘怀的便是同张小虞搭档的时光。如果说默契是合作关系的最高境界,那么我想我与张小虞之间是完美契合。

这种默契,源于对彼此的尊重,这是合作的基础,也是关键所在。他是理事长,负责把控学会的大方向;我是常务理事长兼秘书长,负责实操事务。

他充分尊重我的管理理念,从不干预秘书处的具体事务,从不因职位高低而计较个人得失,总是以学会整体发展为重。每当需要张小虞出面时,他从不推辞,充分展现他的行业威望,以及对于团队使命的担当。而我也始终恪守"大事必禀"的原则,每逢产业政策调整的关键时刻,必定带着翔实的数据分析叩响理事长办公室的门。我们分工明确,各司其职,才有了学会今天的辉煌局面。

更难能可贵的是,我们在为产业服务的价值观上几乎如出一辙。同为学会的管理者,我和张小虞基本上都秉持着同样的态度，就是不说"不"，多说"是"，尽心尽力为产业服务。

如今回想起来，那段携手同行的岁月，不仅仅铸就了我们的事业，似乎也验证了管理学中的那句亘古不变的真理：当价值观同频、能力互补的搭档相遇，所激发的协同效应足以创造奇迹。或许，正是这种深厚的默契和共同的信念，让我们敢于突破常规、大胆经营，才有了学会今天巍然屹立的局面。

☆ **"我的灵车一定要用自主品牌"**

2011年，张小虞被确诊结肠癌。随后的四年抗癌路，他用超乎常人的毅力和信念对抗病魔，病房的桌上摆满了他翻阅的汽车产业报告。但2014年的寒潮终究来得太急，11月北风卷走最后一片枯叶时，他也永远地离开了我们，带着遗憾，告别了这个世界。

那段日子，我几乎每周都去探望他。他始终都保持着乐观积极的心态，精神状态也相当不错。11月初，我需要随中国汽车代表团前往日本本田考察。临行前，我特意抽空又去看了他。没承想，那一次见面竟成了我们最后的告别。我再三叮嘱他："小虞，我过几天就回来，你一定要等我！"那次，他落泪了。也许，他已经隐约感觉到，这一别便是永别。

我准备离开病房时，他的连襟送我出门，边走边对我说："小虞这段时间一直在等你来。"话语中透着一份不舍与牵挂，同时，小虞还郑重留下了一句遗嘱：等他去世后，送灵的车一定要用自主品牌车。

小虞终究还是没能等到我回来。他去世的噩耗传来时，我刚结束考察工作，准备返程。那时，他的司机联系上我，电话那头，司机的声音带着几分沉重与悲痛："付总，小虞理事长走了……但现在出了个情况,家属坚持要用奔驰作为灵车,可理事长之前交代过,一定要用自主品牌车。"听闻此言,我回复道:"没有关系,这个事情我来处理。"

几分钟后,张小虞的儿子打来电话,告知我小虞离世的噩耗。一番悲痛的慰问后,我反复询问小虞临终时是否遭受了太多痛苦。确认完这些情况后,话题自然转到了灵车的事情上。电话那头,他无奈地说道:"北京这边能找到的国产灵车只有金杯,条件比较有限,所以我们打算改用奔驰。"听到这话,我语气坚定地对他说:"孩子,用自主品牌车做灵车,是你爸生前唯一的心愿。这件事绝不能轻易改变,就算只有金杯,咱们也得用。要是有困难,咱们就去求人,想尽办法也要达成你爸的遗愿。"

他似乎还想就改用奔驰的方案争辩,我打断道:"孩子,这事儿就不要再讨论了。咱们必须得按照你爸的意愿来办。这是他最后的心愿,咱们无论如何都要帮他实现。"

挂断电话后,我与同行的董扬(时任中国汽车工业协会常务副会长兼秘书长)商量道:"小虞出殡那天,我们从一汽北京办事处借四辆红旗车,再加上咱俩自己的两辆红旗车,组成一支车队,护送他前往八宝山。小虞心心念念要用自主品牌车,咱们这么做,不仅能帮他了却最后的心愿,也尽了咱们的一份敬意。"

☆ 一辈子做好一件事情

张小虞的离世,令我深感惋惜。如果他能稍稍放慢工作的脚步,或许我们还能在汽车行业这条道路上继续并肩作战,一起为推动行业发展贡献自己的力量,创造更多的可能。

在他离世前的半年,他最后一次站上了泰达论坛。那时的他,身体已然十分虚弱,连长时间站立都变得极为艰难。可即便如此，他依然在为连续十余个月下滑的自主品牌轿车市场振臂高呼："不要只看到自主品牌的短处，一定要有信心，自主创新这条路必须走下去，没有回头路！"

散场时，人群如潮水般涌向那个倚在立柱旁的身影，记者们关于自主品牌发展的问题一个接一个地抛出，他却强撑着身体，耐心地一一解答。就这样，他坚持了足足半个小时，直至助理再三劝阻，他才怀着歉意欠身离开。

在他去世五周年之际，我们一同前往悼念。他的夫人让我也说两句。然而，当我正要开口时，他的音容笑貌清晰地浮现在我的眼前，那熟悉的笑容，那爽朗的嗓音，还有他谈到汽车事业时眼中闪烁着炽热的光芒，这些画面，刹那间一一于眼前闪现，一时间，千言万语如鲠在喉，我怔在原地，一个字也吐露不出。

我只觉得，那漫天的悲痛，似要将人整个淹没。我深切地感受到，他对汽车事业刻进骨血的挚爱，以及对这个世界那无尽的眷恋与不舍。小虞的自主梦，我们还在继续追求，虽然路还很长，但我们已经越来越接近目标。

张小虞与中国汽车工业结缘近半个世纪，被媒体誉为中国汽车工业的"形象大使"，这绝不是虚名。他对中国与世界汽车之间那种开放的视角是常人难以企及的，对中国汽车以及汽车零部件工业发展的那份深情厚谊更是常人难以体会的。他曾说过："一个人一生中若能做好一件事，就是最有意义的事。我这辈子只想把汽车这件事情做好，那就是推动中国汽车工业的发展。"

斯人已逝，遗志犹存。这句话将永远激励一代又一代中国汽车人勇往直前，不断追求卓越。

中国汽车工程学会，脱胎换骨

自从第二次创业悄然开展以来，学会的变化之大迅速引起了外界的广泛关注。一天，时任新华社高级记者李安定在一次深谈中问我："学会怎么突然不一样了？好像一夜之间脱胎换骨。"他的话语中既有疑惑，也充满惊叹。

我回他，我们做事不图利益，愿意承担别人不愿意接手的任务，积极应对行业赋予我们的职责，这份初心早就已经与过去截然不同。如今，我们的团队拥有充分的自信和服务能力，每位成员务实诚信，行事果断，从不因微薄的小利而踟蹰不前，精神面貌和行事风格自然有了变化。

多年后，我在一次次的实践与反思中总结出一个道理：学会的发展不仅需要强大的战斗力，更需具备创新力。正是因为学会的团队具备了这几点，才能在时代的浪潮中勇立潮头，展现出全新的精神面貌，开启了一段崭新的历程，向着更高的目标稳步前行。

归根结底，在于人。正如哈齿老厂长张会春说的那样：哈齿的成功，在于充分发挥了人的作用，学会也是如此。

☆ **要成事，须有好队友**

我的经历告诉我，必须有一群好队友，才能做成事。在我投身于学会的岁月里，团队的搭建与成长无疑是至关重要的一环，为学会的发展铺就了坚实的道路。

还记得，葛松林、张宁略早我几个月进入学会，然而，尽管他们各自才华横溢，却由于现实的种种困境，没能充分发挥自己的潜力。

葛松林博士，是机械工业部第一位留学归国的学者，他曾远赴意大利求学多年，学成归来后便将先进的理念带回祖国。后来由于机械工业部撤销，才被分流到学会工作。他严谨细致，英语功底深厚，尤其在英语和学术领域上的造诣让人敬佩，他不仅为我提供了很多启发，也在外联工作中表现得尤为出色，成为我们与国外专家沟通的重要桥梁。

而张宁，则是另一位不可或缺的队友。她来自中国汽车技术研究中心，是当时年轻一代中的佼佼者，曾被誉为青年科学家，并且是清华大学的优秀学子。作为团队中唯一的女性领导者，她无私奉献，思维敏捷，更是敢于提出与众不同的见解。在讨论如何推动学会改革时，张宁总是直言不讳地指出问题所在，并提出切实可行的建议。

在葛松林、张宁到学会工作之前，学会唯一的副秘书长是韩镭同志，多年的工作经历使他对学会的运作了如指掌。特别难得的是，他为人热情，乐于助人，对行业内每一位有需求的人，他都愿意提供帮助。他的经验和人脉，为学会的稳定发展提供了重要支撑。

《汽车之友》的王海波社长，在汽车媒体领域有着深厚的专业素养和敏锐的行业洞察力，对于汽车文化和技术有着深刻的理解与感悟。他善于凝聚团队力量，激发成员的创作热情和创新思维，带领团队推出许多有影响力的报道和专题，提升了杂志在行业内的知名度和美誉度。但由于《汽车之友》杂志社当时是学会的编辑部，缺乏独立经营权，因此在一定程度上限制了王海波的发挥。

第二次创业的第一步就是重新搭建领导班子，人尽其才，才尽其用。在搬迁至新办公室后，提拔王海波为学会副秘书长，赋予其更为广泛的管理权限，以全面主导《汽车之友》的运营工作。再加上经验丰富、热情洋溢的老副秘书长韩镭。至此，学会初期领导班子逐步成形。

随着时间的推移，我们的团队不断壮大，焕发出新的生机与活力。在后续的发展中，张进华的加入为学会注入了一股强劲的力量。这位年轻却不失沉稳的科技工作者，凭借过硬的专业能力和勇于担当的精神，逐渐挑起工作大梁，成为行业瞩目的新兴力量。张进华踏实肯干，善于钻研，对行业政策和技术发展趋势有着独到的见解，尤其在推动新能源汽车发展方面贡献良多。

很长一段时间里，班子成员常常围坐在一起，为了学会的未来热烈讨论，反复推敲，无数次挑灯夜战。每个人都在为这份事业倾注了全部热情和心血，从无到有，建立起了一套既具科学性又充满人文关怀的工作体系。

正是在这样的思索与创业过程中，我愈发笃定：组织的生命力源自人才的同频共振。团队中，有人目光远大，具备高瞻远瞩的战略眼光；有人精于深耕，注重细节；有人勇于突破，敢于挑战；更有人甘愿默默奉献，成就他人。如同汽车的四轮驱动系统，每个轮子都各司其职、协同配合，才能跨越时代的沟壑，驶向光明的未来。

一路走来，每一步都凝聚着团队的心血。当我们看到学会在行业内外逐渐拥有话语权，当目睹一项项成果落地生根并反哺汽车产业，难以言表的成就感与使命感在我们心中油然而生。我深知，这绝非我个人之功，而是整个领导团队齐心协力、接续奋斗的结晶。

☆ 解决职工的后顾之忧

在第二次创业初期,团队的稳定性和士气高昂至关重要。我们深知,只有解决了员工的后顾之忧,才能让大家心无旁骛地投入到工作中,才能确保学会长足的进步。

在当时的社会环境下,住房问题无疑是职工们心头的一块大石头。幸运的是,我们敏锐地捕捉到了福利分房的最后一次机会。为了筹集资金,我和领导班子成员四处奔走,与各方进行沟通和协调,尽了所有的努力,常常在办公室里反复推敲资金预算和分配方案,确保每一笔资金的使用都能发挥最大效益。终于,经过无数次的奔波与不懈的努力,我们成功为职工解决了住房难题,帮助他们卸下了心头的一块石头。

解决了职工的住房问题后,员工退休后的保障问题又是另一座"大山"亟待翻越。那时,不仅汽车行业组织,甚至全国的科技团体,都处于职能和职责定义模糊不清的阶段。我们这些社会团体既非政府机关,又非事业单位和企业,管理上却兼具三者的属性,缺乏明确的定位和授权,这使得员工的社会保障问题始终得不到妥善处理。

为了改变这种状况,我和团队成员积极与相关部门沟通,向他们反映员工的实际困难。我们查阅了大量的政策资料,研究了国内外类似组织的处理方式,并不断向有关部门阐述为员工办理社保的必要性与紧迫性。经过不懈的努力,随着外部环境与各项条件逐渐成熟,我们成功为员工解决了社保问题,为他们未来的生活打下了坚实的保障基础。

当住房与社保这两大难题解决后,工资待遇问题便凸显出来,成为横亘在我们面前的又一重大挑战。我清楚地记得,葛松林博士当时是学会学历最高的人才。他在意大利留学期间，已经拥有相当可观的收入。然而，来到学会后，每月工资却非常低，如此悬殊的工资水平，形成强烈反差，难免让人感到困惑。

自2001年年底我国加入世界贸易组织以来，我国汽车工业进入发展快车道，每年产销规模速度提升，汽车产业蕴含的巨大潜力得到了充分释放。这背后，迸发出对人才的巨大需求。学会若要在这种竞争激烈的环境中脱颖而出，吸引更多优秀人才，并稳定现有团队，那么提升员工待遇问题显得尤为紧迫。

于是，学会领导班子再次召开会议，对工资体系进行深入分析和调整。我们参考了同行业的工资水平，结合学会的实际情况，制订了一套合理的工资提升方案。经过调整，员工平均薪资大幅提升，整体水平优于同行业。从那以后，我们的团队仿佛注入了一剂强心针，迎来了高速发展，越来越多优秀的人才慕名而来，为学会的发展注入了新的活力。

二次创业要取得良好成效，绝不能忽视大家的需求。我们不能要求每个人都具备高尚的境界，在没有解决后顾之忧的情况下，无私奉献是不现实的。只有逐一解决保障问题，大家才能持续发力，全身心投入工作，为整个行业提供优质服务。

☆ **迁入新办公楼**

学会的变革应是全方位的深度蜕变，绝不该仅停留在精神层面，还应作用在对外形象的转换上。

最开始的那几年里，由于各种复杂的缘由，学会几乎每年都要经历一次办公地点的搬迁。每一次搬迁，都会出现有些具有价值的资料、档案以及重要报告，在不经意间遗失了。

由于办公环境带来的种种不便，我们一定要购置属于自己的办公室，彻底改变这一局面。学会班子一致同意：购买学会办公室！

幸运的是，学会在二次创业中获得了一定的收益，加上《汽车之友》杂志的经营收入也有了明显提升，这为我们改善办公环境提供了经济基础。在 2001 年前后，经过多方考察和讨论，我们决定购买鹏润家园的一层商住两用房，作为学会的新办公室。虽然当时鹏润家园的房价在市场中处于高位，但考虑到学会的经济实力和长远发展，购置鹏润家园的房产仍是一个具有前瞻性和必要性的决策。

不久后，随着资源的进一步积累，我们搬迁至了设施齐全的写字楼，秘书处终于拥有了安身立业之所；与此同时，学会为大家提供了更具竞争力的薪资待遇，同事们的收入显著提升。这份实实在在的激励，极大地激发了大家的工作热情，每个人都干劲十足，对学会的满意度更是实现了质的飞跃。

在解决了一系列内外部挑战后，学会的面貌焕然一新。此时，恰逢汽车产业正处于蓬勃发展的黄金时代，机遇与挑战并存。在这样的时代背景下，学会腾飞啦！外界惊讶于学会的迅速崛起，纷纷赞誉我们在行业中的卓越表现和宏伟布局。实际上，这一切的背后，是我们解决了一系列痛点才换来的结果。我们深知，只有先解决自身问题，才能全身心投入事业，关注行业重大议题。这正是我们成功实现二次创业的关键所在，使我们更好地履行使命。

回顾这段二次创业历程，很有意义。我们组建了一支优秀的领导班子，确保决策科学高效；我们将《汽车之友》独立运营，使其焕发新生，成为行业内备受瞩目的刊物。学会也因此步入了快速发展的轨道，逐步壮大。

我们的每一步发展都踏实稳健，如今拥有房产和土地，员工生活有保障，工作无后顾之忧，学会得以放心腾飞。经过二次创业，学会的精神面貌和对外形象均焕然一新，展现出蓬勃的生机和活力。这一切的成就，离不开每一位成员的辛勤付出和坚定信念。

痛惜《汽车之友》王海波

提到王海波，至今我都感到很心痛。

严格来说，学会第二次创业的第一枪是由《汽车之友》杂志社打响的。《汽车之友》杂志社经营得非常好，一度成为汽车行业纸质媒体第一，创造了非常好的经济效益和社会效益，也给了学会极大的支持。如果没有《汽车之友》杂志社做出的奉献，学会不可能发展到现在这样的局面。

☆ **《汽车之友》杂志社脱离学会**

《汽车之友》杂志是继《汽车工程》之后，学会针对广大普通汽车爱好者推出的科普性质杂志，它突破了汽车专业读物的局限性，让更多普通人了解汽车知识。《汽车之友》从1986年创刊到我进入学会，已有13年，是国内最早一批也是发行量最大、行业影响力最为深刻的汽车杂志。在众多读者中，很多人后来走向汽车工作岗位，可以说都是得益于这本杂志的启蒙。

《汽车之友》编辑部与学会并不在同一地点办公。我初次见到杂志编辑团队时，他们仅有寥寥数人，王海波对杂志运营的自主权也极为有限。当时，学会每年员工工资、租房等费用大约需要120万元，主要依靠《汽车之友》杂志的广告收入来维持。

为什么《汽车之友》不能独立运营？这不仅关系学会的收入问题，更涉及公平分配的原则。《汽车之友》的团队是奋战在前线的勇士，是创造财富的核心力量，也是当时为数不多的表现优异的纸质媒体人。我们不应该再"吃大锅饭"，而是要分开运作。

不仅如此，自1994年，国务院出台颁布了《汽车工业产业政策》，明确规定了我国日后汽车行业的发展定位和发展走向。国内正源源不断地涌现一批批全新的汽车类杂志，竞争变得愈发激烈，《汽车之友》需要更多的运营自由空间。

为此，我将《汽车之友》的独立运营权放手交给王海波，具体分成方案定为，杂志利润按4∶4∶2比例分配——40%上缴学会，40%奖励给团队，20%作为未来发展的储备资金。

改革一经实施，《汽车之友》士气高涨，杂志在2004年从月刊改为半月刊，单期发行量高达30万册，这一数据在国内杂志中遥遥领先。广告营业收入也从原先的10万元飙升至超过1000万元，为学会的日常运转和未来发展提供了坚实的经济保障。

而这些成就的取得离不开王海波，这位极具担当与魄力的领导者，不负众望，完美地达成了这一目标。也因此，学会将王海波提升为副秘书长。

☆ **天妒英才**

国家机构改革后，学会在探索市场化运作的道路上，也曾有过很多尝试，例如投资驾校。那正是私家车刚刚解禁（私家车进入家庭）的时代，我们投资开办的驾校业务一片繁荣，但实际收益却始终没有回流学会。令人尤为不解且愤慨的是，由学会出资创办的驾校，个别领导竟利用"社会力量办学资金无法抽回"的政策钻空子，拒不向学会给予任何经济回报，这让学会陷入了十分被动和无奈的境地。

王海波却截然不同。他不仅仅是一位出色的运营者，更是一位忠于朋友、尊重前辈的人。哪怕是在被提拔为学会副秘书长之前，他也从没有对工作提出过任何异议，始终兢兢业业地负责自己的板块。他常对我说："《汽车之友》隶属于学会，要尽可能地回报学会。"

在王海波的领导下，《汽车之友》杂志的每一个员工都以满腔热情投入工作。他们常常加班加点，奔走在报道的第一线，无论是新车型采访还是深入探讨汽车文化，都表现出了极高的职业素养与拼搏精神。正因为有这样一群勤奋敬业的人，《汽车之友》才能在竞争激烈的市场中始终遥遥领先，成为同行业的标杆。

当时，我常对大家说，经营学会要"近学《汽车之友》，远学汽车贸促会（中国国际贸易促进委员会汽车行业分会）"。从二次创业的角度看，没有《汽车之友》就没有学会今天的发展，它在学会整个发展历程中发挥了至关重要的作用。

更让人敬佩的是，王海波始终不忘初心。许多人往往在创业初期，因目标明确而夜以继日地努力，可一旦成功，面对巨大的利益诱惑，便容易迷失自我。然而，在王海波的经营下，《汽车之友》始终保持着清醒与客观，从未因经济问题而动摇，后来的利益分配改革也得以顺利推进。这一切都离不开他那公正无私、始终坚持客观原则的品质。

然而，命运总是爱开玩笑。就在王海波退休后不久，他突发胰腺炎，病情迅速恶化，短短一个月便离开了人世。那时，我正赶往长城汽车出差的途中，突然接到了张进华的电话，他带来的噩耗如同一记重锤砸在我的心头，悲痛的阴云彻底将我笼罩。

我始终难以忘怀王海波，为缅怀这份情谊，每年都会邀请他的夫人相聚，叙叙旧话，聊聊往昔，这不仅是与故人之妻的情感维系，更是我对他独特而深沉的纪念。

王海波的一生，是一部默默无闻，却充满力量的传奇故事；《汽车之友》的发展历史，正是这位优秀领导者用汗水和智慧写就。他的离世，让我百感交集。我甚至觉得老天不公，为何这样一位才华横溢、心地纯净的人，却要如此早早离我们而去？这是学会的损失，也是整个汽车行业的损失。

亲历汽车合资自主之辩

2001 年，正是世纪之交，我国呈现国运亨通之象。这一年的 12 月 11 日，随着日内瓦世界贸易组织总部钟声敲响，中国正式成为世界贸易组织（WTO）第 143 个成员——这场历时十余载的入世长征，在汽车产业界激起的却是令人窒息的沉默。

"中国汽车工业危矣"的论调如阴云般笼罩业界。那时，中国的经济改革正处于深入推进却又艰难胶着的关键阶段。而中国加入 WTO，其意义绝非等闲。这不仅仅是一次简单的市场开放，而是全方位、深层次的开放变革。它不再局限于以往那种政策性的、单向度的开放模式，而是要真正融入法律框架下的制度开放体系之中，实现从单方面的开放向 WTO 成员方之间的双向开放的重大转变。

一系列的政策调整，更是让这种担忧情绪不断升温。将轿车关税从 2000 年的 80% 大幅降至 25%，这一举措无疑如同一颗重磅炸弹，投向了中国汽车产业的"湖泊"，激起了千层巨浪。同时，放开对合资企业生产车型的种种限制，解除外资进入的诸多门槛,这些政策的叠加效应,让尚未茁壮成长起来的中国汽车产业,仿佛置身于风雨飘摇的"孤舟"之中,面临着被汹涌而来的国际竞争"浪潮"打翻的危险,舆论的担忧也由此不断加深。"狼来了"的惊呼在业内各会议室里此起彼伏。

回望改革开放二十载,中国汽车产业始终在体制的藩篱中艰难突围。1994年《汽车工业产业政策》虽打开合资窗口,但"市场换技术"的棋局始终未能真正破局。直到入世倒计时开启,汽车产业界才惊觉:原来那些年我们不过是在温室里蹒跚学步。

历史总在危机中孕育转机。2000年突破200万辆汽车产销数据的背后,是跨国汽车企业骤然加快的步伐。位于德国狼堡(Wolfsburg,即沃尔夫斯堡)的大众集团率先押注,将奥迪A6、帕萨特BS、宝来等最先进车型引入中国,日本爱知县的丰田与天津汽车合作,广汽本田的厂房在珠江畔拔地而起。这些看似"引狼入室"的举措,却意外激活了产业变革的密码。

然而繁华背后暗涌渐生。加入WTO的第二年,统计数据显示,合资品牌已占据汽车市场九成份额,自主品牌汽车企业在夹缝中艰难求生。正是这种生死存亡的危机感,催生了入世后第一代汽车人的觉醒,关于合资、对外开放和自主创新的关系问题,在业内外引发了广泛讨论和深入思考。

☆ **央视二台"对话"**

2004年,我有幸参与了中央电视台二台(简称央视二台)《对话》栏目的录制,那是一段至今仍让我难以忘怀的经历。从中午12点进入演播厅,直到傍晚6点才结束,整整6个小时的录制,成为我人生中最漫长的一次对话。

《对话》栏目一直以尖锐风格著称。那次,他们邀请了张小虞同我一起参加，小虞代表中国机械工业联合会，我代表中国汽车工程学会。讨论的主题是汽车自主创新问题。

但在接到邀请后，张小虞告诉我："那天我有事，你去吧。"就这样，我成了当天唯一代表汽车产业的嘉宾。可就是这次经历让我"深感后悔"。在此之前，我从没有参加过类似的电视讨论节目，对其中的情况也不了解，更是不曾预料到讨论会如此失控。

那期对话的企业嘉宾是竺延风，一汽集团历史上最年轻的董事长，也是中国大型国有企业中最年轻的掌舵者。现场除了竺延风和几位部委老领导，几乎全是媒体。大家误以为我们彼此认识，实际上，只有我和竺延风较为熟悉。

节目录制的前半段时间一切顺利，问题或许尖锐，但一切都还在可控范围内。竺延风当时应对也很得体，没有说什么出格的话，只是站在国有企业管理者的角度，逐一解答大家的问题。

直到话题转向自主创新与合资合作上，现场的气氛开始变得越来越紧张。两年前，在接受媒体采访时，竺延风一句"中国轿车自主开发，要耐住寂寞二十年"，在业内引发轩然大波。这次《对话》中，他再一次重申了这一观点。

事实上，我高度认同竺延风的观点，也在现场表达了我的看法："合资合作是中国汽车工业向国外先进经验学习和积累的过程。如今，业内外都在谈要形成自主开发的能力，这是一个相当长的过程。我们必须承认差距，要从与国外的合作、引进技术中积累。积累的过程是个厚积薄发的过程，也可能不到二十年，也可能过十年、十五年、二十年，我们就形成了我们自己的自主开发能力，有我们自己的品牌。到那时候，我们就能够成为生产强国。这是个急不得的事情。"

然而，我的回答也不能让大家满意。在他们眼中，我和竺延风观点一致，不断向我们施压。显然，他们只想听到符合自己预期的声音，否则，就会开始抨击。

一位老领导直言不讳地指出："我们首先要肯定这二十年来的合资成果，但正如每个人都要上学一样，我们难道要永远当学生吗？大家都有一种说法，红旗是一汽的亲儿子，而一汽－大众捷达品牌则被看作是用来赚钱的干儿子。为什么亲儿子总是长不大？"

另一位科技部的老司长也站出来质问："还要二十年？我们等得起吗？我们输得起吗？"

"我们的合资品牌在全球市场竞争中一直保持领先地位，但自主品牌却始终停滞不前。如果我们现在抓不住机会，再过五年或十年，我们就更没有机会了。"另一位嘉宾进一步阐述道："无论是学术界和产业界，都应该回过头来研究一下，在未来五年或者十年的产业战略当中，如何能让自主品牌成长得更快一些，让整个产业体系在竞争的环境之下发展得更快。"

难得的是，无论嘉宾们如何抨击，竺延风依然坚定地捍卫自己的观点。他继续回应："我国汽车工业要超越发达国家，从情感上来讲，我也非常理解。作为汽车制造业中的参与者，我比大家更着急，这也是我们的动力所在。但是，我还是要坚持自己的观点，我国汽车产业确实还很弱小，我们需要合资合作，我们需要坚持改革开放。"

这次央视二台的对话让我至今记忆犹新。"耐住寂寞二十年"所强调的是长期主义，是中国汽车产业从小到大、从弱变强的必然过程。这是汽车产业背后必须经历的一个规律性问题。要做好一个产业，二十年绝不是一个短暂的周期，我们需要的是一个漫长的积累过程。作为一名企业家，必须从全局出发考虑问题。

☆ 花都"何龙之争"

在竺延风那句"耐住寂寞二十年"引发的风波尚未平息时,"何龙之争"无疑是将自主创新的话题推向舆论的新高潮。这场争论发生于 2005 年 8 月 22 日,由中国汽车工程学会主办的花都汽车论坛上。

那届论坛的主题恰好就是"创新与全球化战略"。我们邀请了原机械工业部部长何光远,原对外贸易经济合作部副部长、博鳌亚洲论坛秘书长龙永图,以及东风汽车有限公司总裁兼首席执行官中村克己、韩国自动车工业学会会长李斗焕、日本贸易振兴机构理事朽木昭文,共同探讨如何实现汽车产业自主创新,以及如何抓住机遇,实现全球化战略。

原本由我主持的论坛各环节有条不紊地进行着,何部长和龙部长也分别发表了各自的见解。茶歇间隙,龙部长找到我,表示希望接替我的论坛主持工作。我当即说:"这太好了!"长时间主持不仅耗费精力,还要对每位发言者的观点做出点评,确实不是一个轻松的工作。他主动要求,我自然没有理由拒绝。

可没想到,就是这么一让,出了事。

龙永图部长在上半场已经做了报告,所以在主持的时候就多说了几句来表达他的观点。他说道:"我认为我们不能够为自主品牌而搞什么自主品牌。在经济全球化的时代,汽车产业注定就是一个国际化的产业,今后在中国本土生产的汽车不管叫别克也好,叫大众也好,或者是尼桑、丰田也好,如果其中许多核心零部件和核心的技术都是在中国开发、在中国使用的,那么它叫什么名字就已经不重要了,关键是在高起点的基础上参与全球化的合作和竞争。"

他进一步强调:"要加大中国汽车工业的发展,必须加强和世界最优秀的汽车制造商合作。只要用中国工人,在当地交税,它就是本土的企业。"

龙部长的话音一落,何部长立即站起身,反驳了他的观点。他说,"龙永图部长的观点我不太赞成。他所讲的观点与保护知识产权的潮流是不相符合的。知识产权代表在知识上的控制权,品牌是代表知识产权的。"

何部长补充道:"通过合作提高我们的管理水平、技术水平,提高我们的知识水平。在这样的基础上,把我们的自主开发能力、自主品牌搞上去。到现在为止,我还是这个观念,并且一直为这个事呼吁。"

刹那间,会场氛围剑拔弩张。这场争论随即被媒体广泛报道,成为那年花都论坛上的一大热点。龙部长成为继竺延风之后又一个被舆论声讨的对象。在此后的很多场合,他不得不为自己辩解。

一年后,又是一届花都汽车论坛,龙部长再次出席。会前一晚的餐桌上,龙部长提起了那场争论。他非常委屈:"没有人比我更了解汽车,没有人比我更热爱汽车,说我不爱国?"对他而言,这是天大的误会。

或许很少有人知道,龙永图是中国加入WTO谈判的中方首席专家。他为了保护中国汽车产业,甚至牺牲了其他领域的一些利益。他也从来没有说过"不赞成我们中国的汽车要搞自主品牌",对于外界的恶意解读,他非常激动,很难释怀。

站在今天,从全球化的视角看,当时龙部长的观点也有一定道理。但确实,在当时的局势下,二十年的合资合作并未培养出一个优秀的自主车企。何部长又是自主企业发展的有力支持者,在他看来，中国汽车产业要做大做强，必须要自主创新。就这样，双方的观点针锋相对。

时过境迁，何部长在后续的采访中放软了态度，也逐渐接纳龙部长的部分观点。近几年，我们国家进一步扩大开放，汽车合资股比限制也在放开，特斯拉更是成为第一个在中国独资建厂的外资企业，这在一定程度上印证了龙部长的观点。

☆ 自主创新的讨论

那些年里，业内外关于合资合作与自主创新的争论此起彼伏。

有观点认为，我们习惯了改革开放以后的合资合作，并且几乎所有的汽车集团都争先恐后与跨国企业建立合资公司，突然提出自主创新的时候，大家却不习惯了。也有观点认为，改革开放是国家大计，是不可逆的趋势，既然开放，那就要打开大门做生意；但是我们也要在开着门的时候给自己施压，自主品牌企业也要争气，加快自主品牌的发展进程，实现自主创新。

慢慢地我们甚至反思，合资错了吗？改革开放错了吗？问题之集中，观点之尖锐，讨论之激烈，影响之广泛，在汽车界都十分罕见。

我认为，这个讨论是十分有意义的，这关系到汽车工业的长远发展。

那时，我国汽车工业经过50年的发展，人们对于汽车工业的地位没有怀疑，对于中国汽车市场没有怀疑，对享受汽车带来的文明没有怀疑，但是对中国汽车工业能否拥有自主品牌，能否形成自主开发能力，却持有怀疑。所以，也只有把这个问题摊开来讨论，才能使我们更加清醒，我们也才能有所进步，我们的发展战略也才会更清晰。

当国内关于自主创新的讨论还在进行时，我们也发现，以美国为代表的西方国家已经开始打压我们，越来越多合资汽车企业削弱甚至剥夺中方代表的控制权。时任日产总裁卡洛斯·戈恩甚至在2003年东京车展上公开谈论："合资企业的中方伙伴对实际经营和管理的贡献几乎为零。"种种迹象都让我们意识到，单纯"以市场换技术"的道路并不可行，中国汽车产业由大变强，必须掌握核心技术、自主创新。

争论在2006年终结。

2006年，国务院正式发布《国家中长期科学和技术发展规划纲要（2006—2020年）》，强调"要把提高自主创新能力摆在全部科技工作的突出位置"。其中有几组目标数据非常值得注意——到2020年，全社会研究开发投入占国内生产总值（GDP）的比重提高到2.5%以上，力争科技进步贡献率达到60%以上，对外技术依存度降到30%以下，本国人发明专利年度授权量和国际科学论文被引用数均进入世界前五位。对于当时的中国自主汽车企业来说，这是遥不可及的目标。

2006年1月9日至11日，党中央、国务院在新世纪召开了全国科学技术大会。此次大会领导阵容之强大、会议规格之高史无前例。在之后很长一段时间里，我始终认为，此次大会释放出的积极信号，从侧面反映了各界对创新发展的高度重视与有力推动，是向社会传递创新决心的重要展示。

为深入传达政府对加强自主创新、建设创新型国家的决心，并探讨我国汽车产业自主创新具体措施，三个月后中国汽车工程学会联合科学技术部在北京共同举办了"2006中国汽车自主创新发展论坛"。论坛的核心观点便是：自主创新的时机已经成熟，中国以市场换技术的时代已经结束。

时任科学技术部副部长尚勇非常激动,做了内容丰富且有深度的报告。他分析认为:基于技术引进、人才引进,中国骨干汽车企业以及奇瑞、吉利等后起之秀,在研发自主品牌汽车方面走出了很好的路子。同时,我国自主品牌汽车增长正在提速。"现在中国'以市场换技术'的阶段已经过去,在国际竞争格局下,如果不能创造中国自主的品牌,不能掌握核心的知识产权,市场不但换不来先进技术,而且还有可能在国际竞争中陷入被动局面。"

2010年1月8日,也就是党中央向全社会发出到2020年中国建成创新型国家战略号召的四周年之日,第二届中国创新大会在北京隆重召开。这次会议依然维持了高规格的领导阵容和会议规模。

中国科学技术协会旗下的200多个学会,仅有5个学会参与到此次活动之中,中国汽车工程学会赫然在列。而我有幸以中国汽车工程学会代表的身份,出席了这场意义非凡的会议。

大会有很多环节,亦有不同子主题会议。令我印象极为深刻的是分组讨论环节,我被分配在由福建和甘肃两地代表组成的小组,参与这场讨论的阵容强大,两省的诸多主要领导齐聚一堂,省委书记、市长等都在其中,时任福建省委书记孙春兰也在现场。

在交流环节中,孙春兰书记分享了自己对于自主创新的深刻理解与独到见解。我坚信,这绝非仅仅代表她个人的观点,而是汇聚了整个福建地区在推动自主创新进程中的坚定信念与集体智慧。她反复强调,必须坚定不移地贯彻落实中央的决策部署,全力推进自主创新工作,打好这场意义重大的攻坚战。

然而，我们必须深刻反思，在汽车产业，如何借助政府强有力的政策引领，依靠企业家的拼搏奋进以及工程师们的不懈钻研去攻克核心关键技术难题，这无疑是我国汽车产业在未来很长一段时间内面临的最大挑战。

令人欣慰的是，我们选择了正确的道路——自主创新，并坚定不移地走下去，这才铸就了今天的中国汽车工业。这一路走来，我们见证了无数的挑战和困难，但正是这些挑战，激发了我们的创新潜能，推动了整个产业的快速发展。

☆ "耐住寂寞二十年"何其正确

就在前些日子，我再一次见到了竺延风同志，回忆起了当年那次《对话》场景，大家感慨良多。回顾过去二十年来走过的点点滴滴，时间验证了当时备受争议的观点是如此准确。

2002年之后的二十年，我们像经历了一个轮回。马斯克2003年开始搞电动汽车，比亚迪2003年开始涉足汽车，中国新能源汽车二十年才有了现在的成就，我们汽车产业从量变到质变，踏上了汽车强国之路。

中国汽车产业需要卧薪尝胆，十年磨一剑都不止，二十年磨一剑，方能成大器。中国汽车产业必须经历自我修行，不断吸取教训，不断实现自我突破，才能迎来最终的辉煌。而在当时对于竺延风这样的企业家而言，最需要的恰恰就是时间。

中国汽车产业要真正做好做强，走向世界，必须耐得住寂寞，有更沉稳的心态，才能有更大的格局，我们不能急于求成，要坚持长期主义。过去那种"欲速而不达"的大跃进，留给我们的教训是多么深刻。

竺延风的话之所以有道理，首先是他本着实事求是的精神，认真看待并承认我们与发达国家的巨大差距；其次是他着眼的，不仅仅是开发一两个自主品牌车型，而是致力于创建一个自主品牌开发的完整体系。这就涉及整个汽车产业链上的各个环节，是一项十分庞大的综合工程。

早期，我们没有技术，没有设备，没有人才，更谈不上足够先进的产业链，造车更多依靠技术引进，后来考虑成本，开始了逆向研发之路，由此也引发过一些争议。从心底里说，这并不是什么光彩的事情。

随着中国品牌开始出口海外，知识产权纠纷问题也随之而来。这就是在警告所有人，我们要堂堂正正成长，必须实现自主设计、自主研发。华晨汽车在当时开了一个好头，花钱请外国设计师设计优质的新型轿车。后来，外国设计公司纷纷走向中国，帮助自主汽车企业进行设计，实现突破。可以说，自主品牌车型在开发中，逐渐跳出模仿的路子，在外形和内饰上都有了整体性的飞跃。

2003年起，随着汪大总、赵福全、许敏等海归人才陆续回国，将国外汽车企业的研发理念和流程引进到几乎一张白纸的中国自主汽车企业中，搭建起了最初的也最基础的生产研发体系，沿着正向开发轨道，开发自己的汽车产品。

再经过十年磨剑，中国自主品牌市场占有率已经超过六成。2024年8月，全国乘联会数据显示，中国自主品牌乘用车市场份额达到了63.4%，创下了历史新高。也就是说，现在每销售的10辆车中，就有6辆是自主品牌。这样的成就，不仅代表着中国汽车产业的快速崛起，更标志着自主品牌在技术革新、市场策略以及消费升级中的全面胜利。

从2002年开始到现在，竺延风说出的那句"耐住寂寞二十年"已经过去二十多年。他的话已经得到了印证，我们的自主品牌从孱弱走向强大，我们的自主产业链也从弱到强，我们出现了比亚迪、奇瑞这样的优秀自主企业，我们还出现了宁德时代这样的世界级供应链企业，一切都发生了翻天覆地的变化。

我们还看到了"蔚（蔚来）、小（小鹏）、理（理想）"横空出世，后来又有了零跑，零跑竟然跟 Stellantis 集团㊀反向合作在荷兰建立了合资公司，在波兰建立了面向全球利用零跑技术的企业工厂。然后又进来了华为，虽然说华为不造车，但是推出了问界、享界这些高端产品，以高科技 ICT 企业身份进入中国汽车业，为中国的汽车企业赋能。中国自主品牌的强势崛起、融合创新，这是个不争的事实。

最难能可贵的是，消费者对自主品牌的信任感显著增强。我看到 2024 年的一项市场调查，超过 65% 的消费者愿意将自主品牌作为购车首选。这种变化得益于自主品牌在品质、技术和服务上的显著提升。过去，中国消费者更倾向于选择外资品牌，但随着自主品牌的技术进步与市场反馈良好，自主品牌逐渐成为中国消费者的首选。这一切，在二十年前我都难以想象。

"耐住寂寞二十年"，竺延风当年的那句话，现在成了现实。

筑梦技术创新联盟

汽车产业创新联盟，应该是我职业生涯中值得书写的成就之一。

㊀ Stellantis 集团为菲亚特克莱斯勒与标致雪铁龙合并成立，旗下拥有阿尔法·罗密欧、克莱斯勒、雪铁龙、道奇、菲亚特、玛莎拉蒂、标致等众多知名品牌。

一天，在与几位老友交谈时，原航空航天部计划司司长对我说："我隐隐约约觉得你为凝聚中国汽车产业力量做了点事儿。"

他的话让我心潮澎湃，倍受触动。那时，我在学会工作已经超过15年，我不敢说自己成就了多少大事，但在促进跨领域协同创新上，我确实做了一些努力，并且还小有成就。

我所说的这些小成就，指的是技术创新联盟。我坚信中国汽车产业可以做大做强，将来可能还会在一些领域一骑绝尘，或者说出现全球性的巨头企业，这一切离不开技术创新联盟的有力支持。

☆ **夜议轻量化联盟**

汽车轻量化技术创新战略联盟（简称汽车轻量化联盟）的诞生，要从我和李书福喝茶的那天说起。我与李书福相识已久，早在我还在哈尔滨市政府工作时就相识。2007年的一日午后，他来北京出差，约我在我家附近的一间茶馆会面。那天，科学技术部梅永红司长和李新男司长也在场。

话题从吉利发展情况到时下车市、产业发展，等等，直至转到汽车轻量化，自此话题一发不可收拾。事实上，这个话题并不是我第一次参与。在之前几次与行业专家沟通时，汽车材料专家陈一龙、马鸣图与东风公司副总工程师敖炳秋、一汽副总工程师柏建仁就曾在向我提议时强调，在中国汽车行业，轻量化一定要有大发展，否则汽车产业升级、电动化转型，都无从谈起。放眼全世界，在国际上，美国、日本和德国等都毫不例外地就汽车的轻量化技术创新进行了联合攻关，可见其重要性。

原本计划只是简单的下午茶，不知不觉中变成了晚餐，直至夜幕降临，我们的讨论仍然意犹未尽。而关于成立汽车轻量化联盟的想法，也在这一过程中逐渐成形。讨论一直持续到晚上 10 点左右，为了确保工作的顺利推进，我们直接把张宁喊了出来，商议汽车轻量化联盟的具体事宜。张宁也十分爽快，二话不说就赶了过来。

当时，大家对联盟这个概念认识还比较初级，如何定义联盟？联盟的边界又该如何界定？这些基础问题成为我们讨论的重点。李新男司长头脑灵活，提出了一个关键性的问题："如果我们要做产学研结合的联盟，学会就已经具备这样的功能，那我们还需要联盟做什么？"

经过深入讨论，我们基本达成了共识：汽车轻量化联盟不是简单地把产学研组织起来，而是要聚焦某个核心点或者核心技术共同努力，是一个类似于关键技术联盟的形式。轻量化联盟，自然就是要聚焦于汽车轻量化方面的技术。

具体来说，汽车轻量化联盟的目标就是建立一个跨企业、跨行业、跨区域的共性技术共享平台，集合行业力量，聚集行业资源，加强战略合作，进行协同创新，在一些关键领域掌握更多核心技术和自主知识产权，在与跨国公司的竞争中赢得更多的话语权。

而我们最好的学习样本便是由美国克林顿政府在 20 世纪末提出的 PNGV 计划，通过产学研联合研发，以轻量化为核心目标，全面优化整车设计。这一目标的确立，为后续的工作奠定了坚实的基础。

接下来的问题是，由谁来牵头这项工作？李书福明确表示："这件事必须由老付来牵头，学会都干不了，企业更干不了。"就这样，这项重任就落到了学会的肩上。我们决定，汽车轻量化联盟由学会牵头组织，我主要负责组建和运作事宜，副秘书长张宁则负责具体的执行工作。

那个夜晚对我们来说意义非凡，我们详细讨论了汽车轻量化联盟的方方面面，各方也都达成了共识，效率极高。

☆ **汽车轻量化联盟的诞生**

汽车轻量化联盟的成立，历经了众多波折。要成立技术创新联盟，必须经过主管部门的审核批准。然而，当我们提出成立"汽车轻量化技术创新联盟"时，主管部门却表示反对。他们给出的理由是：汽车轻量化应归类于材料行业，而主管部门已经支持了非金属材料、高强度钢、铝合金等多种材料的发展，为什么还要支持汽车轻量化？

总体而言，由于汽车轻量化与基础材料行业存在大量重叠，主管部门决定不予支持。

说服主管部门是一项艰巨的任务。针对他们给出的结论，我们也提出了充分的理由：轻量化是汽车产业发展的一个重点，涵盖了轻量化的设计、轻量化的材料，以及轻量化的工艺制造等多个层面。

我们成立联盟的目的其实非常明确，就是依托联盟建立国家级重点实验室，攻克技术难题，并最终实现先进技术的共创与共享。国家重点实验室由相关部门主管，尽管我们提出了许多理由来说服主管部门同意成立汽车轻量化联盟，并且汽车材料领域的专家，如陈一龙、马鸣图、敖炳秋、柏建仁等也纷纷呼吁支持，但主管部门的态度依旧坚定。

于是，我不得不直接向时任科学技术部部长万钢汇报这件事情。作为汽车技术专家出身的他，在上任之初就提出了新能源汽车研发的"平台战略"概念，即一个项目成为公众项目，让所有整车企业共享其成果。我相信，他能更容易理解并认可汽车轻量化联盟的重要性，汇报过程应该会更加顺畅。

找万钢部长汇报，也要抓住机会。恰巧，那段时间万钢部长在上海开会，而我正好住在他开会的酒店。我需要在万钢部长下车进入会场前完成汇报，否则会议结束后他就会离开，我将失去汇报的机会。

那天早上，我早早地等候在万钢部长下车的地方。由于急于汇报，我在他一下车时就快步上前与他握手，并搂住了他："万部长，我在这里等您，是有一件重要的事情需要向您汇报，需要您的支持！"

他显得有些困惑，但非常耐心地询问了详细情况，我则向他详细阐述了整个事情的来龙去脉。他了解情况后，便向我询问道："汽车轻量化联盟的国家重点实验室，你们准备得怎么样了？"我回答："我们已经准备就绪，只待部委的批准。"万部长听后，十分爽快地应允："这个事情我来协调。"

在万部长离开时，我才注意到时任上海市市长韩正正站在不远处等待万钢部长。这时我才意识到自己的唐突。幸运的是，韩正市长并没有因为我打断了他们的会面而感到不悦，只是安静地等待着。而我则抓住了这个机会迎来令人满意的结果。在万钢部长的协调推动下，汽车轻量化联盟成功组建。

2007年12月27日，中国汽车工程学会联合一汽、东风汽车公司、浙江吉利控股集团有限公司、奇瑞汽车有限公司、重庆长安汽车股份有限公司、中国汽车工程研究院（原重庆汽车研究所）、吉林大学、哈尔滨工业大学、华东理工大学、宝山钢铁股份有限公司、西南铝业（集团）有限责任公司共12家单位，在科学技术部的支持下，共同发起成立了国内汽车产业第一个跨企业、跨行业、跨区域的技术创新战略联盟——汽车轻量化技术创新战略联盟，并签署了《汽车轻量化技术创新战略联盟协议书》。

汽车轻量化联盟由理事会、专家委员会、秘书处等机构组成，秘书处挂靠在学会，由我担任联盟理事长。

☆ 协同创新

提及汽车轻量化联盟，首先我要向联盟专家委员会主任陈一龙，以及专家委员会成员马鸣图、敖炳秋、柏建仁这几位德高望重的专家致以最诚挚的敬意。

可以说，没有他们的坚持，就不会有我们对汽车轻量化真正的认识，更不会有联盟的成立。在这些杰出专家的指导下，我们提炼出了第一阶段亟待突破的五项核心技术：白车身参数化设计、高强度钢热成型技术、玻璃钢塑料轿车前端模块、辊压成型技术以及铝合金在商用车上的应用。

这五项技术分别由长安、吉利、奇瑞、一汽和东风五家知名汽车企业牵头负责，其技术成果进入数据库，并在联盟内企业间实现共享，从而形成合作机制，达到共赢的目标。

作为国家级技术创新联盟，汽车轻量化联盟汇聚了12个成员单位，在国家拨款1亿元及企业自筹5亿元资金的支持下，围绕汽车轻量化的共性关键技术开展攻关。初步规划是在2008年至2010年间完成3个专题共10个课题的工作，实现轿车自重减轻8%~10%，同时满足国家轿车正撞和侧撞安全法规的要求；商用车自重减轻约300千克，达到国际同类产品的轻量化水平，从而实现汽车节能、安全与环保的统一。

国家拨付的1亿元扶持资金，我们按照五项核心技术，每项分配了2000万元。至于负责每项核心技术的企业如何进一步分配这 2000 万元，那就是企业的事情。学会要做到公平公正，不在中间获取任何利益，这样才能在各关系方的协调中得到大家的信任。后来，国家再次拨付了 1 亿元资金，我们依旧按照老办法执行，始终保持客观中立的态度。

联盟在运行之初要突破各种藩篱，这并非易事。竞争对手在一个平台上合作，在过去几乎是不可想象的，现在终于在自主创新、合作共赢的旗帜下走到了一起。汽车轻量化联盟秉承自愿参加的原则，各方签订合同，共守契约。联盟成员单位之间风险共担、利益共享、知识产权共用，有严格的进入和退出机制。联盟成果数据库对联盟成员单位开放，更重要的是通过技术规范把研发成果沉淀下来。

通过汽车轻量化联盟的实践，汽车行业的共性技术发展在不断地大步向前。短短六年间，无论是商用车还是乘用车企业，都已实现了最初设定的自重减重 10% 的目标，并产生了 36 个行业标准。技术共享方面也取得了可喜的成绩，例如一汽的内高压成型技术向奇瑞、吉利转移，长安的白车身参数设计向吉利、东风转移等。

随着联盟工作的推进，加盟企业都从中受益，联盟之外的企业坐不住了，强烈要求加入。截至 2019 年，汽车轻量化联盟已经发展至成员单位 26 家、伙伴单位 51 家、观察员单位 19 家。起初，我们吸纳了冶金行业的几乎所有钢铁企业，包括鞍钢、武钢、攀枝花钢铁和抚顺钢铁等，随后我们进一步拓展到复合材料和碳纤维领域的企业，并继续扩展至高强度钢等领域。轻量化技术的内涵也随之不断丰富。过去，我们常用的连接技术主要是焊接和铆接，如今则升级到了粘接技术，同时还涵盖了不同材料的异型构件，这些都是轻量化技术的具体体现。

随着联盟成员单位数量的不断增加，研究内容也愈发深入，我们在许多方面已经能够与世界先进水平并驾齐驱。现在，我们在扬州成立了汽车轻量化技术研究院，并计划在 2027 年打造成为国际知名、国内最权威的汽车轻量化领域新型研发机构。

我一直坚信，汽车轻量化联盟起到了一种卓越的示范作用，对产业和企业的影响是潜移默化的。通过协同作战和产学研合作，特别是跨学科的合作，中国汽车工业完全有可能在某些核心技术上取得重大突破。这种合作模式不仅推动了技术进步，也为整个行业带来了新的活力和希望。

☆ **智能网联汽车创新联盟**

2007 年，经历了很多事情。那一年，中国汽车产销量双双达到 880 万辆，跻身世界汽车产销大国行列，整个汽车市场迎来了前所未有的繁荣。同在这一年，《中国汽车产业发展报告》（汽车蓝皮书）正式筹备，以及学会作为 FISITA 常务理事单位前往布拉格参加两年一度的委员会会议，共同探讨并制定新的 FISITA 战略计划。

在我登上飞往布拉格的飞机时，未曾料到这次国际交流会让我收获颇丰。

会议在一所大学举行，尽管布置简洁，但给人一种耳目一新的感觉。晚餐时，主办方捷克汽车工程学会组织了一场活动，主题是讨论未来几年的汽车技术趋势。当时有人提议车联网，也有人说发动机缸内直喷技术，还有人提到轻量化，等等。经过激烈的讨论后进行投票，结果显示大多数人都支持车联网是未来几年的技术趋势。

要知道，在那时内燃机缸内直喷技术正如火如荼，中国汽车企业仍专注于如何进一步降低排放，但国际先进学术组织却已将目光投向远方，预见了尚在起步阶段的车联网的广阔前景。那时，我便萌生了成立车联网创新联盟的想法，希望借由汽车轻量化联盟的成功经验，能整合国内各方资源共同攻克技术难关，为中国汽车产业的转型升级贡献力量。

这个构想很快得到了实践，并随着联盟影响力的不断扩展，更名为智能网联汽车技术创新联盟。

大约在 2010 年，联盟正式成立。起初由葛松林担任秘书长，后来由于年龄及精力限制，他建议将这一关键职位交由年轻且充满活力的公维洁接任。公维洁接手后，以其卓越的才能和满腔热情迅速赢得了众多企业的支持。最初加入联盟的就有 57 家企业，其中不仅包括众多汽车企业，还涵盖了中国移动、中国联通、中国电信等通信巨头。

从更宏观的角度来看，智能网联汽车技术创新联盟之所以能够迅速壮大，正是得益于中国智能网联汽车领域的蓬勃发展。按照原定规划，联盟成员到 50 家时停止扩展，然而市场的热度远远超出了预期。有一次，在大连的会议上，会议室竟然坐不下；后来，我又建议不超过 100 家，但市场形势和行业大环境促使联盟成员数量不断攀升，这已远非我们能够完全掌控。

总体而言，中国汽车智能网联技术的发展如今已走在世界前沿。相比之下，其他国家在推动汽车智能化和网联化方面的内驱力远逊于中国。外界甚至用"一骑绝尘"来形容我们在这一领域的迅猛发展，整个产业链和创新链都展现出全球领先的竞争力。

在中国科学技术协会下属的二百多个全国一级学会中，真正组建起创新联盟的学会很少。

在学会主导的 4 个技术创新联盟中，其中 3 个获得了科学技

中学同学聚会（右一为付于武）

2015年同学聚会（前排右五为付于武）

1995年12月18日，一汽集团哈尔滨汽车齿轮厂建厂四十周年合影留念（前排右五为付于武）

1992年接待韩国现代汽车考察团（后排右二为付于武）

2010年2月27日春节,探望王竞先生

2000年与金东瀛合影

2004年与张兴业先生在美国底特律合影

1989年访问苏联

2007年12月27日,汽车轻量化技术创新战略联盟成立大会合影(左五为付于武)

前排左八为付于武

2008年4月,《中国汽车产业发展报告》(汽车蓝皮书)新闻发布会合影(左起为国务院发展研究中心产业部原部长石耀东、大众汽车中国原副总裁张绥新、付于武)

2011年,中国大学生方程式汽车大赛期间留影(左起为王海波、付于武、韩镭、闫建来)

2013年与何光远(前排右四)、李刚(前排左二)等人在华南理工大学广州汽车学院门前合影(前排右二为付于武)

2002年,中国太阳能电动车友谊赛现场(右二为付于武)

2025年3月26日,重游丹阳(左起为付于武、江苏新泉汽车饰件股份公司原董事长唐敖齐、一汽解放汽车原副总经理徐衍男)

2010年中国大学生方程式汽车大赛闭幕式上,为核心负责人颁奖(左起为王升德、闫建来、付于武、陈刚、李理光)

闫建来、付于武、廖国勤在2012年上海中国大学生方程式汽车大赛现场

在FISITA 2010年会上,中国代表团接过FISITA年会会旗(左起为FISITA时任轮值主席Hass、付于武、李骏、葛松林)

FISITA 2012 年会留影(左起为韩镭、张进华、张小虞、付于武、葛松林、张宁)

在 FISITA 2012 上,将 FISIT 年会会旗交予下一任主办方

2019 年,获 FISITA 技术领导力会士(左起为赵福全、付于武)

2015年访问日本日产(前排右二为付于武)

2008年与张小虞一同前往欧宝访问(左二为付于武,左三为张小虞)

2024 年，对话尹同跃

2018 年 11 月 6 日，《中国汽车产业中长期人才发展研究》发布会现场（右三为付于武，右二为朱明荣）

2017年成为中国汽车工程学会名誉理事长（左起为李骏、付于武）

2017年，荣获中国汽车工程学会终身成就奖（右八为付于武）

2021年10月19日，获FISITA杰出贡献奖（左起为赵福全、付于武、李骏、张进华）

2024年，华汽汽车文化基金会捐赠仪式（右七为付于武）

2015年，为"饶斌奖"第一届获奖人李刚颁奖（左起为付于武、李刚、董扬）

1987年，在哈尔滨接待饶斌夫妇（左起为付于武、付于武女儿、饶斌、饶斌夫人、付于武夫人）

2016年，为"中国汽车工业饶斌奖"第二届获奖人耿昭杰颁奖（左起为耿昭杰、耿昭杰夫人、付于武）

为第一届创新团队奖获奖团队颁奖

2023年7月,"从历史走向未来 纪念中国汽车工业70年"系列活动现场合影(左四为付于武)

2024年12月，接受盖世汽车CEO周晓莺采访

2024年，考察北京大学机器人项目（右三为付于武）

付于武与爱人张维德 2015 年于三亚

付于武与爱人张维德 2008 年于日本

付于武夫妇与两个女儿

付于武夫妇与女儿、外孙、外孙女

术部的有力支持,而智能网联汽车技术创新联盟则是由工业和信息化部提供支持。4个联盟各有依托,协同助力汽车技术创新发展。

2017年6月12日,智能网联汽车技术创新联盟在北京职工之家召开了重新成立大会,再次更名为中国智能网联汽车产业创新联盟。工业和信息化部部长苗圩担任联盟指导委员会主任,副部长辛国斌担任副主任,中国工程院院士李骏出任专家委员会主任,而我依旧担任理事长。

就这样,联盟实现了从行业自发组建的小型团体,到能支持政府决策、服务行业发展的创新平台的华丽转身,充分发挥跨产业优势,促进政产学研用深度融合,在协同创新方面发挥了无可替代的关键作用。

回顾这段历程,我深感新时代的产业重构之路充满挑战与机遇。跨界融合是破局的利刃,上下游产业链的密切协作则是稳固的基石,宏观格局的统筹规划更是不可或缺的引领。智能网联汽车创新联盟正是基于这样的理念应运而生。

我们以服务行业为己任,凭借不懈努力与出色表现,逐步赢得国家层面的关注与认可,最终成为由工业和信息化部重点支持的组织。

☆ **中国汽车制造装备创新联盟**

实际上,2007年学会牵头成立的创新联盟并非仅有汽车轻量化联盟。当年11月7日我们联合机械科学研究总院,十大汽车制造企业、七家机床制造企业,以及我国相关领域科研院所、高校共计35家单位,共同发起成立中国汽车制造装备创新联盟。首届联盟理事会理事长为张小虞。

回溯到 2005 年，学会就已开始关注汽车制造装备所面临的挑战。那时，我国汽车产销量才刚刚超过德国，位列全球第三，全年产销量近 600 万辆，但用于生产制造汽车的机床却依然高度依赖进口。有专家指出，我国汽车生产设备与国际水平相比，至少落后 10 年。于是，那一年学会年会主题我们定为汽车的装备问题，目的是呼吁机床行业自主创新。

仅仅两年后，这一矛盾愈发凸显。"十五"期间，我国汽车工业在装备采购上的投入总额已达到 1600 亿元，预计在"十一五"期间这一数字将攀升至 2000 亿元。更为严峻的是，在固定资产投资中，装备采购部分占比高达 70%，而其中用于进口设备的投资同样占据了 70%。如此巨大的投入与高比例的进口依赖，迫切需要一个整合各方资源、推动技术进步的平台。

正是在这样的背景下，中国汽车制造装备创新联盟应运而生。联盟的使命就是希望通过加强和政府的沟通，推动产学研用紧密结合，促进汽车装备水平的提升。联盟的发展目标十分明确：经过 2008 年至 2020 年这 12 年的不懈努力，使我国汽车装备行业掌握大部分当代世界先进汽车制造技术，用前瞻性技术提升我国汽车制造装备水平，实现从世界汽车制造大国向制造强国的战略性转型。同时，为强化节能、减排的政府责任和为绿色制造（包括制造过程的节能节材）提供技术保证，联盟期望到 2020 年，我国汽车制造装备的对外依存度降低到 30% 以下。

多年来，联盟不断深化改革和积极探索，搭建了一个涵盖机床装备与汽车行业重点领域的产学研用对接平台。通过联合各成员单位，联盟开展了汽车制造领域高端装备及短板装备的需求调研，完成了多个科技专项前期项目建议和立项咨询工作。与此同时，定期举办的汽车制造工艺与装备相关学术交流活动，更为业内专家搭建了一个分享经验、探讨创新的平台，为推动我国汽车装备技术的不断进步提供了有力支持。

☆ **电动汽车产业技术创新战略联盟**

2005年以来，世界的目光逐渐从传统燃油汽车转向了新能源汽车。当时，全球交通能源战略正处于一个转型的关键时期，锂离子电池技术取得了突飞猛进的发展，电池续驶里程和充电效率的提升为电动汽车的发展奠定了坚实的技术基础。同时，随着环保标准日益严格，各国政府开始对汽车尾气排放提出更高要求，传统汽车所面临的环保压力急剧增加。

那时全球经济危机的阴影也逐渐显现，许多国家纷纷投入新材料和新技术的研发，以期在未来的产业竞争中占据有利位置。各大汽车工业强国几乎达成共识：电动汽车将是摆脱经济困境、提升产业竞争力的关键所在。

但我们都清楚，电动汽车的变革绝非替换传统发动机那么简单，而是涉及整车设计、动力系统、能源管理等诸多方面的全方位革新。尤其是作为核心的电池技术，这个曾经让传统汽车人望而却步的领域，如今正被无数科研人员孜孜以求地攻克。那段日子里，我们常常与王秉刚等众多专家反复研讨，联手从零开始构建一个跨行业、跨学科、产学研一体化的研发平台，立志让我们的技术摆脱对进口的依赖，实现真正的自主创新。

正是在这样的大背景下，在科学技术部的鼎力支持下，学会牵头联合了一汽、上汽、长安、吉利、北汽、江淮、奇瑞、中国汽研、比亚迪、蔚来、小鹏、车和家、精进电动、上海电驱动，以及清华大学、北京理工大学、同济大学、北京航空航天大学、吉林大学等30家单位，共同在2010年12月成立了电动汽车产业技术创新战略联盟（简称电动汽车联盟）。

我们相信，只有聚集各方智慧，才能打破传统技术壁垒，共同迎接未来电动化的浪潮。

电动汽车联盟成立后，围绕着"共同需求为导向、共同投入、成果共享"的理念，开始了大规模的技术攻关和标准制定工作。各成员单位优势互补，既有传统汽车制造巨头的雄厚工业基础，也有高校和科研院所深厚的技术积淀。那段日子，我参与了无数次技术研讨会和项目评审，每次会议上，总能感受到一种发自内心的使命感：我们不仅仅是在为一辆车设计核心零部件，更是在为整个国家乃至全球的交通能源转型贡献力量。

2012年4月，经科学技术部批准，电动汽车联盟正式成为国家试点联盟之一，这无疑为我们的研究和实践提供了更为广阔的平台和更坚实的政策支持。在随后的几年里，电动汽车联盟积极承担国家重大项目，持续开展共性技术课题研究，同时高度重视技术规范和标准的研制。

随着电动汽车产业的蓬勃发展，新的安全问题逐渐浮现。因此，自2013年起，在中国汽车工程学会与中国消防协会的指导下，电动汽车联盟联合上海消防研究所、杭州中传消防设备有限公司，围绕新能源汽车与储能消防安全展开全方位合作，打造了"汽车＋消防"跨行业跨领域的合作典范。

作为产业发展的见证者，学会深知安全问题在电动汽车发展中的重要性，任何一项技术突破都必须以安全为前提。因此，学会一边推进核心技术的研发，一边不断完善检测认证和标准制定，力图让每一辆驶上道路的电动汽车都能获得最严格的安全保障。

对于联盟，我们有过成功的喜悦，也经历过失败的教训。联盟所带来的协同效应，不仅创造了重要的财富，更展示了中国产业协同性的独特优势。在此过程中，我竭尽全力贡献了自己的力量，也由此对联盟事业有了更为深刻的感悟。我深知，投身于联盟事业，必须具备无私奉献的精神与服务至上的意识。

曾经有一次，有同事向我提议，智能网联汽车创新联盟获得2000万元拨款，可否留在学会？我当即表态说，这笔资金应当用来扶持联盟内的初创公司，它们大多还处于亏损、创业状态，我们不应该在这个时候从中获利，而是要助力这些企业走向成功。

联盟的核心使命就是要出成果。唯有具备奉献精神、服务意识，以及激情，才能激发出更多的创新，推动联盟在创新之路上不断发展壮大。

科学技术奖的"归属"

2024年11月，被誉为中国汽车界"诺贝尔奖"的"中国汽车工程学会科学技术奖"颁奖大会成功举办，各界精英汇聚一堂，表彰过去一年中涌现的卓越科技成果，向为汽车工程努力奋斗、勇于创新的优秀人才致以崇高的敬意，并对取得显著创新成果的团队给予嘉奖。

这是一项面向全国汽车产业的权威科学技术奖项。自设立以来，其已经走过了三十余年的光辉历程，为激励汽车科技人才成长、推动汽车产业科技进步发挥了重要作用，已成为我国汽车产业颇具影响力的权威科技奖项。

想必很多人都知道，中国汽车工程学会科学技术奖，之前为中国汽车工业科学技术奖（简称科学技术奖），2022年根据国家奖励办的统一安排进行更名。但鲜为人知的是，这一奖项最初并不归属学会。这里还有一段曲折的故事，值得我细细道来。

☆ **做好服务**

科技奖励对于激励创新、奖掖后进具有重要意义。

1978年3月，邓小平在全国科学大会开幕式上指出"科学技术是生产力"，并重申我国实行"对国家有重要贡献的科技人员，要给予不同的奖励"的政策，并建立必要的精神鼓励和物质鼓励的制度。从此，国家级的各部门、地方的各种科技奖励从无到有逐步地发展及完善起来。

科学技术奖的设奖者汽车工业科技进步奖励基金委员会（简称基金委员会）同样是在这样一种形势下产生和发展起来的。然而，随着政府机构改革的推进，基金委员会的主管部门几经变更，最终在1998年机械工业部撤销后陷入了归属困境。

当时，我刚到学会工作不久，听闻这个消息意识到这是一个绝佳的机会。为了能将这一奖项争取过来，学会与我做了诸多努力，甚至向另一个组织的理事长表明态度："其他事务我们都可以做出让步，但这个奖项在汽车科技领域意义重大，更是学会的核心业务，在这件事情上，绝无商量的余地，我们绝对不会退让！"

在奖项的归属问题上，我们与基金委员会进行了多次探讨。那时，基金委员会理事长是刚退居二线的老技术专家徐兴尧，他是我在哈齿工作期间的一汽老领导、解放CA140发动机的设计者，还曾负责CA141等一系列解放换型产品，在大家心目中威信极高，我们都亲切地称他为"徐老大"。他态度十分明确，基于奖项的科技属性，这个奖项理应划归学会。

历经多轮沟通与协商,最终达成共识,成功将该奖项纳入学会。尽管奖项性质由政府部级奖转变为社会力量奖,但其名称不变,运行管理机制依然由理事会集体决策,有效杜绝了行政权力及个人干预奖励工作的行为,保障奖项评定的公正性、客观性与专业性。

将该奖项划归学会无疑是明智之举。学会的目标是全力为科学技术奖提供坚实的后勤保障,奖励工作委员会在运作过程中基本处于独立运营状态,不受过多干预,能够充分尊重每一项决策,严格遵循规则与程序推进工作。简言之,学会的主要职责就是围绕这个奖项做好服务工作,为奖项各项工作的顺利开展与良好运行创造一切有利条件。

☆ 注入 100 万元资金

在科学技术奖归属学会后,还曾发生过一件小事儿。

与大部分依靠国家下拨经费支持的其他科技奖励项目不同,中国汽车工业科学技术奖自成立之初,就以基金的形式来支持奖金的发放,而基金来源于行业内企业的捐助。经国家科学技术委员会批准,81 家企业积极响应,共募集超过 160 万元资金,从而在 1990 年成立了基金委员会。

直至奖项收归学会前,得益于大企业支持,以及基金委员会通过市场运作和银行存款的方式实现增值,基金规模已扩大至 2000 万元。从某种意义上说,基金会处于"不差钱"的状态。随着基金的增加,奖项的奖励力度也水涨船高,这进一步激发了广大科技工作人员的热情与创造力。

然而,在一次座谈会上,一位来自清华大学的教授向我提出了一个尖锐的问题:"付总,奖项归到学会之后,为什么你们不给这个项目注资?"

徐兴尧总当即回复:"学会是这个项目的发起人之一,由于其社会组织的属性,无须对项目进行投资。"而我随即回应:"你的提问启发了我,学会将立即投入100万元,为这个项目注资!"并承诺由学会牵头,邀请一汽、东风、上汽各出资100万元,共计400万元注入基金。会议现场立刻响起热烈的掌声。

我之所以能够如此有底气地回应这位教授的质问,最主要的原因还是学会在二次创业的过程中积累了较为雄厚的资金储备。当然,为奖项基金注资本就是学会义不容辞的责任,绝不是为了回应教授的质问才去做。

奖项划归学会之后,基金委员会发展迅速,获奖项目不仅在技术层面取得了重大突破,还在行业内产生了广泛影响。值得一提的是,这一奖项的含金量也在不断提升,得到了中国工程院和中国科学院的高度认可。在评选两院院士时,这一奖项已成为行业类奖项中不可或缺的一项。

☆ 坚持专家评奖

在构建完整产业链闭环的过程中,科学技术奖逐渐成为不可或缺的核心节点。无论是国际会议、学术研讨、科技期刊,还是科技奖励、人才评估,都离不开这一奖项的强大助力。正是依托其历经多年沉淀而形成的高度权威性、广泛影响力和卓越含金量,科学技术奖成为引领行业创新发展的重要引擎。同时,我们在构建科技工作服务平台时,也不断强化其服务属性,让平台功能与奖项价值相得益彰,形成良性互动。

回顾这些年的发展,我们始终坚持"客观公正"的评奖理念。每一届评选都致力于挖掘和表彰最具创新性和原创性的科技成果，使得项目的分量日益加重。如今，许多项目凭借其前沿技术和独到见解，荣获国家科学技术进步奖一等奖，这不仅是对个体取得成就的肯定，更是中国汽车产业从初创到蓬勃发展的生动写照。

与此同时，科学技术奖所传递的远不止经济奖励。更重要的是，它在人才推介、产业影响力扩展以及核心价值引领上都起到了不可替代的作用。每一位获奖者的成功，都是对整个行业发展模式的一次有力示范，激励着更多企业在激烈的市场竞争中不断追求卓越。

评选工作从项目申报到评审的每一步，我们都遵循严格的工作程序。最终获奖项目均由全体评委无记名投票产生。对所有申报项目进行最终评价，确保评上奖的项目让行业信服，未评上的项目也让完成人心服口服。在最终投票结果公布后，理事会必须尊重评审委员会的投票结果。这一切的背后，是我们对公平、公正原则的坚守。

自历届理事会成立以来，评审委员会也逐步完善，成员由汽车、摩托车行业内的大型集团、主要科研院所以及知名高校的专家组成。他们在各自的专业领域具有深厚造诣和广泛影响力，确保了每一个评审环节的科学性。若评选结果在公示后出现异议，理事会将及时介入并进行裁决，以维护评选工作的严谨性和公正性。

我们深知，只有坚持高含金量和客观公正的原则，才能赢得全行业乃至社会的广泛认可。即便面临一些企业因评奖标准而产生不满，我们也绝不随意妥协。毕竟，如果奖项的获取不再依赖严格的评审和公平的竞争，那么今天的辉煌将无法延续到明天。

历经30年的不懈努力，该奖项在年度评选工作中发挥了关键作用，已成为中国汽车工业最权威、最具影响力的奖项，对推动中国汽车工业科技进步发挥了不可替代的重要作用。每一次的颁奖仪式不仅见证了中国汽车产业从大到强的辉煌历程，更为未来的创新与发展注入了无限动力。

重新认识中国汽车产业

在加入 WTO 前，曾有舆论预测，入世将会给弱势的中国汽车产业带来毁灭性冲击。但令人始料不及的是，入世后，我国汽车产业不仅没有被冲垮，反而从入世所带来的竞争压力下获得了新的发展动力，产业规模不断扩大，产业地位不断增强，国际竞争力不断攀升。

我个人深有感触的是，SAE 年会中国论坛的规模日益庞大，中国代表在国际组织中的影响力随之提升，国际同行对中国市场愈发关注。

2007 年，临近退休的通用中国副总裁陈实找到我，说："付总，我们汽车产业发展到这个阶段，是不是也该研究一下产业发展规律？"这个建议如醍醐灌顶，让我豁然开朗。确实，为什么不呢？

☆ 汽车产业快速发展需要理论思考

2007 年是我国加入 WTO 过渡期结束后的第一年，也是我国汽车产业巩固良好发展基础的重要一年。这一年，汽车产业不仅延续了加入 WTO 以来 5 年"黄金发展期"的高增长势头，而且进入发展新阶段的特征更加清晰化，汽车产业的发展正由"市场拉动型"向"市场拉动型"和"创新推动型"的双驱动方向转变,由满足国内市场向出口和"走出去"国际化发展方向转变。

尽管这两个转变仍处在起步过程中,但2007年发生的诸如汽车产业技术联盟形成(特别是针对关联零部件核心技术)、新能源汽车产业开始起步、车企兼并重组取得重要突破等一系列实践表明,我国汽车产业出现了自主创新加快发展的新格局。

汽车产业地位日趋重要,对国民经济发挥了巨大的拉动作用。可以说,我国汽车产业所蕴含的巨大潜力正得到进一步的发挥,汽车产业作为我国经济增长"发动机"和"加速器"的作用正在进一步增强。我们确实已经走到了一个关键的历史节点——当汽车产业发展到一定规模时,我们就需要有理论支撑,需要重新认识和尽快制定我国汽车产业的发展战略,明确未来一个时期提高我国汽车产业竞争力的指导思想、战略目标、战略重点、战略步骤和战略保障等内容,通过加强硬实力和软实力建设,使我国汽车产业由大变强。

一直以来,我们都在探讨学会该如何定位。我们是个学习型组织、研究型组织,我们服务于汽车行业,要做一个坚持可持续发展的组织。面对产业、市场的需求,学会应该站出来承担起我们的责任,做一些什么。于是,便有了编写《中国汽车产业发展报告》(汽车蓝皮书)的初步想法。

☆ **具前瞻、拥权威、有视野**

在汽车蓝皮书的构想成形后,该如何执行?组织架构如何安排?谁来写?这是我们下一步要考虑的问题。作为学术团体,靠自己的力量做这件事情,显然还不够。我们了解产业发展情况,但在宏观经济和前瞻性研究方面还有不足。因此,寻找合作伙伴以增强项目的前瞻性、权威性和国际化视野变得非常重要。

首先想到的是国务院发展研究中心。我带着想法找到了时任国务院发展研究中心产业经济部部长刘世锦及副部长冯飞。冯飞是一名经济学家，2005年就曾公开就汽车工业发展提出过建议。也因此，当大家坐下来一起谈起汽车蓝皮书时，可以说是不谋而合。

后来，国务院发展研究中心老领导鲁志强告诉我，自20世纪80年代改革开放以来，按照国务院要求，国务院发展研究中心需要找到一个产业深入研究其发展规律。最初的想法是能够在中国所有产业内找到一个既是生产资料又是消费产品的产业，找来找去唯有汽车产业。合作编写汽车蓝皮书，恰巧与他们的研究方向契合。

然而，完成这样一部高质量的作品不仅需要行业学术组织、国家级研究机构，还需要解决资金问题，仅仅依靠学会自掏腰包很难承担起这么大的项目。

早在和国务院发展研究中心沟通之前，我就找到了大众汽车集团寻求帮助。作为最早进入中国市场的成功的跨国企业，在此前近30年里，大众汽车集团一直与我国政府部门、研究机构保持密切合作，其中也包括学会。这些很大部分都要归功于当时在大众汽车集团负责政府事务公关工作的赵家佑。他曾是天津市高考状元，毕业于清华大学汽车工程系，为人热情且有远见。他比我小一岁，我们有种一见如故的感觉。听到我要编写一本汽车蓝皮书的想法之后，他十分认可，当场就答应帮我们解决资金问题，并陪同我一道去和国务院发展研究中心进一步探讨合作事宜。

就这样，一个汇聚多方智慧与资源的强大编写团队搭建起来了。

编写团队成员包括：国务院发展研究中心党组书记、副主任陈清泰，全国政协常务委员、经济委员会副主任邵奇惠，国务院发展研究中心原副主任鲁志强、产业经济部部长刘世锦，中国机械工业联合会执行副会长、中国汽车工程学会理事长张小虞，以及大众汽车集团执行副总裁、中国区总裁范安德（Winfried Vahland），大众汽车中国区执行副总裁兼董事会成员张绥新。

编委会主任是张小虞（后由我接任编委会主任），主编是冯飞，张宁出任副主编。

这种企业、科技团体与研究机构三者联合攻关的合作模式非常成功，编委会的每一位成员都在内容创作过程中发挥了重要作用。

在这里，我要郑重感谢大众汽车集团当年的支持。他们的参与人员费心费力，却始终尊重学术独立，从不干预内容走向。他们不仅提供了资金支持，必要的时候还支持团队出国考察，了解海外汽车产业情况，并提供了丰富的国际市场资料和信息。这些都为我们后续出版英文版的汽车蓝皮书起到了基础支撑的作用。

在整个编写过程中，我常与冯飞探讨。作为国家级智库的一员，他在处理复杂议题时有自己的工作思路和严谨的方法论。例如，在进行特定主题调研时，会广泛收集并研究相应文化的各国国情，而后结合中国国情进行深度分析。这种跨文化比较研究的方式，赋予了汽车蓝皮书更广阔的国际视野，远超我们最初的预期。

总体来说，国务院发展研究中心、中国汽车工程学会以及大众汽车的紧密合作确保了项目的顺利推进，第一本《中国汽车产业发展报告》（汽车蓝皮书）于2008年4月正式出版，为中国汽车产业发展史书写了重要的一笔。

蓝皮书的成功问世，特别要感谢三个单位的写作团队，他们创新、高效、严谨的工作态度是成功的根本保证。在冯飞同志的卓越领导下，国务院发展研究中心的王晓明，学会的张宁、张文杰、姜英，以及如今的郑亚莉团队，还有大众汽车的赵家佑、苏巴鸿、孙忱等人发挥了重要作用，至今我仍心存感激！

除此之外，海归人才的贡献同样不能忽略。大众汽车张绥新是一位海归，他不仅代表大众汽车集团提供了诸多物质层面的帮助，更从企业的角度提出了很多宝贵的建议，这些建议深刻地影响了我们。

或许是海归人才都有一种特殊的情怀，很多海归特别愿意分享他们在海外习得的好经验。比如戴姆勒中国负责政府事务的副总裁李洁、通用中国的陈实等海归始终心系中国。每年编写蓝皮书时，他们都会给我们提出很多好的建议。无论是在大众、通用，还是在奔驰服务，他们都没有忘记帮助中国汽车产业发展。

在这里，谨向汽车蓝皮书编写的所有参与者和慷慨支持的同仁致以最诚挚的感谢！

☆ 汽车蓝皮书发布时遇到的尴尬

汽车蓝皮书对中国汽车产业的可持续发展，起到了重大的理论支持作用，堪称一部不可或缺的教科书式报告。

依照市场需求，汽车蓝皮书的前四册采用了双主题的方式。以第二册为例，我们既要深入探讨"金融危机对中国汽车产业发展的影响"这一严峻课题，又要着力调查分析"我国汽车零部件产业发展战略研究"的主要路径。每一个主题的背后，都隐藏着复杂的经济背景与市场动态，而我们必须在纷繁的信息中厘清脉络，寻找出一条切实可行的发展道路。

在那段时间里，我与团队共同面对了许多棘手的问题。例如，零部件创新能力不足，成为制约发展的瓶颈；虽然大型汽车企业开始重组，但产业结构调整仍然缓慢；尽管自主创新活动加速，但仍面临许多挑战。此外，产品结构逆向发展，新能源汽车需要明确发展方向。对于这些问题，我们深入调研，广泛征求业内外专家的意见，力图在报告中提出切实可行的建议和解决方案。

编写汽车蓝皮书的过程既充满了艰辛，也充满了激情。每一次资料的整理、每一次数据的比对，都让我深感责任重大。毕竟，这不仅仅是一份报告，更是一部关系到中国汽车产业未来走向的重要文献。令我欣慰的是，从今天来看，我们在汽车蓝皮书中提出的许多预见与判断，基本上都得到了验证。

正因如此，汽车蓝皮书不仅在国内引起了轰动，更在全球汽车行业内产生了深远影响。许多跨国公司在制定企业战略时，都会参考汽车蓝皮书中的观点和判断，这无疑证明了我们工作的重要性和前瞻性。

每册汽车蓝皮书完成出版后，我们都会举办一场隆重的发布会，借此向社会各界介绍我们的研究成果。当然，发布会得到了大众汽车的大力支持，也得到了权威媒体的广泛关注。然而，正当我以为一切都在掌控之中时，一次发布会后的采访让我体会到了前所未有的尴尬。

一位记者直截了当地提出："中国汽车零部件产业就是不行，我们该怎么办？"这个问题直击要害，令我记忆犹新。陈清泰同志阐述了自己的观点，但记者们显然并不满意。

每次面对这类尖锐的问题，我总是努力回忆过去多年来的调研成果，试图用数据和事实去回答，但每一次回答总感觉言不由衷,难以让人信服。接踵而来的是一连串追问,让我几乎无法招架。

汽车零部件产业弱小的问题,在当时的发展状况之下,未来该怎么解决,确实是一个难以回答的问题。2007年,我国汽车零部件产业,无论是产值还是出口量都创历史最高,但汽车产业规模的持续快速增长,并没有推动零部件产业创新能力的同步提升,我国汽车零部件企业的发展总体上还处于较低的层次。

这是生产力与生产关系的问题。汽车产业的创新能力在很大程度上取决于核心零部件企业的创新能力。国外汽车产业技术创新的一个重要特征是整车与零部件企业在研发环节的专业化分工,零部件企业往往能够同步甚至超前研发。

而我国没有形成专业化分工、分层次合理配套的产业结构,我们的汽车零部件企业还不能有效地整合资金、人才和技术资源进行同步或超前的技术开发。一些技术和附加值含量高的核心零部件不得不依赖进口,无法形成对整车自主创新的强大支撑能力。

与此同时,当时汽车零部件行业整体状况也不容乐观。我国加入WTO后,汽车零部件市场全面放开,到2007年在华进行汽车零部件生产的外商独资或合资企业达到1200多家,全球排名前100位的汽车零部件供应商中,有70%以上在中国开展业务。

随着国内市场的逐渐开放,外资企业的战略也发生了变化,从合作型转向控制型。如何引导跨国零部件企业转移技术推动内资零部件企业提高自主创新能力,是我国汽车零部件产业面临的严峻挑战,也是我国汽车工业提高自主创新能力的重大课题。

事实上,为了深入了解我国汽车零部件产业具体的短板,我们自第一本汽车蓝皮书针对整车产品开发技术展开调研后,将研究方向聚焦到中国汽车产业的软肋——零部件上。随即在一年内调查了140多家企业，涵盖发动机、变速器、转向器、悬架和车桥五个方面。通过分析发现，我们对高端技术，特别是对汽车电子领域的认识深度明显不足。于是第三年，我们进一步深入研究了汽车电子技术。我的目标是通过三次系统的调查，基本掌握汽车行业最基本的技术动态，在此基础上破解技术瓶颈，经过约15年的努力，打造一个汽车产业强国。

在当时的情况下，我们无法正面回答这些问题。现实是我们尚未找到自主汽车零部件的成长路径，或者说，没有拿出相应的对策。现在回过头来看，当时产业并未形成汽车供应链创新生态，所谓"换道超车"，恰恰是言不由衷的根源所在。

令人感到欣慰的是，多年过去了，现在的汽车产业形势已经有了很大的变化。我国的新能源汽车供应链趋于成熟，这是我们换道超车的成果。新能源、智能网联，特别是在智能网联板块，我国的激光雷达、毫米波雷达、智能座舱、智驾产品、动力电池，乃至整个产业链都变得更加完整，并开始出现具有世界级影响力的科技型公司。

能取得这样的成绩，主要得益于我们采取了全新的发展路径。如果仍然走老路，与国外企业比拼发动机、变速器、汽车电子等，我们会很难达到领先的水平。如今，恰逢汽车产业百年一遇的重构时期，我们终于找到了属于自己的发展路径。

整合资源，赋能区域经济

产因城强，城因产兴。工业化与城市化是经济社会发展的两大主题，各自发展又相互交融。作为集产业链条长、创造就业和税收多、带动创新能力强等诸多特点于一身的汽车产业，成为许多地方发展经济的心仪之选，在推动区域经济发展中发挥了重要作用。

在我的职业生涯中，几个具有代表性的地区及其汽车产业的发展历程，给我留下了深刻印象；同时，地方汽车管理部门的一些领导也让我记忆犹新。在我看来，他们并非传统意义上的官员，而是一批心系地方产业发展的规划者和领航者。与他们的交往点滴，使我从中见证了地方汽车产业发展的辉煌历程。

我要提及的这几个地方，分别是浙江台州、广州花都、江苏丹阳和上海嘉定。这些地区如今在区域汽车产业中占据着举足轻重的地位，堪称我国地方汽车产业集群的典范。

☆ 吉利汽车与台州

在众多中国汽车产业发展的轨迹中，台州的历程尤为独特。那里没有厚重的工业积淀，却以民营经济的蓬勃活力硬生生在汽车版图上镌刻出"民营造车第一城"的印记。

摊开台州的产业版图，临海、路桥、台州湾新区的整车制造，玉环、天台的零部件出口基地，三门、天台的胶带工业城，黄岩的模塑设计基地……如大珠小珠落玉盘，逐渐交织成一张以汽车制造、汽配生产、整车及配件销售为主的汽车产业网络。而这一切，始于六十多年前台州为解决上岸渔民生计，创办的第一家汽配厂。谁能想到，一粒种子竟在改革开放的春风中长成参天巨树。

1998年，第一辆自主制造的吉利汽车在台州下线，宣告民营资本正式叩响汽车制造的大门。那时的李书福，怀揣着创业者的豪情，却也面临着资金、技术、人才乃至造车资质的重重挑战。

他立下誓言:"造老百姓买得起、用得起的车。"然而,尽管吉利·豪情、吉利·美日等新车在低价位轿车市场站稳了脚跟,吉利汽车却依然被视为行业的"门外汉",甚至无缘踏入北京车展的主场馆。

直到 2002 年后,吉利汽车相继发布中档轿车优利欧、"中国第一跑车"美人豹,迈出了向主流市场进军的关键步伐。在路桥工厂的新车下线仪式上,国务院发展研究中心产业经济研究部部长刘世锦对新车表示了强烈兴趣,直言:"如果这辆车能卖到 10 万元,或许真的可以普及。"然而,光鲜的外表下却难掩模具粗糙、品控不严的尴尬。仍然记得在参观完吉利汽车总装车间后,我心中难掩失望,在当晚与李书福同桌就餐时,我向他提出了改进建议。

不可否认,到 2003 年年底,台州已集聚了 5 家整车生产企业,包括以经济型轿车见长的吉利和以皮卡、SUV 为主的吉奥,年产能达到 13 万辆,实际年产 6 万辆。同时,2000 多家汽车零部件生产企业在此扎根,年工业总产值突破 120 亿元,其中规模以上企业 208 家,贡献了 93 亿元的年产值。台州汽车零部件产业集群的优势初步显现,但真正具备核心竞争力的企业仍屈指可数。

2004 年,蔡奇同志调任台州市委书记,这对于台州,尤其是对于正在蓬勃发展的汽车产业来说,是一个重要的转折点。蔡奇同志上任伊始,便率领五大领导班子拜访学会,我以副理事长兼秘书长的身份接待了他们。蔡书记开门见山,希望我们能为台州量身打造一份详尽的汽车产业发展规划和导向目录,而不是泛泛而谈的战略框架。

"汽车产业是台州的未来,我们要把它作为第一产业来抓。"

蔡书记的话语掷地有声，他的决心和远见让我深受触动。在他的推动下，台州市委、市政府迅速成立了汽车摩托车领导小组和汽车工业协会，由蔡书记亲任组长和顾问。

随后，《台州市汽车行业发展规划》应运而生，这份规划明确了台州整车制造的未来目标：打造中国经济型轿车之都、中国最大的皮卡生产基地、中国最大的经济型汽车生产基地。同时，零部件工业也要集聚发展，逐步实现国内经济型汽车重要部件的全面配套，并进军国际主流整车生产体系。这份规划为台州汽车产业描绘了一幅清晰的蓝图，也让每一位参与者心中有了方向。

为了将规划落到实处，台州人迈出了扎实的步伐。对内，一系列扶持政策紧锣密鼓地制定和落实；对外，则努力提升发展理念，寻求八方支持，努力向世人展示台州汽车产业发展的实力和前景，扩大台州汽车产业的知名度。2004年中国（台州）汽车工业博览会和汽车产业发展论坛的举办就是在这一方向指导下的一个具体措施。

当年12月，由中国汽车工程学会、中国汽车工业协会联合台州市人民政府共同主办的中国（台州）汽车工业博览会隆重举行。600个展位上，吉利、吉奥、中能、彪马等整车企业，以及台州本地的300余家零部件生产企业和来自全国各地的近100家同行齐聚一堂。展馆内人头攒动，那一刻，我深切感受到台州汽车产业的蓬勃生机。

开幕式当天，我代表中国汽车工程学会与台州市政府副市长元茂荣正式签署长期战略合作协议。根据协议，自这一年起，每年在台州举办中国汽车及零部件展览会，并通过展会、高峰论坛、培训、咨询等形式开展全面合作。此外，学会还要在台州建立培训基地，帮助台州参加由学会组织的国内外各类活动，支持和助力台州实现建立中国经济型汽车及零部件重要生产基地的目标。

随后的几年里,台州的汽车产业迎来了爆发式增长。2006年,台州跻身全国首批汽车及零部件出口基地行列,在全国8个基地中排名第三。到蔡奇书记调离台州的那一年(2007年),全市汽车及零部件行业生产总值突破450亿元,有出口实绩的企业达到320家,较上一年增加66家,出口交货值达8.09亿美元,同比增长35.5%,产品远销134个国家和地区。这些数据是台州汽车产业实力的有力证明。

吉利汽车在台州的发展,更是成为业界佳话。仅仅两年时间,吉利汽车已脱胎换骨,成功闯出一条自主开发、自主品牌、拥有自主知识产权的独具特色的汽车生产之路。蔡奇书记给予吉利汽车高度评价,曾公开表示,吉利汽车是中国民族汽车工业的一面旗帜,更是台州汽车工业的骄傲。

如今,"在台州,一小时之内可以找齐所有汽车配件"已经成为中国汽车业内资深人士的共识。相比整车制造,汽车零部件更是台州的拳头产业,占汽车制造全行业营收近七成。台州的崛起,印证了政府"松手"与"托举"的平衡之道。政府通过规划引导、资源倾斜搭建平台,却未束缚企业手脚。这种"放水养鱼"的营商环境,激发了台州民营经济的澎湃活力。

☆ 广州花都

花都与台州二者堪称截然不同的实例。花都以前叫花县,一直以农耕种养为主,主要为广州市区供应农副产品,并没有太深厚的工业基础。1992年,花都人自己成立的京安云豹汽车,初步奠定了当地的汽车工业基础。然而,好景不长,京安云豹仅维持了 8 年就进入资不抵债的状态。

进入新世纪，花都区委、区政府主动出击，联系东风汽车，希望通过风神项目盘活云豹汽车。出乎意料的是，开办费仅为 3000 万元的风神公司一炮而红，当年即实现盈利 5000 万元，创造了"当年成立、当年生产、当年销售、当年盈利"的业界奇迹。基于此，风神汽车在 2001 年正式提出收购云豹。

两年后，风神汽车被东风汽车收回，成为其乘用车分公司时，其已经可实现年产 66134 辆汽车，产值达 114.82 亿元，占全区工业总产值的 22.55%，纳税 16.5 亿元（含关税），占全区税收总额的 39.31%。

也是在这一年，花都汽车城经广东省政府正式批准成为全省唯一的汽车产业基地，并被纳入全省工业发展总体布局。这一切成就，都与一位关键人物密切相关——自 2000 年起担任广州市花都区区长，并于 2002 年升任花都区委书记的陈国同志。

在风神汽车提出收购云豹之际，陈书记迅速带队前往北京，拜访时任东风汽车公司党委书记、总经理苗圩等高层领导，寻求进一步合作。随后，花都区成立了协助东风汽车公司重组云豹汽车的工作小组，出台了一系列政策，厘清历史遗留问题，解决家属就业和子女上学等问题，同时帮助风神汽车剥离云豹的债务，以便云豹汽车重整旗鼓，轻装上阵。

陈国书记曾说过很有名的一句话："风神无小事。"当时，花都区政府还委派区国有资产管理办公室副主任利国浩出任风神汽车总经理特别助理，专门解决东风公司在花都遇到的具体问题。这一系列扶持政策，充分展示了花都区对汽车产业的高度重视。

风神公司总部问题尘埃落定后，本田、日产、丰田等企业陆续相聚广州，建立各自的整车生产基地，花都依托这些整车企业，特别是东风日产乘用车公司，吸引了国际著名的汽车零部件供应商，尤其是日本的零部件供应商来花都投资。

这时，花都区委找到学会，希望我们能够介入，依托学会的力量帮助他们制定汽车产业发展规划，实施招商引资，甚至是举办学术论坛，最终助力花都打造"中国最完美汽车产业链"。

在经过多次探讨之后，我们也提供了一系列解决方案与建议，其中业内最为熟知的便是花都汽车论坛，即广州花都·汽车产业发展论坛。

2004年4月12日，由中国汽车工程学会主办、广州市花都区人民政府承办的第一届花都汽车产业发展论坛正式举办，论坛主题便是把握世界和中国汽车产业的发展趋势和方向，关注我国汽车产业集聚状况，并协助当地政府、汽车企业、相关机构共同制定汽车产业集群的战略远景与发展规划。

论坛高朋满座，各方嘉宾妙论连连。陈国书记作为区委领导在介绍完花都汽车产业发展现状后，也传达了作为地方政府的工作理解，言辞恳切却雄心勃勃。他表示："汽车产业是全球化的产业，它的发展需要全球性的资源整合，这对我们的工作提出了挑战，地方政府在汽车发展中扮演什么角色？怎么推动和扶持汽车产业的发展？在总结一些地方发展汽车产业的经验、教训以后，我们的工作指导思想归纳为四个第一：发展第一、经济第一、工业第一、汽车第一。我们把2004年定为'汽车年'。"

在他看来，抓住汽车等于抓住花都发展的根本。花都具备了汽车产业集群形成的客观环境优势，地方政府将遵循汽车产业这一集群发展的客观规律，通过制定一系列旨在吸引投资和吸引人才的优惠政策，创造良好的营商环境，把花都汽车城建成投资环境好、综合成本合理、市场机会多、投资回报高的最适于汽车产业发展的地方，成为汽车产业投资者首选地之一。直至 2005 年 9 月，陈国同志升任广州市人民政府办公厅党组书记，他在位的 3 年间，花都汽车财政收入由 3 年前的 3 亿元发展到了 60 亿元。

统计数据显示，到 2008 年花都汽车工业产值已占花都工业总产值的半壁江山，并初步形成了一个集汽车研发、整车制造、零配件生产、汽车贸易、汽车人才市场和汽车学院等和谐发展的汽车产业集群。可以说，首届花都汽车产业发展论坛上提出的"打造中国最完美汽车产业链"的目标已经初步实现。

再后来，忘记是哪一年了，汽车人才研究会在广汽开会。工作人员通知我，稍晚会有一位负责人事工作的市领导出席会议。没想到来的竟然是已经升任广州市委常委、市委秘书长的陈国同志。他看到我也很激动，对我说："老付，学会和您都是我们花都的恩人。"

☆ 镇江丹阳

在众多区域经济发展案例中，丹阳给我留下了深刻的印象。

在深入了解丹阳之前，多数人提及丹阳最先想到的便是眼镜。哪怕是说到汽车零部件领域，也往往将其联想为规模小、技术水平落后的作坊式小厂。然而，实际情况却远非如此。

2006 年时，丹阳就已经既有占全国总产量 21% 的汽车摩托车灯具，又有分别占全国总产量 18% 和 10% 的汽车车轮和仪表，还有汽车微电机、保险杠及内外饰件等。近年来，一批科技含量高、附加值大的新产品也在这里问世，如汽车水箱、电涡流缓速器、空气悬架系统、汽车空调模具等。有 4 家企业被认定为国家、省级高新技术企业。

在我看来，丹阳的汽车产业集群丝毫不逊色于国内任何其他区域，甚至在某些细分领域更为出色。在某些细分领域里，集群内所有企业甚至可以共享丹阳这一张名片。而这一成果，与丹阳市委书记持续地抓，一届接一届地抓密切相关。这也是丹阳与众不同的特点之一。

自我加入学会工作以来，我与丹阳市历任市委书记都曾有过接触，包括2002年1月起担任这一职务的杨根林书记。他最常挂在嘴边的一句话就是："丹阳不搞政治，就发展汽车零部件"。

杨根林书记在调任至丹阳之前，曾在经济发达的江苏太仓地区工作过，那里市场竞争激烈，区域产业集群优势明显。相比之下，当时的丹阳汽车零部件产业则显得较为杂乱，缺乏整合，多数产品处于中低端水平。特别是灯具和内饰件的模具自制能力较弱。许多企业对市场信息不够敏感，同类企业间的协作优势也没有充分发挥。

同样的观点，江苏新泉汽车饰件有限公司董事长唐敖齐也曾公开表达过。他认为，丹阳有几十家制造汽车仪表板的企业，如何将这些企业联合起来、明确分工是一个亟待解决的问题。"零部件企业必须强强联合，互相交流，相互促进。在此基础上，通过资本纽带找到一个平衡点，是非常必要的。"

杨根林书记的打算是，他在位期间，要通过多方面努力，整合丹阳的汽车零部件产业，一方面使企业间形成协作，联合做大，另一方面培养起几家龙头企业和一两个知名品牌。他感觉市委、市政府在这方面的担子很重。

于是，他在2005年推动成立了丹阳汽车零部件商会，并邀请唐敖齐与江苏超力电器有限公司董事长、总经理沈中泉担任主要负责人。希望通过集中采购降低成本，组织企业进行技术攻关，并与各院校和科研机构合作，加强人才培养和技术研发。同时，通过招商引资调整产业结构，使丹阳成为真正的汽车零部件产业基地。

商会成立后的成果显著。仅一年时间，丹阳已有16家年销售额超亿元的零部件企业；建成了省级汽车灯具检测中心及国家级灯具实验室，并形成了华东汽车灯具城和中国汽配城两大专业市场。丹阳的零部件已为上海通用、一汽、东风等多家主流汽车企业配套，数十种产品出口国际市场。这些跨越式发展的背后，凝结着商会成员无数个日夜的奔波与坚守。

作为商会核心领导者，沈中泉展现出超越地域局限的战略眼光。他敏锐地意识到，区域经济要实现可持续发展，必须主动嵌入全国乃至全球汽车链条中。为此，他主动找学会，频繁带队参加高端论坛和展会的同时，更多次提出希望与学会联合承办全国性行业交流活动，以提升丹阳的影响力。在他的深度参与下，第十届中国汽车轻量化技术研讨会最终花落丹阳，为丹阳汽车零部件行业搭建了更高层次的交流平台。

可以说，丹阳汽车零部件产业的腾飞，离不开汽车零部件商会的特殊作用。沈中泉、唐敖齐两位民营企业家以其宽广胸怀和卓越领导力，成功组建并运营商会，使其成为丹阳汽车零部件行业的一张闪亮名片。

令人惋惜的是，沈中泉先生在新冠疫情期间不幸离世，这无疑是丹阳汽车零部件行业的一大损失。他的离去，让许多业内人士扼腕叹息，但他为丹阳产业发展所奠定的基石依然稳固，他的远见与奉献精神，仍在推动着丹阳汽车零部件行业继续前行。

与其他城市相比，我一直对丹阳充满好奇。在我的职业生涯中，从未见过任何一个地方的政企关系能够如此和谐。即使历经多次领导更迭，这种和谐关系依然未变。丹阳的发展稳步向前，汽车产业充满活力。我想，这就是所谓良好的营商环境吧。

☆ **上海嘉定**

相较于其他几位地方政府领导，我与马春雷同志的相识要晚很多。2013年7月，他被任命为上海市嘉定区委书记，此前他曾担任过一年半的嘉定区委副书记和区长。彼时，嘉定区作为中国汽车工业的重要摇篮，已初步形成了汽车城的概念。

嘉定几乎见证了中国汽车工业发展的全部历史。1958年，中国第一代轿车的一个生产基地便设在这里；1985年，中国轿车工业的第一家合资企业——上海大众（现上汽大众）也落户于此。进入新世纪后，嘉定开始建设国际汽车城，吸引了众多国内外知名汽车零部件企业纷纷入驻。

很快，嘉定地区的汽车产业集群效应显现出来。根据当年媒体报道，客户足不出嘉定，几乎可以采购到汽车整车的所有零部件。从汽车发动机、车轮、车灯、座椅、玻璃、底盘、车身、车顶、线缆、音响、天线、制动片、安全气囊、空调、涂料、内饰件到汽车钢铁零件一应俱全，形成了完整的整车生产产业链。

更为重要的是，嘉定聚集了数万名汽车领域的专业人才。基于此，国家级的专业汽车人才研究机构——中国人才研究会汽车人才专业委员会于2005年10月正式落户嘉定，并牵头其他汽车行业组织在上海国际汽车城联合办公，成为全国性汽车行业人才权威机构。

2011年前后，汽车产业发展趋势日益向新能源化、智能化、网联化、共享化方向转变，嘉定对自身的定位也随之调整。截至2012年，嘉定汽车制造总规模达到2400亿元，拥有200多家规模以上汽车零配件企业。而马春雷书记上任后的首要任务便是推动转型，中长期目标是实现 3000 亿元的总规模。

实现 3000 亿元的目标，同样倒逼着嘉定对产业规划做出调整。最直观的动作是，2012 年 5 月，嘉定区启动建设汽车研发港，研发港建成后预计可吸引 100 至 120 家世界顶尖的汽车研发机构，从而推动嘉定区从以制造为主的汽车城向高端化方向发展，汽车销售贸易和研发设计能力逐渐增强。

基于对技术创新研发的重视，马书记充分利用上海国际汽车城的优势，大力引进高层次国外人才，为他们提供施展才华的舞台。在引进人才方面，马书记还牵头制定了一套切实可行的战略，即"引进一批人才，形成一套机制，孵化一批企业"。这一战略已经成功实施，并在汽车领域的多个关键环节孵化出了一批企业。

在汽车产业成为经济支柱后，嘉定区提出了"汽车嘉定"的功能定位。嘉定区政府联系到学会，希望借助我们的力量进一步完善这一愿景。为此，我们联合彼时已在清华大学担任汽车产业与技术战略研究院院长的赵福全教授，共同为嘉定制定了全方位的产业规划。我们认为，嘉定应当立足于长三角地区，依托上海市的综合优势，探索新型工业化和新型城镇化道路，将嘉定建设成为汽车制造业与现代服务业相融合的综合性国际汽车城，使其成为一个文化特色鲜明、社会和谐发展、具有综合实力和较强辐射能力的现代化新城。

在我的印象中，马春雷书记高瞻远瞩，在他的领导下，嘉定汽车产业创造了前所未有的辉煌。如今，嘉定已成为国内汽车产业链最完善、产业集聚度最高、科技创新活力最强、汽车人才最集中的区域之一。汽车在嘉定的发展历程中留下了深刻的印记，成为这个地区的独特符号。

决定经济发展必需的资本、人才、技术等稀缺资源能否到某一地区落户，除自然条件之外，最重要的是看该地区是否具备适合发展的环境。哪里政府管理规范、投资成本低、办事效率高、服务环境好，哪里就能吸引更多的资金、技术和人才，实现更大的发展。学会与嘉定区建立了紧密的合作关系，并先后向科学技术部和工业和信息化部推荐，助力嘉定区成功获批新能源汽车国家示范区和智能网联汽车示范区。

因此，各国、各地之间的竞争从表层看，是争取全球经济资源的竞争；而进一步看，则是发展环境的竞争。这个环境既包括产业环境，也包括创造和维护良好发展的营商环境。无论是台州，还是花都、丹阳，还是嘉定，除企业自身实力足够强大外，地方政府在区域的发展中扮演了非常重要的角色。好的营商环境，政企合作、产权合作、多方共赢合作的生态非常重要。

中国大学生方程式汽车大赛

回首在汽车行业潜心耕耘五十多个春秋，我主导做过的事情不算少。如果要问这一路走来，有哪些事让我觉得真正无愧于我们所处的这个汽车时代，那么，组织举办中国大学生方程式汽车大赛（Formula Student China）必定是浓墨重彩的一笔。这不仅是我职业生涯的重要里程碑，更是中国汽车产业人才培育工程的转折点。

在汽车被重新定义为"移动智能终端"的今天，我们早已洞见这个行业的本质——它既是科技创新的集成体，更是丈量文明进程的标尺。当电化学革命重塑百年汽车工业版图时，我更深切地体会到：这个资金与技术双重密集的产业，对创新人才的渴求从未如此迫切。德国狼堡凌晨三点实验室的灯火，日本筑波永不熄灭的赛道探照灯，美国底特律此起彼伏的机床轰鸣，都在诉说着同一个真理：汽车强国的根基，深植于人才培育的土壤。

2007年以来，中国汽车产销捷报频传，我却陷入了沉思。汽车大国与汽车强国的最大差别就是"技术"，而"技术"的根基是"人才"！解决人才问题的根本途径只有一个，那就是"自主培养"；而人才的培养不仅仅是院校的责任，企业也有责任，社会更有责任。来自学会的一份调查报告显示，人才问题是目前汽车产业最大的瓶颈，而创新型的思维、创新型的人才是汽车产业最匮乏的。产业转型升级的号角声里，夹杂着的是人才断层的警报。

其实早在21世纪之初，学会就开始了育人工程的探索。2002年盛夏，我们与美国EDS公司共同发起主办了首届中国太阳能电动车友谊赛暨巡回展活动，最终中国参赛选手中只有清华大学代表队成功设计出太阳能电动车并参赛。

同年，威海卫的海风裹挟着机油气息，由中国汽车工程学会主办的首届大学生汽车知识大赛在哈尔滨工业大学威海校区鸣锣——十几个青年团队围着发动机拆装的场景，像极了技工学校的实操考场。当第二届赛事依然在重复机械的拆装竞赛时，我站在堆满扳手的赛场边缘顿悟：我们需要的不只是熟练工，而是能重构汽车基因的创造者。

那些辗转难眠的深夜，太阳能电动车友谊赛上的差距依然刺痛着我。如何才能让竞赛真正成为学生们展示创造力和技术能力的绚丽舞台？如何才能让它成为一种激发创新思维和培养团队合作精神的有效方式？这些问题如同沉甸甸的石头，压在我的心头，也为我们后续改进大赛指明了方向。

☆ 感恩有你：李理光、廖国勤

在此，我要特别感谢同济大学的李理光教授，是他找到了我说："付总，我们能不能把大学生方程式汽车赛事搞起来？"语气急切，目光中满含热忱与期待。

在汽车工程的广阔天地里，各国的汽车工程学会都肩负着双重使命：一是为行业培养顶尖人才，二是推动技术的不断进步。德国、美国、日本等汽车强国早已敏锐地察觉到这一点，早早创办了大学生方程式赛事，不仅为其本国汽车产业的蓬勃发展注入源源不断的动力，更为全球汽车工程人才的培养提供了坚实的基础，让无数怀揣梦想的年轻人得以在这个舞台上绽放光彩。

李理光教授，这位在学术领域造诣深厚的专家，更是一位怀揣着炽热情怀的引路人。那时，同济大学已经多次带领学生团队走出国门，参加大学生方程式汽车赛事，在国际赛场上积累了丰富的经验。李教授多次向我建议，学会也应该拥有属于我们自己的大学生方程式汽车大赛。

于是，我和李教授坐在办公室里，就着一杯杯清茶，开始深入探讨赛事筹备的诸多事宜。大学生方程式汽车大赛，绝非一场简单的比赛，它是一项极其复杂、环环相扣的系统性工程。摆在我们面前的，是一连串亟待解决的难题：规则的完善、裁判的选拔与培训、资金的筹集以及合适场地的寻觅，每一个问题都如同拦路虎，横亘在我们前行的道路上。

在人员配置方面，我们经过反复斟酌与考量，组建起了一支强有力的筹备团队。李理光教授凭借其深厚的专业知识和丰富的赛事经验，当之无愧地担任大赛规则委员会主席；陈刚也积极加入进来，全身心投入到与裁判相关的事务中，为后续比赛的公正执裁提供坚实保障。不久之后,闫建来也调入学会,参与到大学生方程式汽车大赛的策划工作当中。闫建来身上仿佛自带光芒,他那满满的激情和强大的号召力,很快便在团队中发挥出巨大作用,后来更是凭借出色的能力成为学会的副秘书长。

就这样,大学生方程式汽车大赛的核心负责人员基本确定下来,各司其职,紧密协作。李理光教授担任大赛规则委员会主席;陈刚担任裁判委员会总裁判长;闫建来担任大赛秘书长;而我则担任赛事委员会主任,全面统筹整个赛事的筹备与推进。

赛事的开展涉及千头万绪的具体事务,工作量大得超乎想象。学会面临着成本控制的压力,无法调用大量专职员工来应对如此繁杂的工作。在这种情况下,学会秘书处想出了一个绝妙的办法,安排《汽车之友》杂志社的 60 名员工前来支援。这样做不仅能有效节约成本,而且,基于长远发展与战略布局,我还有其他深远的考虑。《汽车之友》作为媒体,在汽车领域有着一定的影响力,我们也想借着大赛的东风将这本杂志推向更广阔的市场,让它在汽车文化的传播中发挥更大的作用,同时也为大赛增添更多的媒体关注度和影响力,形成一种良性互动的局面。

筹备首届大学生方程式汽车大赛的那些日子,资金筹措始终是悬在我们头顶的达摩克利斯之剑。起初,时任易车首席执行官(CEO)的李斌向我们伸出了援手,给予了一定的资金支持。然而,彼时的易车公司自身也尚处于发展初期,力量有限。真正为我们拨开资金困境迷雾的,是中国石油润滑油公司总经理廖国勤。时至今日,我仍要向她致以最特别、最诚挚的谢意!

为了能够筹集到足够的资金,我带领团队成员怀揣着一丝忐忑与期待,来到了中国石油润滑油公司与廖国勤进行商谈。我诚恳地对她说:"廖总,大学生方程式汽车大赛的举办,涉及诸多方面的开支，像场地租赁费用、专业裁判的酬金，等等，初步估算至少需要 1000 万元的资金支持。如果贵公司能够赞助这次大赛，那么大赛的冠名权将归贵公司所有，这无疑是一次提升品牌知名度和影响力的绝佳机会。"

廖国勤听后，微微思索了一下，回答说："付总，对于超过 300 万元的资金支出，我们公司有着严格的审批流程，需要上报党委会、董事会进行集体讨论。请您给我们一个星期的时间，我们会尽快讨论出结果，然后第一时间通知您。"

离开中国石油润滑油公司时，我忧心忡忡。毕竟，廖国勤并非汽车圈内人士，我担心她可能无法充分理解这项赛事的重要性与无限潜力，从而影响到合作的可能性。所以，我也暗自谋划了退路，若无法与中国石油润滑油公司达成合作，我们将迅速转向其他企业寻求支持，中国石化实力、资源雄厚，也在我们的备选名单之列。

然而，命运似乎总喜欢在不经意间给人带来惊喜。仅仅过去了三天，廖国勤便与我取得联系，告知我赞助资金已经顺利到位。事后得知，廖国勤是一位极其尽职尽责的企业领导，在那短短的三天里，她亲自牵头组织了多次会议，协调各方资源，全力推动审批流程，只为能让我们的赛事在资金方面无后顾之忧，顺利开展。而此后每年的大学生方程式汽车大赛中，廖国勤都会在百忙之中抽出时间亲临现场，从始至终全程参与赛事，用她的实际行动给予我们最坚实、最有力的支持，成为赛事不可或缺的强大后盾。

☆ **给五位车企老总写信**

一场大赛，所需要的不只是资金支持，同时还需要专业支持。于是，在与中国石油廖国勤总经理取得联系后，我给国内几家颇具影响力的汽车企业一汽、上汽、东风公司、长安汽车和东风汽车乘用车公司的董事长各写了一封信。

在提笔写信之前，我逐一与这几家汽车企业的董事长通了电话。在电话中，我向他们阐述了大学生方程式汽车大赛的意义与前景，希望他们每家企业能够给予大力支持，赞助 50 万元资金，同时，也期待他们能尽可能派出几名经验丰富的裁判参与到大赛工作中来，为赛事的专业性提供保障。

然而，我并没有轻易承诺给任何一家汽车企业冠名权，这背后有着深层次的考量。汽车行业内竞争激烈，企业之间的竞争关系错综复杂。相较之下，引入第三方冠名则尽显优势，不仅利于赛事的顺利开展，还可吸引不同领域的关注与支持，助力赛事实现更广泛的传播和更深远的影响力拓展，为赛事的长远、健康发展筑牢坚实基础。将冠名权赋予中国石油润滑油公司，是正确的选择。

原本忐忑的 50 万元赞助请求，换来的不仅是赞助款项如期到账，更有每家企业精心挑选的 5 到 10 名资深工程师组成的"金牌裁判团"。在他们的鼎力支持下，赛事的资金难题顺利解决，专业裁判团队也组建完毕，这些关乎赛事成败的关键问题就这样在各方齐心协力下顺利解决，赛事得以顺利起航。每每忆起，我心中满是对这五家企业的感激之情。

紧接着，我们又面临着大赛场地的选择难题。经过多方考察与权衡，我们将目光锁定在了 F1 上海国际赛车场。那里的场地费价格高昂，着实让我们在财务上倍感压力。然而，F1 上海国际赛车场拥有无可比拟的地理优势，其先进的赛道设施、完善的配套服务以及在国内外汽车赛事领域的知名度，都与我们大学生方程式汽车大赛的定位高度契合。经过慎重考虑，我们毅然选择在那里举行比赛。事实证明，这个选择是正确的。2010 年第一届大学生方程式汽车大赛如期在 F1 上海国际赛车场拉开帷幕，当时共有 21 支车队参加比赛。

起初，在大学生方程式汽车大赛中，传统燃油车队在赛道上独领风骚；随着科技的飞速发展与汽车行业的变革，电动车车队开始崭露头角；发展至今，无人驾驶车队也在大赛中占据了重要的一席之地。这些车队的更迭与演进，宛如一部生动的汽车行业简史，真实且直观地见证着汽车从传统机械驱动迈向电动化、智能化的技术革新之路，勾勒出未来汽车行业的发展脉络与趋势。

☆ 第二次失声

筹备大学生方程式汽车大赛的那段日子，无数个日夜，我被赛事策划、资金筹集、场地安排、人员组织、各方沟通协调等诸多事务所包裹，巨大的压力一波一波向我袭来，我也因此经历了人生中的第二次失声。

回想起第一次失声，那是在哈齿搞技术攻关期间，我日夜奋战，连续几天几夜未曾合眼。终于迎来向领导汇报成果的时刻，喉咙却像是被一只无形的大手紧紧扼住，话到嘴边，却无法吐出一个字。

大学生方程式汽车大赛的筹备工作，犹如一张错综复杂的巨大的网，涉及的事务繁多得让人应接不暇，各种细节交织在一起，可谓是千头万绪。那段时间，我深陷在这一团乱麻般的工作里，身心俱疲。积累已久的高压情绪，终于到达顶点。一次，在工作巡视过程中，我看到一名工作人员竟在排队玩游戏，我压抑许久的情绪瞬间找到了宣泄口："大家都在工作，你竟然在这里玩游戏！"我的语气前所未有的严厉，那名工作人员显然被我突如其来的愤怒吓蒙了，满脸惊恐地望着我，呆立在原地。毕竟，在平时的工作中，我向来脾气温和，这强烈的反差使他一时不知所措。

然而，真正让我再度失声的，是吉林大学汽车工程学院管欣教授打给我的电话，他沉稳却又带着一丝担忧问道："付总，你们给学生上保险了吗？"还没等我回答，管教授接着说道："这么多学生参加比赛，车辆速度快，竞技性强，危险性比较高。一旦出现意外，要是没有保险，学校恐怕难以承担这个风险……"

听到这话的刹那，一股急火直冲心头，紧接着喉咙像是被一团棉花猛地塞住，干涩、紧绷，我再度陷入失声的困境，一个字也吐露不出。

后经了解，发现并非我们主观意愿上忽视学生们的保险事宜，实在是当时的保险市场没有能适配这类高难度、高风险赛事的险种。这无疑是横亘在我们面前的一道棘手难题，毕竟学生们的安全保障，是重中之重，直接关乎整个赛事能否顺利推进。

为了确保赛事能够顺利进行，切实保障学生们的权益，学会果断拍板，拿出 100 万元专项资金，用作应对意外状况的保险补偿金。这 100 万元，恰似一颗强大的"定心丸"，稍稍缓解了大家紧绷到极致的神经，让慌乱的局面逐渐有了稳定的迹象。

但这终究不是长久之计，此后，学会联合各方相关人员多次主动与保险公司展开多轮沟通协调，从赛事特点到潜在风险，再到保障需求，一点点向保险公司阐明。那些与保险公司斡旋的日夜，合同条款在会议桌上堆成小山。最终，保险公司根据赛事的实际需求，增加了专门针对此项赛事的险种，为赛事的顺利开展筑起了坚实的安全防线。

自那之后，每逢赛事举办，各校车队带着青春的激情与热血,引擎轰鸣着驶入赛场,保险单上醒目的红色公章已然成为参赛的必备标配,为学生们在赛场上的拼搏稳稳地保驾护航。

☆ 荣耀时刻：万钢部长致贺信

虽然历经不少波折,但是大学生方程式汽车大赛还是取得了丰硕的成果。回顾大学生方程式汽车大赛的历程,有三件事情是我们始料未及的。

其一,我们未曾料到学校参与的热情会如此高涨。首届大赛由于筹备时间紧迫,准备工作较为仓促,留给我们进行宣传推广的时间极为有限。然而,让我们惊喜的是,高校方面反响热烈。清华大学、北京理工大学、同济大学、西安交通大学等众多知名高校的学生,纷纷踊跃报名参赛。他们对汽车的热爱与对赛事的期待溢于言表,报名人数之多,远远超出了我们的预期,以至于我们当时不得不采取措施控制报名人数,以确保赛事能够有序筹备与开展。

其二,我们严重低估了参赛学生的积极性和创造力。在比赛过程中,从车辆设计的创新构思,到制造环节的精细打磨,再到参赛策略的巧妙制订,以及赞助资源的积极争取,参赛学生们的能力得到了全方位的锻炼与展现。这绝非仅仅是一次简单的参赛经历,而是对学生综合素质的深度考量与全面提升。他们在面对各种困难与挑战时,展现出的坚韧不拔与创新精神,让我们深感震撼与欣慰。

其三,我们完全没想到企业会如此大力支持这项赛事。汽车企业的支持可谓是全方位的,他们派出的裁判团队专业且负责,在比赛中严格遵循规则,保障了赛事的公平公正。整个比赛过程完全按照李理光教授制定的规则有条不紊地执行,无论是静态展示环节对车辆外观、设计理念的考量,还是动态比赛中曲线行驶、加速性能等方面的要求,都得到了充分的关注与落实。正因如此,整个大赛活动在汽车产业界和教育界都产生了积极而深远的影响,成为行业与教育界交流合作的重要平台。

我们也看到,参赛学生对汽车真有情怀,在汽车方面的发展潜力非常大。大学生方程式汽车大赛的举办,不仅有利于大学生们发展兴趣爱好,提升对汽车的理解、增进相关知识,而且,在大学生汽车人才的挖掘和培养方面也发挥了很大作用。这也让我更加认可彭立新在湖南大学创办未来能源与动力创新实验班时提出的在实践中培养人才的理念——在实践中学习知识,在实践中提高认知。

大赛得到了万钢部长高度关注,为表达对大赛的殷切期望和鼓励,万钢部长专门为大赛撰写贺信。这封贺信承载着深切的关怀与厚重的期许,对所有参与赛事的人员来说,是莫大的鼓舞。这封意义非凡的贺信,其内容如下。

同学们:

你们好!

"中国大学生方程式汽车大赛"诞生在汽车产业"由制造业大国迈向产业强国"的大背景下,借鉴美、日、德等发达国家成熟的比赛经验,中国的大学生创建的汽车方程式比赛,同时也是为发现和培养中国汽车产业创新型人才而搭建的一个公共平台。

培养高素质、高技能的人才,是实现经济社会可持续发展的关键保障。教育是民族振兴、社会进步的基石,是提高国民素质、促进人的全面发展的根本途径,寄托着亿万家庭对美好生活的期盼!

同学们，你们正处于中国汽车工业发展的最好时期，作为立志以此作为事业发展的年轻人，你们肩负着在未来十几年里将中国建成汽车产业强国的历史使命！我希望你们充分利用这次难得的机会，在近一年的赛程里，使自己在汽车设计能力、制造能力、成本控制能力、商务能力、协调与组织领导能力等方面获得全方位训练。

我相信，通过比赛，一定会进一步开拓你们的视野，丰富你们的知识，激发出你们的热情和创造力，你们一定能充分体验到科学的力量和奇妙，并且在你们中间，一定会产生出一批支撑中国汽车产业未来发展的创新型人才！

预祝你们取得好的成绩！

☆ "学汽车，学对了！"

一年盛夏时节，我受邀赴武汉理工大学考察大学生方程式汽车大赛的备赛情况。穿过梧桐树影斑驳的校道时，蝉鸣声裹挟着热浪扑面而来，而更炽热的，是眼前的情景。

当时正值三伏天，校园里却依旧人声鼎沸。机械学院后方的试车场上，二十多个晒得黝黑的年轻人正围着赛车忙碌。他们工作服的后背被汗水浸透，像地图般晕染出深浅不一的痕迹，工具箱里散落的零件在烈日下泛着金属光泽。武汉理工大学党委书记引我走近这群年轻人："同学们，这位是大赛组委会的付于武主任。"

几个满头大汗的男生放下工具围拢过来，被机油染黑的手掌在裤缝上局促地蹭着。我望着他们泛红的脸颊问道："这么热的天还在练车，你们暑假怎么也不回家避暑呢？"话音未落，一个戴着护目镜的男生突然眼睛发亮说："付老师，我真觉得我们学对了专业，汽车实在是太有意思了！"在与他们的交流中，我能真切地感受到他们对汽车的热爱，那是一种深入骨髓、溢于言表的情感。也正是这份热爱，支撑着他们在酷暑难当的暑假，依然坚守在学校，不知疲倦地练车，不断打磨自己的技艺。

那一刻，我站在原地，望着这些为了梦想拼搏的年轻人，心中感慨万千。这不正是我们创办大赛的初心吗？十年前拆解发动机的教学模式，早已跟不上新时代的脉搏。唯有让年轻人从图纸设计到赛道驰骋全程参与，让理论在火星四溅的实践中淬炼，才能点燃他们眼中永不熄灭的火焰，激发出一届又一届大学生的热情。

如果说武汉理工大学的一幕让我触摸到汽车教育的温度，那么三个月后大学生汽车论坛上的"逐客令"，则让我听见了产业未来的心跳。

在举办大学生方程式汽车大赛的同期，我们还举办了大学生汽车论坛。这个论坛由学生自主组织、演讲，进行内部讨论，完全成为学生们展示自我、交流思想的舞台。那天我在大学生汽车论坛致辞后刚要落座，前排梳着马尾辫的女生突然起身，笑眼弯弯却语气坚定地对我说："付老师，您请先回去吧，我们自己讨论就好。"

就这样，我竟被学生们"轰"出了讨论现场！然而，我心中并未有丝毫的不悦，反而涌起一阵喜悦，因为我看到了论坛里那种热烈、自由的讨论氛围。学生们全身心地投入到对汽车行业问题的探讨中，他们忘我的模样让我深深感动，也由衷地感到高兴。

参与这样的活动，对于学生们而言，无疑是一次全方位的绝佳锻炼。他们不仅在知识层面得到了拓展，动手能力也在实践操作中日益增强,社交能力更是在与队友、与行业人士的交流中不断提升。

看着学生们在比赛中尽情享受激情,在实践中一步步认识自己、突破自己,从心底里喊出"学汽车,学对了!"的心声,我深感欣慰。

☆ **企业 HR 亲临赛场**

在科技浪潮的席卷下,大学生方程式汽车大赛的内容不断迭代更新,从最初的燃油车,逐步过渡到电动车,直至当下热门的无人驾驶汽车,这一赛事早已超越了单纯竞技的范畴。如今,它已然成为一个汇聚与筛选汽车领域人才的关键平台,被业界盛赞为"中国汽车人才的摇篮"。

每届赛事都像一块巨大的磁石,吸引着众多汽车企业纷至沓来。汽车企业的人力资源(HR)主管们目光如炬,穿梭于赛场各个角落,他们带着求贤若渴的热忱,只为在众多学子中精准捕捉到那颗最耀眼的"新星"。比赛尚未落幕,录用通知便已递到优秀学生手中。这些企业阵容强大,既有博世、康明斯这样的跨国巨头,也有造车新势力中的佼佼者。

为何这场大赛有如此魔力,能让大企业趋之若鹜?答案在于比赛如同一个神奇的放大镜,将学生们的能力与优点集中展现并无限放大,为企业省去了烦琐的人才筛选流程。

参赛车队是人才的聚宝盆,男生女生各展风采,本科生、硕士生、博士生齐聚一堂。从设计图纸的精雕细琢,到制造零件的精益求精;从比赛策划的运筹帷幄,到广告营销的奇思妙想,学生们各司其职,分工明确。这广阔的涵盖面,为学生们提供了全方位展示才能的契机。企业也能按图索骥找到契合自身需求的人才。一场场比赛,恰似一场场紧张刺激的面试。

单说资金这一块吧,参赛赛车的成本不低,一辆可能在 20 万元左右,这实在是个难题,该怎么办呢?学生们瞬间化身为机智的"商业谈判家",他们四处奔走,联系企业投放广告,将车身上的广告位精心策划后卖出去,这不仅是对公关能力的考验,更是对社交智慧的挑战。在整个大赛过程中,学生们的想象、设计、制造、动手以及心理承受能力,都像历经了一场场严苛的试炼。

多年以来,学生们在这片赛场上绽放出惊人的创造力,参赛成果令人目不暇接。有的学生巧思妙想,将赛会提供的化油器式发动机改成电子喷射式发动机,让动力输出更加精准高效;有的学生大胆运用碳纤维材料,对车身进行轻量化设计,使赛车在速度与操控性上实现质的飞跃;还有的学生根据赛道特点与赛车性能,精心选择不同的悬架方式。在营销策划方面,更是精彩纷呈,有的赛车车身仅贴着大会的标志,低调而内敛,而有的赛车车身,则几乎被各个厂商的标志贴满,这无疑彰显出该车队学生出色的公关与营销才能。

这些在大赛中崭露头角的学生,正是企业求贤若渴的对象。2010 年大赛结束时,一汽的一位 HR 负责人难掩激动之情:"这些学生就是我们最需要的。"更有一家企业,豪情万丈,放出豪言要将所有 400 多位参赛学生全单接收。

时光悠悠,截至 2024 年,大学生方程式汽车大赛已成功举办 15 届,虽然 2021 年因新冠疫情未能举办线下比赛,但这并未阻挡大赛前进的脚步。15 年来,大学生方程式汽车大赛的举办对推动产校合作、提高学生的实操能力,特别是青年工程师的培养发挥了极其重要的作用,参加过车队的学生总数超过 4 万人。汽车产业"汽车人才黄埔军校"的美誉,已在社会各界深深扎根,赢得广泛支持与认可。

赛事举办以来，大批汽车行业的优秀人才脱颖而出，更有一些人成为汽车行业的创新拔尖人才。

1）舒强（同济大学 2014 届车队队长），其创办的上海同驭汽车科技有限公司为数十家顶级汽车公司提供线控技术及产品，是该领域全球"独角兽"企业。

2）倪俊（北京理工大学 2012 届车队队长），目前担任北京理工大学副教授、机械与车辆学院副院长，入选 2016 年中国科学技术协会青年人才托举工程、2016 年中国汽车工程学会青年人才托举工程等人才计划。

3）李天舒（北京航空航天大学 2010 届车队队长），目前担任蔚来汽车副总裁。

4）刘迪（北京理工大学 2014 届纯电动方程式车队队长），目前担任 FE 国家电动车方程式车队首席技术官。

5）王洪帅（河北工程大学凌云车队队长），目前担任上海前晨汽车科技有限公司软件开发高级经理。

6）王奎添（哈尔滨工业大学威海 HRT 车队电气组组长），目前担任理想汽车自动驾驶高级系统架构工程师。

……

十年时间，让世界改观

在我漫长的职业生涯中，参与过无数交流活动，与个人、与公司、与行业，乃至各类组织都曾进行过深入的对话。这些经历让我深刻体会到国际交流的重要性。特别是在汽车这个高度市场化、国际化的产业中，中国汽车产业的发展离不开与世界各国的广泛交流与合作。

1979年2月，美国底特律康博中心（COBO Center）外首次飘起了五星红旗。当胡亮副理事长率团走进SAE年会会场时，西装革履的欧美代表们或许并未意识到，这个来自东方的代表团，正在为中国汽车工业推开一扇通向世界的大门。同年深秋，日内瓦国际标准化组织（ISO）会议厅里，中国代表首次在技术委员会会议中投下庄严一票。这两次破冰之旅，使中国汽车界正式踏入了国际学术团体的大家庭。

20世纪80年代，我们的脚步愈发坚定。

1981年，中国汽车工程学会牵头联合美国、日本、澳大利亚、印度尼西亚和韩国汽车工程学会成立国际太平洋地区汽车工程会议（IPC），四年后由胡亮为主的学会代表们的衣襟上别上了FISITA金色徽章，这些国际舞台上交织的身影，不仅带回了大量珍贵的国外最新汽车技术文献，更在无数深夜的技术研讨中，窥见未来汽车技术发展的光明前景。

时光流转至1985年，学会成为全国一级学会，从此开启了更加积极申办各种国际会议的新篇章。在我进入学会工作之前，学会已成功举办过多场大型会议，例如第五届国际太平洋地区汽车工程会议（IPC–5，1989年）以及第25届FISITA年会（1994年），学会已逐渐在国际舞台上崭露头角。

但真正颠覆世界对于中国汽车产业认知的，是在千禧年后。

☆ 世界电动汽车大会EVS16的旁观者

1999年金秋，我初入学会就迎来职业生涯首场盛事——由中国汽车工程学会与中国电工技术学会联合承办的第十六届世界电动汽车大会（EVS16）在北京盛大开幕。

EVS，即 Electric Vehicle Symposium，堪称全球电动汽车领域的"奥林匹克"，规模宏大且影响深远，可以清晰映照出世界汽车产业的发展走向，尤其聚焦于电动化这一引领未来的进程。彼时，EVS 已然成功举办了 16 届，历经岁月沉淀，在电动汽车技术路线上，形成了纯电动、混合动力和燃料电池三条并行且不断发展的道路，这一宝贵传统一直延续至今，为行业发展持续提供着强大动力。

1994 年，国务院颁布的《汽车工业产业政策》犹如春雷惊蛰。文件第十章第四十七条首次以国家意志提出"鼓励个人购买汽车"，这短短八字政策撬动了整个产业格局。

国产汽车如雨后春笋般涌现，上海大众、一汽奥迪等合资品牌接连落地，北京吉普切诺基生产线昼夜轰鸣。随后，短短五年间，中国汽车保有量突破 1500 万辆大关，完成了从进口依赖到自主生产的华丽转身。当我们驱车行驶在京津塘高速公路新铺就的沥青路面上，看着后视镜里不断延伸的输电塔架，真切感受到汽车产业正成为拉动基建投资、促进物资流通、提升民生质量的强力引擎。

但置身 EVS16 会场，透过外宾们矜持的微笑，我们清醒地意识到差距犹在。当时，我国平均 80 人拥有一辆汽车的普及率，与国外经济发达的汽车主要生产国形成刺眼对比。更令人警醒的是，当中国还在为轿车走入家庭的愿景努力时，大洋彼岸的 PNGV 已集结通用、福特等巨头，向着百公里 2.94 升油耗的疯狂目标疾驰。随后，白宫发布的《美国关键技术报告》，将电动汽车技术列为国家战略，这股绿色浪潮随即席卷欧日。

此前，主办第五届国际太平洋地区汽车工程会议和 1994 年

FISITA 年会，让中国汽车工业学术界首次与国际先进技术水平"亲密接触"，也让世界第一次听闻中国汽车产业的名字。那么这次世界电动汽车大会，意义更为非凡，它就像一扇窗户，面向中国普通消费者，最直观地展示了世界汽车技术的发展高度，让大众真切感受到汽车行业前沿的魅力。

在这样的时代背景下，作为 20 世纪最后一次电动汽车大会，EVS16 被赋予了特殊的历史意义，我们将 EVS16 学术会议的主题定为"电动汽车——21 世纪的清洁交通工具"。在那场备受瞩目的展会期间，全球各大知名汽车企业纷纷携其最新的技术成果闪亮登场，其中包括福特、大众、通用等。

福特公司展出的 P2000 模型堪称一大亮点。这款车型大量采用铝、镁和塑料等轻量化材料，相较于同等大小的传统汽车，其重量减轻了 40%。再叠加先进的混合动力技术，其整车燃油经济性表现极为出色，能够达到每加仑 63 英里（约 3.7 升每百公里），这一数据在当时无疑极具震撼力，让人们看到了汽车节能的新可能。

通用汽车也不甘示弱，展示了两款基于 EV1 电动汽车的混合动力车模型，一款是串联式，另一款是并联式。与 EV1 相比，这两款车轴距增加了 48.26 厘米，使后座空间更加宽敞，同时采用了 44 块镍氢电池替代原有的铅酸电池。前者可以在零排放模式下行驶 64 公里；而后者只需 7 秒，就可以实现从静止状态提速到 96 公里/时，是一款动力性好、排放清洁又充满驾驶乐趣的汽车。

与此同时，德国大众则通过一段精心制作的视频向观众介绍了实现百公里 1 升油耗的技术路径：一是致力于提高发动机燃烧效率，以此来减少油耗；二是积极采用新能源技术，进一步降低油耗，让人们看到了汽车节能技术的另一种发展方向。

然而在技术狂欢的背后，也曾有专家敲响警钟：电动汽车之所以在诞生后的几十年里未能大规模普及，主要是因为关键技术尚未突破。例如，尽管电池形式多样，包括铅酸蓄电池、镍氢电池和锂离子电池等，但一次充电行驶里程仍未达到令人满意的程度。因此，电动汽车要想真正走向大规模生产，必须在技术上取得重大突破。福特公司的专家预测，电动汽车实用化可能需要 10 到 20 年的时间。

但这并未阻挡住全球汽车产业转向电动汽车技术的趋势，中国也不例外。早在 1991 年，我国就已将电动汽车关键技术列入"八五"重点科技攻关项目，1996 年起科学技术部又将其列为"九五"及跨世纪国家重大科技产业工程，这足以看出我国对电动汽车技术的高度重视。那时主管工业的吴邦国副总理也出席了 EVS16，他认真参观并深入了解每一项先进技术，为中国汽车产业的发展指明了方向。

时至今日，回顾这段历程，我愈发深刻地感受到国际交流在汽车技术发展中的重要性。PNGV 计划在推动世界汽车技术进步方面发挥了不可估量的巨大作用，而张兴业将这项技术翻译后带入中国，让中国汽车产业看到了 PNGV 计划中的大联合、大协同模式，这种影响不仅体现在技术层面，更体现在中国汽车产业的发展理念和战略布局上，推动着中国汽车产业不断向前发展。

☆ EVS25 成功举办

坦白来说，EVS16 的举办称不上成功。时光飞逝，十年之后，我国已然超越美日，一跃成为全球最大的汽车生产国与汽车消费国，并且成功实现了电动汽车产业化，彻底摆脱了技术门外汉的身份。当我们再度回首望向 EVS16 时，内心不禁为中国汽车产业的迅猛发展而感慨万千，与此同时，一丝遗憾也悄然涌上心头。遗憾的是，尽管 EVS16 在中国举办，可会议的真正主角却并非我国的电动汽车。

这场与 EVS 并不那么美好的"邂逅"，于我国的汽车人而言，既是一种强烈的刺激，也是一种莫大的激励，它为我国电动汽车产业的发展提出了全新的要求。知不足而后进。在此之后，我国在"十五""十一五"期间，大幅加大了对电动汽车等新能源汽车的研发投入力度；确立了以混合动力电动汽车、纯电动汽车、燃料电池汽车作为"三纵"，以整车控制系统、电机驱动系统、动力蓄电池/燃料电池作为"三横"的研发布局。通过产学研的紧密合作，我国电动汽车自主创新取得了重大突破与进展。

正是看到了我们电动汽车产业的发展潜力，十年后，EVS 再次向我们伸出了橄榄枝，给了我们一个重新向世界展示成果的舞台。

EVS 依然是由中国汽车工程学会与中国电工技术学会联合主办。按照惯例，我与中国电工技术学会执行理事长段瑞春需要前往 EVS24 的举办地挪威南部海滨城市斯塔万格市（Stavanger）完成接棒。一同先去的还有深圳市常务副市长许勤、广东省人民政府副秘书长李春红等领导。

那又是一次有趣的经历。2010 年 5 月 16 日清晨，斯塔万格港的薄雾还未散尽，我与段瑞春理事长在车内相视苦笑——这个以"全球最宜居城市"著称的北欧小城，早高峰的车流竟与北京西二环别无二致。当我们提着公文包冲进议会大厦旋转门时，大会早已开始，没有接待员，更没有指引员，周围人来人往，嘈杂声一片。

就在我们站在门口不知所措，不知道该进哪个门、该坐到哪里时，刚好路过两个人也正要进入会场，我们赶紧跟上。直到目睹他们驻足在第一排鎏金铭牌的贵宾席前，我们才惊觉那两人竟是挪威王储哈康·马格努斯（Haakon Magnus）与摩洛哥亲王阿尔贝二世（Albert Alexandre Louis Pierre Grimaldi）！身边既没有保镖，也没有记者簇拥，两位王室成员就这样拿着咖啡杯，如普通参会者一般，闲庭信步地步入会场。

闭幕式上的聚光灯比预想中更炙热。当大会主席哈若德·里斯特委克将象征 EVS25 举办权的交接棒交到段理事长手中时，大屏幕正播放着深圳市民中心的航拍画面——那片十年前还是滩涂的土地，如今已成为中国电动汽车产业的热土。现场一片赞叹声，我知道，这是属于我们的高光时刻，是我们中国汽车产业向世界交出的一份满意答卷。

会后，在参观展览时，再次遇到这两位王子，他们主动向我们打招呼，脸上带着友善的笑容，大家又会心一笑。

从挪威归来，我们马不停蹄地一头扎进了紧张而忙碌的筹备工作之中。EVS 向来有着独特的举办节奏，每一年便会拉开一次帷幕，时间紧凑得容不得半点差池。而此次大会更有着非凡的意义，这是自中国融入世界贸易组织大家庭后首次在汽车领域扛起国际大会的旗帜。摆在我们面前的任务艰巨且繁杂，时间的指针仿佛被拨快了节奏，从邀请全球顶尖科学家到统筹数百余家企业展位，从设计会议流程到对接赞助商、敲定场地，每一项工作都如千钧之担，压在肩头。

当 2011 年 11 月 7 日深圳会展中心揭开 EVS 帷幕时，所有参与者都屏住了呼吸。45000 平方米的展馆里，聚集了 300 多家展商企业。其中，送展整车的企业更是超过 50 家，它们无一不是国际汽车整车及关键零部件领域的翘楚；还有国内行业里那些主流的、领军的、在 863 计划项目中大放异彩的企业。这般盛况创下历届之最。

其中，自主品牌展位前涌动的人潮，正在无声改写 EVS 大会的历史——十年前 EVS16 在北京举办时，展台上清一色的跨国巨头标志，如今已有半数被中国红替代。

对于全体中国汽车人而言，在新能源汽车，尤其是以纯电动汽车为先锋，已经成为我国汽车业转型的关键方向之际，在中国本土举办的 EVS25，无疑是一个绝佳的展示平台。从参展企业来看，产业链各个环节上的自主品牌都如雨后春笋般冒出，占据了相当大的比例，彻底打破了 EVS16 外资品牌一手遮天的格局。所有中国企业都拿出了看家本领，将最新的技术产品一一陈列，以最好的精神面貌示人。

展商之一的南车时代总经理申宇翔向我感慨道："这次大会对我们从事电动汽车工作的人来说，是一次理念的冲击。国内外企业都带来了很多新产品，充分体现出大家对电动汽车投入的极大热情。"

在这场盛会之中，还有一段令人难忘的小故事。

那次展览，中共中央政治局原常委、国务院原副总理李岚清同志亲临现场观展，由我和段瑞春陪同观展。正是这次近距离的陪同，让我深深折服于这位 78 岁老领导的宏大格局与犀利眼光。原本，我们计划先前往西门子等国际顶尖企业的展台，一睹它们最新技术产品的风采。可李岚清同志却出人意料地摆了摆手，点名要参观自主企业，尤其是比亚迪的展台。在他看来，自主企业才是未来电动汽车产业的中流砥柱，咱们得给它们更多的支持、更多的鼓励，让它们在风雨中茁壮成长。

在比亚迪展台，老常委亲自坐进电动汽车里，转头便向王传福抛出一连串问题，尤其对电池的重量、续驶里程这些关键指标追问再三。他神情严肃，语重心长地强调：电池安全是电动汽车推广应用路上的一道难关，必须要有量化的标准，要有严谨的试验规程，得尽快攻克。

随后，我们又马不停蹄地走访了几家充电桩企业。李岚清同志一路上妙语连珠，提出了诸多关于充电技术的问题，每一个问题都直击要害，精准得让人惊叹。从那些深入浅出的提问中，不难看出，他对新能源汽车的研究有多么深入、多么透彻，那绝不是走马观花式的了解，而是扎扎实实、下了苦功夫钻研的成果。

整场展览最震撼的瞬间出现在次日上午。30多辆电动汽车组成的长龙在市民惊诧的目光中驶出会展中心，穿行在深圳的大街小巷，全程超过40公里。所到之处，市民们纷纷驻足观看，让这场巡游成了全球电动汽车最大规模的一次集中展示，也成了深圳街头一道独特的风景线。

与此同时，来自五十多个国家的两千余名专家正在见证另一个历史性时刻。大会当天，来自五十多个国家的两千多位科学家、工程师、企业家以及各界代表，从四面八方齐聚深圳。他们围绕"可持续动力革命"这一主题，各抒己见，交流着、探讨着纯电动汽车、混合动力汽车、燃料电池汽车等新能源汽车的最新成果、未来走势、创新实践以及扶持政策。大会还收到了来自全球五十多个国家的近千篇论文，经过层层筛选，优中选优，最终共有来自38个国家和地区的557篇高质量论文被收录。这一系列数字，同样创下了历史新高，成为EVS历史上论文刊录数量最多的一届。

显而易见，与EVS16相比，EVS25完全是一场脱胎换骨、具有里程碑意义的盛会，在新能源汽车的发展史上留下了浓墨重彩的一笔。

正如全国政协副主席、科学技术部部长万钢在大会期间所说："未来的五年将是电动汽车产业发展的关键时刻，也是全球电动汽车产业格局初步形成的关键五年。而中国政府将对中外品牌电动汽车产品给予同等的补贴政策。"一个巨大的新能源汽车产业市场正在中国形成。

转眼间又是十五年，当中国新能源汽车产销量连续十年领跑全球时，当年展会上抄录技术参数的年轻技术员们已纷纷成为某些技术领域的领军者。那些曾经看似遥不可及的技术参数，最终都化作了我国电池包上能量密度的刻度，写进了中国技术的专利目录，更熔铸成中国汽车人走向世界的底气。

创办国际汽车论坛

千禧年的钟声敲响，世纪之交的曙光初现，学会在"二次创业"指导方针引领下，踏上了新的征程，稳步向前迈进。在此之前，我们有幸承办了 EVS16 这样一个世界大会，从筹备到落幕，每一个环节都凝聚着团队的心血与智慧，最终取得了圆满成功。这是学会在举办大型国际化论坛方面迈出的关键一步。

站在新的起点，我们开始冷静思考未来的发展方向。承办 EVS16 大会，我们主要负责展览会的会务服务。说白了，就是给参会嘉宾预订酒店房间，扮演着酒店预订商的角色。当最后一位嘉宾登上返程航班，我坐在堆满资料的会议桌前，繁忙之后的放空脑海中一个观点越发清晰——若不创办我们自己的国际化汽车论坛，学会将永远局限于这样的辅助性工作，这显然与学会的真正使命背道而驰。

基于这些考量，我们毅然决定创办属于自己的国际化汽车论坛。

彼时长安街两侧的报摊，新闻标题不断刷新着中国入世倒计时。而汽车业内关于中国汽车行业该如何在这风云变幻的局势中找准方向、破局前行的讨论，随着入世的脚步日益临近，变得越发紧迫而关键。

我们清醒地认识到，对于学会而言，这不仅是一个巨大的挑战，更是一个千载难逢的机遇。我们完全可以借助这一契机，举办一场国际性的论坛，汇聚各方智慧，共同探讨中国汽车产业如何应对入世后的挑战这一重大议题。

于是，我们着手策划，决定在北京国际车展期间，主办首届世界与中国汽车论坛。这是真正属于学会的国际化汽车论坛，论坛主题便是"21世纪世界与中国汽车工业"。

论坛深入探讨、研究了加入WTO后，中国汽车工业的生存和发展之路，其中包括高科技产业与中国汽车工业的深度融合与持续发展，中国汽车工业如何进行资产重组、优化产业组织机构，以更好地迎接经济全球化的浪潮，以及世界汽车市场营销体系等一系列备受瞩目的问题。

时至今日，我仍清晰地记得，在那次论坛的讨论过程中，气氛热烈而庄重。与会的专家学者和行业精英们各抒己见，思维的火花在会场中激烈碰撞。大家普遍达成共识，认为中国汽车工业当务之急的是要明确自身的定位，在全球汽车市场的坐标系中找准自己的定位和方向。只有迅速提升整体综合竞争力，打造出核心优势，中国汽车工业才能获得参与国际竞争的"入场券"，在世界汽车工业的舞台上占据一席之地。

☆ 张国宝意外缺席

在论坛筹备过程中，曾发生了一个令人意想不到的小插曲。一般大型产业论坛，总需要一两位极具分量的政府代表作为开幕式嘉宾"镇场"。时任国家计划委员会副主任的张国宝是我大学同学，分管汽车产业的他自然成为论坛政府嘉宾的首选。

依着这份熟悉的同窗情谊，我并未选择去他办公室进行正式的邀请，而是拿起电话，拨通了他的号码："国宝，我们要举办一个汽车国际论坛，丰田、大众、通用等国际知名大车企的负责人都会来，我想邀请你出席并做个致辞。你分管汽车领域，肯定对这个论坛很感兴趣。"电话那头传来老同学爽朗的笑声："老付张罗的场子，我哪能缺席？"

这个承诺让我安心了半个月，直到论坛举办前日。穿过国家计划委员会大楼幽深的走廊，我在副主任办公室里见到了面色凝重的秘书。年轻人扶了扶金丝眼镜，将日程表推到我面前说："付秘书长，明天国务院有经济形势分析会，张主任必须全程出席。"

张国宝提出上午参加会议，下午来参加论坛的折中方案，秘书却斩钉截铁地说："跨部委会议随时可能有紧急协调，主任不能离场。"我看到老同学欲言又止，最终化作一声叹息。有些规则，终究绕不过去。

2000年6月7日，"21世纪世界与中国汽车工业"国际学术研讨会如期举行，张国宝最终没能出席我们的论坛，但好在现场却丝毫不受影响，高朋满座，依旧很隆重。

☆ 国际巨头齐聚中国

那场论坛的质量堪称上乘，几乎所有国际顶尖的整车企业都纷纷派出代表前来参会，丰田、大众、通用汽车更是由高层亲自出席，会议现场的气氛也极为热烈且融洽。

尤为关键的是，跨国公司对中国汽车市场的关注程度超乎想象，甚至远远超过了国内的一些企业。他们的眼神中透露出迫切的渴望，迫切地想要深入了解中国汽车产业的发展趋势，仿佛这是一把开启未来市场大门的关键钥匙。在研讨会上，除了围绕入世相关议题展开深入探讨外，各大公司的高管们还就各种热门话题展开了激烈且富有深度的讨论，思想碰撞的火花四溅，场面十分精彩。

大众汽车集团亚太区副总裁斯特凡·雅各比（Stefan Jacoby）在会上谈到了大众在中国市场的战略布局。彼时，大众凭借上海大众（SVW）和一汽-大众（FVW）这两家合资企业，已然在中国轿车市场上占据了举足轻重的地位，可谓是尝尽了甜头。然而，大众的野心显然不止于此。"未来几年内，我们计划推出两款紧凑型轿车，价格锚定在8万到12万元区间。"这位操着柏林口音英语的德国人，显然深谙中国市场密码——在桑塔纳、捷达奠定中国轿车市场半壁江山后，大众正将触角伸向新兴中产家庭的购车预算带。

而宝马在当时的中国市场上，主要依靠进口销售，还尚未在中国建立工厂。随着中国即将加入WTO的消息传来，关于宝马是否会在中国建厂的问题，瞬间成为大众和业界关注的焦点。宝马集团亚洲区总裁韩博策在会议上从容不迫地表达了自己的观点，他表示，宝马品牌一直秉持着"精品哲学"，其目标客户群体相对较为小众，因此，在考虑建立本土化生产设施时，必须要对市场需求进行充分而深入的评估。他的眼神中闪烁着坚定的光芒，坚信只要时机成熟，中国生产的宝马汽车必将问世。

最耐人寻味的当属通用汽车的布局。通用汽车公司中国总裁善能在白板上画出战略坐标轴："到 2004 年，中国市场要占通用全球市场的 10%。在接下来的五年内，中国市场所占比例有望进一步提升至整个亚洲市场的 15%。"

更为关键的是，他认为中国的汽车制造商数量过多，预计经过行业整合后，最终将仅剩 10 至 15 家整车企业，其余则转型成为零部件供应商。这一大胆的预测，在后来的市场发展进程中被证明是相当准确的，也让更多人对善能的战略眼光刮目相看。

茶歇时分，我注意到丰田公司中国区事务所总代表岛原信治独坐角落，面前摊开的笔记本密密麻麻记满了竞争对手的动态。这个后来被媒体称为"迟到的巨人"的日系代表，此刻正用钢笔反复圈画着什么。当被问及为何错失先机，他轻抚和服袖口的三叶葵纹章说："丰田无意独占中国市场，而是希望争取合理份额。大众与通用在中国的成功经验对丰田来说极具借鉴意义。丰田将致力于提升产品质量，完善销售和服务网络，以赢得中国消费者的信赖。"这是一句充满东方智慧的回应，现如今，丰田在中国市场的地位日益稳固，甚至一度领跑群雄。

论坛又一次高潮出现在福特公司副总裁兼福特（中国）公司董事长程美玮展示重庆项目规划时。这位福特少壮派将领透露，福特在重庆的轿车合作项目进展顺利，并计划推出价格区间在 10 万至 15 万元左右的新车型。他同时强调，即便是在中国加入 WTO 之后，福特仍将坚定不移地实施长期投资策略，与中国伙伴展开全方位合作。

在与各个跨国公司高管的深入交流过程中，我深切地感受到他们对中国市场的坚定信心，同时也清晰地观察到他们对中国市场趋势判断的迫切需求。他们急切地想要了解中国市场未来的走向，以此为他们在中国的发展提供有力的佐证和坚实的底气。

这场会议的成功，不仅有力地证明了论坛话题的强大吸引力，更揭示了一个深刻的道理：只要内容足够扎实，它就如同拥有一块强大的磁石，自然能吸引业界精英纷至沓来。而这也正是我们办会的宗旨和目的所在——急企业之所急，想企业之所想，为企业搭建一个交流、合作、共谋发展的优质平台。

☆ 团队信心倍增

EVS25 和世界与中国汽车论坛，这两场大型国际性论坛的成功举办，极大地增强了学会的信心。这份信心既来源于中国汽车产业的逐步强大，更得益于学会组织举办大型高端论坛能力的提升。这是一段前所未有的经历，它在很大程度上提升了学会的影响力。我们甚至用"横空出世"一词来形容学会全新的发展阶段。

华人工程师，需要我们

2020 年，中美关系处于紧张态势。那时，我结束在美国的行程，准备搭乘航班返回祖国。就在我即将踏入登机通道时，美国警方将我拦下，并向我提出了一系列问题，其中一个问题是："你为何先后 16 次来美国？"

我的记忆力不太好，也从未细数过自己究竟去过多少次美国。那一刻，我才第一次认真回顾了往返美国的经历。

☆ 首次参加 SAE 年会

调入学会后第一次去美国，是在 2000 年。刚结束 EVS16 大会不久，我随老理事长张兴业前往底特律参加一年一度的美国汽车工程师学会年会。当时的我不曾料到，这场始于千禧年的旅程，竟会在往后的岁月里，化作我职业生涯中持续多年的关键引领，成为贯穿我职业脉络的重要坐标。

最早成立于1905年的SAE（Society of Automotive Engineers），业界习惯称之为美国汽车工程师学会，尽管其名字中带有"美国"二字，但实际上，SAE是一个国际性的组织。总部位于美国，其影响早已超越国界，在全球汽车工业，乃至航空和海洋领域，都具有举足轻重的地位，是这些行业中技术信息的重要来源之一。

每年2月（后改为4月），来自全球90多个国家和地区的会员聚集在这里，共享最新的技术标准、报告、工具书以及科技出版物，构建起一个庞大而详尽的技术信息网络。这种学术交流的盛会，不仅让我大开眼界，更让我深刻体会到科技创新的重要性。

第一次走进科博中心参加那场盛会时的一切，至今仍历历在目。会场内，人潮涌动，约有三万余人参加，50个分会场各自承载着不同的学术报告和科技展示，整个场面既宏大又充满活力。那一刻，我深深感受到，汽车工程师对推动行业进步的重要使命，每一个细节、每一次技术创新都可能引发整个行业的巨大变革。

作为学会的代表，内心不禁萌生一个梦想：什么时候我们也能举办如此规模、具有国际影响力的学术盛会？

在众多精彩演讲中，福特公司一位销售工程师的题为《让汽车飞起来》的演讲，给我留下了深刻印象。那时，飞行汽车还只是科幻小说中的遐想，与现实生活有着不可逾越的距离。但这也正反映了当时美国汽车工业的发达程度，以及他们自身在前沿技术探索上开放的思想视野。

如今，随着飞行汽车在国内逐步走向产业化和市场化，这场演讲更像是对未来的预示——从内燃机时代向电驱动转型、从传统汽车向智能网联乃至飞行汽车跨越，每一步都离不开持续的创新与不懈的探索。

创新绝不是遥不可及的梦想，而是需要每一位工程师在日常工作中不断积累、不断突破的结果。无论是推动汽车在地面上行驶更为高效，还是试图赋予汽车以"飞翔"的梦想，都需要我们从每一个微小的细节中寻找灵感，不断优化，不断改进。

自那次出访美国以来，参加 SAE 年会便成为我的年度例行公事。每年的旅程虽然充满了未知，但却总能让我发现新的技术趋势和前沿研究，也感受到了国际合作的巨大潜力。我见证了全球汽车工业的快速变革，也见证了中国汽车技术从追随者到参与者，再到如今的创新引领者，站到了世界舞台中央的跨越。

经过多年的交流与发展，学会与 SAE 之间也逐步建立起了紧密的合作关系，在促进双方汽车产业技术水平提升的同时，更为全球汽车工程师之间搭建起了一座沟通与共享的桥梁。

☆ 火爆的"中国论坛"

前往参加 SAE 年会，并不仅仅是为了近距离接触国际先进技术，更是为了一个使命——代表中国汽车产业，在北美华人内燃机协会首次于 SAE 年会期间举办的"中国论坛"上发表主旨演讲。

"中国论坛"开幕式上，张兴业理事长用微微发颤的声音致辞后，轮到我登上讲台，投影幕布映出九个大字：请不要怀疑中国市场。

那是我人生中第一次站在国际论坛的讲台上发表演讲,尽管台下坐的多是华人汽车工程师,他们说着我熟悉的中文,但他们背后的经历和视野,却让人深刻地感受到,这些来自世界各地的精英正站在全球科技前沿,用最严谨的学术训练和最先进的研发理念,审视着中国市场。

回想那个时期,中国汽车产业的实力还远远不足以与任何一个汽车发达国家相抗衡。尽管当时我们拥有近13亿的人口,但汽车产业发展却远未能满足这一庞大市场的需求。我们急需汽车,我们迫切需要产业升级,更需要那些拥有丰富知识和宝贵经验的专业人才。正值中国加入WTO进入倒计时之际,全球的目光正聚焦于这片即将全面开放的新兴市场。我们不仅要展示产业现状,更要为即将到来的时代发展浪潮铺路。

令人感到欣慰的是,那些年我参加"中国论坛"时,现场气氛总是异常火爆。原定15分钟的演讲,总是在一次次掌声中不断延长,哪怕是在台上回答了观众20多分钟的提问后,下台后身边依然围绕着很多人,不断地向我询问着关于中国汽车市场的问题。这些人里不仅有汽车界的,还有投资界的,他们追问着中国汽车市场究竟如何?轿车情况如何?商用车又如何?每年产销量能达到多少?他们对中国市场充满好奇。甚至,这些人里不乏外国人,英语、法语此起彼伏。

记不清是过去了多久,西装内衬已被汗水浸透。一位东风汽车公司从事材料研发的工程师试图缓解我被"围堵"的局面,他提醒大家说:"是不是应该让付先生先休息一下?他从开始演讲到现在,连一口水都没来得及喝。"可不断围拢的人群依然在缩小包围圈,直到会场服务员提醒下一场活动即将开始。

这种沸腾的热度与第二天形成强烈反差。当我应中国台湾SAE理事陈宪章的邀请参加另一个论坛时，空旷的会议厅里只零星坐着十几人。讲台上，我的声音在穹顶形成空洞的回响，前排听众翻阅资料的声音清晰可闻。

☆ 难忘的底特律之夜

在参加 SAE 年会之余，最为重要的一项任务，便是与当地的华人工程师交流。特别是 2000 年至 2008 年期间，我们深深地体会到，海外的华人工程师们需要我们。

自 20 世纪 80 年代，尤其是 90 年代以来，越来越多的中国学子汇聚底特律这座全球汽车研发和制造中心，在各大汽车集团及相关行业中崭露头角。

在这种背景下，一系列华人组织应运而生，如北美华人协会底特律分会、底特律中国工程师协会、底特律中国人协会、底特律中华商会，以及由当时在底特律柴油机公司（DDC）工作的朱元宪博士、在福特汽车公司工作的杨嘉林博士和董愚博士、在 FEV 公司工作的彭立新博士、在 Burke Porter 公司工作的安超博士，以及在韦恩州立大学工作的赵福全博士共同发起成立的北美最早的华人学术团体之一北美华人动力系统工程师协会（原名北美华人内燃机协会，North American Association of Chinese Engine Engineers，NAACEE）。

这几大华人组织总是期盼我们去开会，他们热切地希望看到来自中国的代表，聆听国内的声音和信息。有一段时期，我甚至建议他们，最好将时间错开，因为我实在无法同时参加几个会议。即便如此，每年在底特律，我们总是在白天参加 SAE 年会之后，又在当晚赶赴各个华人协会组织的会议。

在如此高强度的工作压力下,张兴业因年纪渐长体力不支,便逐渐将国际交流的重任交给了我。所幸我正值壮年,下了飞机便直奔会议现场。

不同于如今业内正式的大型会议,动辄上百人租用一间会议室,台上台下区分明确。彼时的他们,下班后每人出资 15 美元包下一间餐厅,边用餐,边交流。这种形式的"对话"气氛异常活跃。尤其是自中国加入 WTO 之后,中国汽车工业迎来了迅猛的发展,许多工程师陆续收到国内汽车企业的邀请函,他们渴望了解更多中国的信息,并试图寻找到施展才华的用武之地,为祖国的汽车工业贡献自己的力量。

然而,最终所有话题总是会归结到一个核心问题:"我们回去,值得吗?"

参会的工程师们大多是 20 世纪八九十年代赴美的留学生,经过十多年的打拼,身份、房子、孩子、票子都有了,工作顺心,生活富裕,日子平淡。虽然我是中国汽车行业的代表,却无法对他们做出任何承诺。毕竟,相较于大家所关注的那些切实问题,一味地强调中国汽车市场的发展潜力,终究显得苍白无力。

就在大家各抒己见、探讨核心问题之际,赵福全站出来做了回答:"回国是否值得,这取决于你追求的是什么。如果你要的是蓝天白云,我觉得你完全没必要回国——底特律的天更蓝、水更清。但如果你心中挂念父母,希望为中国的汽车产业贡献一己之力,那么你回国就是值得的。"

那几年,为了探讨彼此心中的疑惑与梦想,我曾多次与这些志同道合的朋友们彻夜长谈。最令我难忘的一次,便是在刘健芬与潘涌家中。刘建芬、潘涌夫妇是极为热情的人,2001 年年会期间我受他们邀请到家中作客,同时受邀的还有七八个在三大汽车公司工作的华人工程师。那时，大家手捧热茶，围坐在温暖的壁炉旁，也没有什么正式的发言，更多的是朋友间的交流。我当然是极力为中国汽车产业的发展前景"鼓吹"，或许是被我的激情所感染，许多人开始与我交谈，其中就包括后来回国发展的彭立新。

他当时感慨地说："见到付老之后，我才真正明白，国内还有一批热爱汽车、懂汽车的人在为中国汽车产业奔走呼号，中国的汽车事业肯定充满希望。"

时间悄然流逝，聚会结束时已是深夜，年迈的张兴业早已昏昏欲睡。4月的底特律，依然笼罩在一片白雪茫茫之中，街道寂静无声。如果不是克莱斯勒公司的侯先生送我们，我和张兴业两人恐怕很难安全回到酒店。那一夜仿佛穿越时空的对话，不仅是一次简单的相聚，更是一段难忘的记忆，永远铭刻在心底。

回国后，我将这段经历写成《难忘的底特律之夜》一文，整版发表在《北京晚报》上。文章发布之后，北京招商局找到我，希望能与这些华人工程师建立联系，寻求合作的可能性，并询问能否加入我们的访美团队。此后，我们的访美团队逐年壮大，一汽、东风、长安、重汽等中国汽车企业纷纷加入，试图招揽更多海外顶尖人才。这让我深感学会的工作意义非凡。

☆ **在匈牙利遇到华人工程师**

也许是因为我在SAE"中国论坛"上做过多次演讲，或是频繁出席各大国际交流活动，在一次举办于匈牙利的国际交流活动中，一位就职于宝马的华人工程师认出了我。他是特地从德国慕尼黑赶来参加学术会议的，他对我说："您不用自我介绍，我们对您都很了解。我们知道您参会，也看过您的照片。"

他向我介绍了很多宝马的发展情况，讲述了自己在宝马的工作经历，并提到了回国的想法。当我询问他我能帮什么忙时，他说："我认识您就足够了。"这让我深感欣慰，也让我意识到，学会已经开始具备一定的国际影响力，越来越多的人开始关注中国汽车市场。

直至我退休之后，我依然向张宁、侯福深等学会现任领导成员强调：这样的跨国交流不能中断，我们不能因任何理由而不去做这样有意义的事情。我们需要持续与这些海外华人工程师保持沟通。美国汽车产业需要了解中国，在美华人工程师也需要了解祖国，以便更好地报效祖国。

很荣幸，在那段时期我有机会认识并且与之深谈过的人，最后都回到了祖国发展，其中很多人随后也成了我的挚友。比如朱元宪，如今也有70岁了，平时有什么事情都会找我私聊，听取我的意见，我也向他学到了很多知识。

海归——中国汽车工业的脊梁

海归工程师将国外汽车企业先进的研发理念和流程引进了当时几乎一张白纸的中国自主汽车企业，如同拓荒者一样，在荒芜的土地上搭建起了最初的，也最基础的生产研发体系，沿着正向开发轨道，一步一个脚印地开发出属于自己的汽车产品，为中国汽车工业的崛起奠定了坚实的基础。

可以说，没有他们的努力和付出，中国汽车产业的发展或许无法取得今天的辉煌成就，他们是中国汽车产业当之无愧的功臣，是推动中国汽车产业前进的中流砥柱。他们的故事，不仅是中国汽车产业的缩影，更是中国科技人才奋斗的写照。

☆ 中国汽车产业的"拓荒者"

从时间线来看，赵福全算是我国加入 WTO 后首批回国的海归人才之一。他放弃了在戴姆勒－克莱斯勒花费七年时间从产品工程师晋升到技术战略专家的工作，2004 年，带着对家乡的眷恋与对未来的憧憬，回到了阔别 23 年的家乡沈阳，出任华晨金杯汽车公司副总裁兼研发中心总经理。

在之后的岁月里，每年赴底特律参会，赵福全都是访美团队中不可或缺的关键人物。他不止为参与国际先进技术交流，更以自身经历感召海外人才，成为号召他们回国效力的生动典范。

与他同一时期回到中国的，还有汪大总、许敏、朱元宪、辛军、汪娜、刘立、庞剑、彭立新、徐政等诸多优秀汽车工程师，他们绝大多数都是内燃机相关技术领域的权威专家。

在这些人之中，赵福全在回国前就已出版三本汽油机直喷技术专著，曾入选美国工程院"全美 30 位最杰出的工程师"；许敏是美国伟世通公司唯一的发动机燃烧领域 SAE 会士（Fellow）；朱元宪曾担任世界权威汽车杂志《沃德》评选的十佳发动机——纳威司达 V8 柴油发动机性能和排放开发工作负责人；彭立新 1994 年获得联合国信息技术促进系统（TISP）中国国家分部颁发的"科学技术发明与进步"奖；辛军曾在本田北美技术中心主导发动机研发。他们这些人，都义无反顾地放弃了在美国的一切，手握单程机票回到祖国的怀抱，带着满腔热血投身于中国汽车工业的发展浪潮之中。

2004 年，赵福全进入华晨，并在两年后转投吉利麾下，担任集团副总裁一职。当时的吉利正凭借低价策略艰难求生，产品质量和技术水准备受质疑。赵福全的到来，如同一针强心剂，他带领团队打造出一个"与国际接轨、适合中国国情、具有吉利特色"的自主研发体系，形成了整车及动力总成等核心技术的正向开发能力，建立起了一套具有自主研发"造血功能"的强大技术体系，被誉为吉利研发体系的灵魂。

2009年，"吉利战略转型的技术体系创新工程建设"项目荣获国家科学技术进步奖二等奖（一等奖空缺），这是对赵福全及其团队卓越贡献的高度肯定。随着技术水平的不断提升，吉利新车的销量亦由2006年的20万辆激增至2013年的55万辆，吉利在市场中一步步站稳脚跟，实现了从边缘走向舞台中央的华丽转身。

除了在技术研发方面取得显著成就之外，赵福全还积极参与了吉利汽车三次重要的国际并购及其后续整合运营工作，其中包括广为人知的沃尔沃汽车收购案，以及澳大利亚DSI变速器公司和英国锰铜公司并购事宜。特别是在收购沃尔沃的过程中，赵福全充分发挥其在技术、商业谈判及跨文化交流方面的才能，确保吉利汽车利益最大化，成功完成了这一具有里程碑意义的任务，为中国汽车工业的国际化进程留下了意义非凡的印记。

在赵福全回国的前一年，许敏率先踏上归途，加盟彼时刚刚起步的奇瑞汽车。他一手构建起奇瑞汽车工程研究院，制订了一整套科学严谨的研发规范与流程，并牵头推进奇瑞与奥地利AVL公司在发动机领域的深度合作。第二年6月，奇瑞在北京车展上发布了两款与国际先进水平同步的发动机——2.0L TCL DGL VVT汽油发动机及1.9L柴油发动机，以及一款拥有自主知识产权的NEW CROSSOVER轿车（奇瑞东方之子Cross的概念车），成为我国在汽车核心技术领域取得的巨大成就，让世界看到了中国汽车工业崛起的希望。

无独有偶,在汽车 NVH(噪声、振动与声振粗糙度)领域,同样有一位杰出的归国人才——庞剑。他拥有"底特律中国人协会主席""福特公司高级工程师""噪声与振动技术专家"等多个头衔。2008 年,庞剑毅然决然选择回国发展,加盟长安汽车。

那时,国内汽车产业 NVH 技术尚处于萌芽阶段,长安汽车内部专注于汽车振动与噪声研究的科研人员屈指可数。庞剑肩负重任,负责公司所有项目的 NVH 工作,涵盖发动机、进排气系统、悬置、车身、声学包装、风噪、路噪等多个复杂领域。他的目标宏伟而明确——力争在三年内使长安汽车在 NVH 领域的表现达到国内领先水平,并在八年之内跻身世界顶尖行列。

为了实现这一目标,庞剑亲力亲为,夜以继日地奋斗在研发一线。在他的带领下,长安汽车迅速组建起专业的 NVH 团队,逐步攻克一个又一个技术难题,将自主品牌汽车的"质感"提升到了新的高度。2012 年,庞剑当选 FISITA 噪声振动学术委员会主席,这不仅是对他个人技术能力和行业贡献的高度认可,更标志着中国在 NVH 领域的研究水平得到了国际同行的广泛赞誉与高度评价。

如今,庞剑计划在对他多年的知识和经验积累进行系统总结之后,撰写六本关于 NVH 技术的专业书籍。他希望通过这些书籍,为国内汽车行业提供翔实的参考依据,也为高校相关专业的教学和科研工作贡献一分力量。目前,庞剑的著作已有三本出版,均由我作序推荐,这也算是一种对行业传承的坚守与支持。

在这些海归人才的引领下,行业也迎来了国家政策的春风。国家层面出台了海外高层次人才引进政策,越来越多在海外积累了丰富经验的华人汽车工程师选择归国发展,加入到核心技术研发的攻坚战中。如 2010 年,在福特工作长达十年的六西格玛质量黑带大师沈峰，加入了吉利集团，出任海外项目副总裁。又如2012年，SAE会士、两次荣获亨利·福特技术奖的内燃机技术专家徐政回国加盟上汽。这样的案例，不胜枚举。

☆ 从企业到高校，为产业"造血"

"做吉利、华晨这种企业，不是某一个人有水平，就能一夜之间把企业带到一定高度。"这是赵福全经常挂在嘴边的话。回国发展后，海归工程师们很大一部分工作其实是在搭建整个研发团队。

以赵福全为例，在吉利任职期间，仅仅六年半的时间，吉利研发团队由最初的300人，迅速发展到了2000人，其中硕士、博士多达400多人，海归25人。但他并不满足，还曾牵头创办浙江汽车工程学院，对外公开招生，为中国汽车产业培养了大量高素质的专业人才。

出于对学术研究的深深眷恋，以及对中国汽车产业人才短缺和教育现状的深切忧虑，赵福全从吉利离职后，选择的下一站是清华大学。

离开企业进入高校似乎是第一代汽车海归的宿命。除赵福全之外，许敏、韩志玉、彭立新等海归学者先后加入上海交通大学、同济大学、湖南大学等高等学府，致力于将自己在海外多年积累的宝贵经验和实践智慧传授给年轻的学子，为中国汽车产业源源不断地输送优秀人才。这些学者们的回归，不仅为高校注入了新的活力，更为中国汽车产业的未来培养了更多的生力军。

然而，现实的教育困境如同一座大山，横亘在他们面前。一人之力，终究难以撬动中国教育这座大山的改革。至少在彭立新退休的那一年，中国高校中汽车专业教育与产业需求错配的现状依然未能改变。教材更新滞后、教学方式单一等顽疾依然存在，导致许多毕业生在进入企业后需要较长时间才能适应岗位要求。

为此，彭立新提出在高校设立实验班的想法，通过项目驱动的方式，让学生在实践中学习理论知识，提高他们的综合素质。这种创新的教学模式已在湖南大学实行，并取得了一定成效。

一直以来，我都希望能有机会邀请许敏和彭立新，到汽车人才研究会分享他们对人才培养的深刻见解和独到想法，为中国汽车人才的培养探索更多切实可行的方法。他们的经验和智慧，无疑将为行业带来新的启示和思考。

☆ **我们能为海归工程师做什么？**

海归工程师们回国后也曾面临诸多挑战，光鲜背后的种种不适应都需要逐一克服。2006 年，赵福全、许敏、邬学斌先后离开他们归国后服务的第一家本土汽车公司，成为中国汽车海归三个典型的离职案例。舆论开始质疑这批海归对中国汽车工业的真实贡献，这对那些仍怀揣回国梦想的人士无疑是一个沉重的打击。

在那段微妙时期，赵福全在离开华晨之后，便如同石沉大海，音讯全无。他究竟是悄无声息地离开了中国，还是遭遇了别的状况，所有人都在猜测，却始终得不到真相。

一天，我正陪伴生病的爱人在医院打点滴。刚安顿好她坐下，还没来得及喘口气，手机铃声突然响起，来电显示是赵福全。我连忙接起电话，走向室外，急切地问道："你去哪儿了？怎么一点消息都没有？"

电话那头，他如同倒豆子一样讲述了自己的情况和对未来的犹豫。那通电话持续了两个小时，我早已忘了诊室内还在输液的爱人。我们分析利弊，规划未来，到了最后，我斩钉截铁地说："无论你选择民营企业还是国有企业，都可以，反正不能再回美国。"他也郑重地向我保证："一定会留在自主品牌企业。"

赵福全坚守了这个承诺。后来，他加盟了当时并不被看好的吉利，又在将吉利扶上正轨之后加盟清华大学，创建汽车产业与技术战略研究院（TASRI），并出任院长。在担任 FISITA 轮值主席期间，他为中国汽车工业的发展做出了重要贡献。任期结束后，因贡献杰出，他被授予终身名誉主席的称号。

回想当时的劝说，或许有些强词夺理，但庆幸的是，这位不可多得的人才最终留在了中国。

在那个时期，舆论高度关注每一位海归的动态，并对他们的一言一行进行放大。一次，我前往上海柴油机股份有限公司考察。在结束一天的工作后，公司的董事长单独请我吃饭，其间聊到了在公司工作的彭立新。他说，彭博士有很多优点，但喜欢办派对，经常邀请大家去他家玩。他的评价令我震惊。那时，已经是 2006 年，中国改革开放近三十年，加入 WTO 数年。彭立新用自己的钱在非工作时间招待同事和朋友，有何不妥？

与外向的彭立新不同，朱元宪回国后的发展更像是向一潭深渊扔下了一颗石子，无声无息。

朱元宪与赵福全同一年回国，为提升国内柴油机技术水平，打破外资在高压共轨技术领域的垄断，他回到成都加入中国航空工业集团旗下的成都威特电喷公司，主导开展电控组合式单体泵和高压共轨系统开发项目。然而，随后数年间，成都威特起起伏伏，几经转手，朱元宪却始终不离不弃，拿着并不高的收入，一直默默扎根技术研发。这种精神真是难能可贵。

每次去成都，我都要去看望朱元宪。我也曾问过他回国后的感想，更是不止一次地暗示或许可以为他提供其他工作机会，但都被他婉拒。如今，他依然保持着每天工作 9 至 10 小时的节奏，乐此不疲。

多年如一日的坚持，终究不会付诸东流。经过十余年漫长而艰辛的努力，朱元宪先后成功开发出电控组合式单体泵和高压共轨系统等产品，并且顺利实现了产业化。他的这些卓越成果，为国内柴油机技术的发展立下了汗马功劳。凭借这些成绩，他先后荣获 2010 年度中国机械工业科学技术奖二等奖，以及 2015 年度中国汽车工业优秀海归人才奖。他用自己的实际行动，向世人证明了坚持的力量和价值。

除了对个人成长与突破的追求之外，这些归国人才还致力于推动中国汽车产业的可持续发展。2013 年，由已回国发展数年的辛军牵头，徐政等一批国家特聘专家，主导创办了中国汽车与环境创新论坛。到 2024 年，论坛已成功举办了十二届，见证了无数激动人心的突破与变革。只要时间允许，我总要去到现场，了解这些海归工程师的发展情况，听一听他们的最新技术进展，聊一聊对于产业现况的最新理解。

我始终在思考，我们能够为这些海归工程师做些什么？我们很难帮他们解决在实际工作和生活中所遇到的一些困难，思来想去，我们唯一能做，也是必须做的，就是成立汽车人才研究会。我们希望，这个研究会能成为包括那些海归工程师在内的所有中国汽车工程师的温暖港湾，一个真正属于他们的家。我们衷心地期望，汽车人才研究会的成立，能够让这些海归工程师在这片奋斗的土地上，找到那份缺失已久的归属感。

FISITA，中国来了

要成为汽车大国乃至强国，必须有与之相匹配的学术环境，就好比肥沃的土壤之于参天大树，是不可或缺的根基。

自 2001 年中国加入 WTO 以来，中国汽车市场以过去几十年都不曾达到的速度"飞跃"发展，销售数量大涨，品牌数量猛增，销售模式巨变，消费环境日渐改善，中国正在进入汽车社会。我们自认为已经是全球汽车大国，汽车产量巨大、市场广阔，国内相关学术论文也如繁星点点，层出不穷。

然而，站在国际舞台上，我却常常感到一种无奈。在国际会议上鲜少听到我们的声音，也很少看到我们的论文被宣读。这不是单纯的语言或经费问题，关键是观念问题。

尤其是在汇聚了几乎所有主要汽车生产国的汽车工程学会，覆盖包括美国、日本、中国等 35 个国家的超过 20 万名汽车工程师，被誉为"汽车技术联合国"的世界汽车工程师学会联合会（FISITA）。

回想过去，我们参加 FISITA 会议时，往往只能坐在会场后排，没有参与讨论的话语权，只能被动接受核心成员讨论后的既定结果。那种被边缘化的滋味并不好受，却也时刻提醒着我们，中国汽车工业要走出去，更要国际化，我们的技术人员不能落后，在学术上尤其不能闭门造车。

与此同时，中国人也绝不能在 FISITA 中缺席。因为一旦出现缺席，FISITA 就可能会将中国台湾纳入其中，那么在重大事件发生时，谁来提出反对意见？中国人必须自信地走向世界、拥抱世界,这是我们坚定不移的信念。从某种意义上讲,学会在这一过程中发挥了不可或缺的作用。

☆ FISITA 2012 申办成功

两年一次的 FISITA 年会,总能吸引来自世界各地的数千名企业高管、资深工程师参会进行技术交流,以便推进汽车工程的科学与实践。它不仅是全球汽车学术精英汇聚交流、共探行业未来技术走向的盛会,还肩负着一项关键使命——票选出下一届大会的举办国。

那时,若有承办 FISITA 大会意向,需提前六年着手筹备。时间跨度之长、准备工作之繁杂,超乎想象。因此,追溯过往,2012 年 FISITA 大会的申办之旅,早在 2006 年就已悄然开启。

春节的喜庆氛围刚刚散去,学会在复工首日,像往常一样,各部门聚在一起,商讨并细化新一年的工作规划。而那一年,一个尤为关键的话题被摆上桌面:面对 FISITA 2012 大会的申办,我们是继续安坐一旁仅仅行使投票权,还是该鼓足勇气主动争取承办机会?

2005 年的汽车销量数据新鲜出炉,网络上满是对我国汽车销量在加入 WTO 第五年就首次超越日本,晋升世界第二大汽车市场的欢呼。但深入了解后发现,情况远没那么简单。无论是汽车保有量还是产量,我国与日本都有着不小的差距。与此同时,在国际会议上,中国汽车产业的声音十分微弱,在国际层面,中国汽车产业的知名度还未得到广泛传播,那些汽车强国甚至从未将我们视为竞争对手。

然而,我内心深处却有一个强烈的想法:我们不能再一味地等待。从"九五"到"十五"的五年间,我国汽车年产量从 207

万辆飙升至 570 万辆，轿车占比从不足三成跃升到 53.6%，产品结构已经和发达国家极为接近，总产量约占当年世界汽车产量的 8%。从市场潜力来看，我国汽车市场远未成熟，这恰恰是我国汽车生产在未来一段时间仍能保持较高增速的根基所在。

2006 年，无疑是中国汽车产业的关键转折点与全新起点。中国汽车产业已然置身于全面开放的市场竞争浪潮之中，在全球化的征程里，若想突围，就必须在当时最为薄弱的研发体系和销售服务这两端狠下功夫。只有通过自主开发、技术创新战略的稳步实施，再加上全行业同仁的不懈拼搏，才能引领中国汽车工业迈向自强、自立、科学发展的康庄大道，实现从汽车制造大国到汽车产业强国的华丽转身。

在这个过程中，我们急切地渴望让世界看到中国汽车产业的崛起，更希望通过承办 FISITA 大会，将全球最先进的汽车技术引入国内，让更多的中国研发人员有机会接触并深入了解那些最前沿的技术成果。

在做出参与 FISITA 2012 申办的决定后，我们便开启了漫长又繁杂的准备工作。这与推荐参选 FISITA 轮值主席截然不同[一]，大会的申办难度堪比申办奥运会，需要在 FISITA 理事会面前进行一场精彩的路演，展开竞标陈述。我们要在有限的时间内，向理事会成员详尽阐述我们的办会方针，以及涵盖时间、地点、场地、会场规模、接待容纳能力等一整套翔实的方案。

这场国际博弈的难度远超想象。那一年，FISITA 年会暨理事会在日本横滨举行，我们的主要竞争对手是韩国和澳大利亚，这两个国家的汽车工业在国际上的知名度都远超当时的中国，这无

[一] 详见下一节。

疑给我们的申办之路增添了不小的压力。为了能更好地与理事会成员交流，提升竞选成功率，我们特意外招了一位英文演讲和应答能力极为出色的演讲人，她就是后来外派至 FISITA 总部工作的公维洁。

当然，韩国那边的实力也不容小觑。他们派出参与申办竞选的同样是一位年轻女士，她浑身散发着朝气与活力，演讲逻辑清晰明了，还别出心裁地加入了中文演讲内容，试图拉近与中国市场的距离。不过，公维洁的表现更为出色，整个演讲过程行云流水，极具吸引力，将我们申办的热忱以及承办的优势展现得淋漓尽致。

整个申办竞选流程并不烦琐，先是竞选演讲环节，随后召开理事会，由常务理事会投票决定主办权的最终归属。而让我印象最为深刻的，是当公维洁演讲结束后，会场出现了长达五秒的寂静，时任 SAE 理事长突然起身，他对中国代表的申请陈述赞不绝口，还着重强调了一点："你们可千万别小看中国汽车工业的现状与发展势头！"

那时候，中国汽车工业以及中国汽车工程学会在 FISITA 理事会上的话语权还十分微弱，在这样的情况下，他能毫不犹豫地站出来，为我们申办 FISITA 2012 大声疾呼，做出导向性的表态，实在是难能可贵。

在他表态之后，紧跟着的是投票环节，最终我们毫无悬念地大幅领先，成功拿下了 2012 年 FISITA 年会的主办权。那一刻，所有为申办付出的艰辛努力都化作了满心的喜悦与自豪，我们深知，这不仅仅是一次申办的成功，更是中国汽车产业在国际舞台上迈出的关键一步。

☆ FISITA 2012 盛况空前

2011年6月我们在北京宣布，以"更绿色、更高效、更可持续——低碳时代的汽车与交通"为主题，承办FISITA 2012年会。

中国人要认真办一件事情，最终出来的结果往往超出预期，这是其他国家都比不了的优势。我们拿到FISITA 2012年会主办权之后的6年间，全行业进行了大量精心周密的筹备工作。最后，那一届我们收到了1500多篇来自39个国家的论文，其中40%的论文来自国际同行，参会人数超过3000人，成为FISITA创办以来规模最大的一次盛会。中国人追求极致的精神，在FISITA 2012上得到了充分的展现，并且多年之后仍无人能出其右。

大会期间，时任中国科学技术部部长万钢、工业和信息化部部长苗圩，以及中国科学技术协会主席陈希（后任中共中央政治局委员、中央组织部部长）亲临会议，三位高层领导同时出席这样一场国际性会议，在当时极为罕见。FISITA 2012的大会规模比两年前的EVS25更为宏大，参会人数高达三千多人。当时，我站在国家会议中心的场馆内，看着人山人海的场景，非常震撼。这么大的会场里座无虚席，那种感觉太美好了！

为什么能够办得如此盛大并且如此成功？我想这源于国际汽车界对中国汽车产业的浓厚兴趣。他们来到中国，感受这里的变化，考察这里的进步，了解这里的创新。与此同时，中国也已经成为国际汽车工程界的主战场，我们作为主角，站在了舞台中央，这一刻，整个舞台都属于中国汽车人。

事实上，2012年的中国汽车产业不缺资金、不缺市场，最缺的是技术，也就是掌握技术的人才。我国汽车工业的核心技术滞后，发动机、电子电气、主被动安全系统等方面还有很大提高的余地。我们要想成为世界汽车工业强国,人才是最大的瓶颈。

FISITA 2012 的到来,再一次证明了国际化是中国汽车产业必须跨越的一道门槛。我们要和国际同行切磋交流,接触最前沿的技术,这对我们的汽车工程师水平的提升是非常重要的。在此之前,我也曾多次带领中国汽车工业代表团参加 FISITA 年会,高昂的注册费和差旅费以及国内的学术环境等重重困境,使得中国参会代表数量并不多,能在会上交流论文的代表更是少之又少。

主办 FISITA 年会,我们将这个享誉全球的国际汽车技术盛会带到国内,把上千名国际汽车工程师带到中国汽车工程师面前,同时也给我们中国工程师一个展现才华和实力的机会。

当时,包括北汽、一汽在内的中国企业汽车工程师所做的报告得到了国际友人的高度评价。他们评价说有几个想不到:想不到中国汽车产业已经如此庞大,想不到中国人能把会议办得这么好,想不到会有这么多人参加。他们中很多人是第一次来到中国,对中国了解不多,如今亲眼见证了中国汽车产业的发展,无不为之赞叹。

我始终认为,国际学术会议对中国汽车产业的转型升级起到了重要的推动作用,将中国汽车产业在全球市场上的形象展示得淋漓尽致。学会能够参与其中,并为推动产业发展贡献一分力量,我深感自豪。

中国工程师首次当选国际组织主席

仅仅成为 FISITA 的常务理事单位并主办一次年会,对中国汽车工业的发展而言是远远不够的。特别是自 2008 年北京夏季奥运会成功举办以来,中国在国际舞台上的影响力急剧攀升,我们迫切需要更多更大的发言权,获得更多的关注,以及更多资源的倾斜。

在一次国际交流活动中,SAE 全球事务执行顾问 Murli Iyer 先生,一位印度裔美籍工程师向我提出了一个建议:或许学会应该争取 FISITA 轮值主席的职位。

这个提议让我豁然开朗。确实,我们应当尝试争取一下!

多年来,FISITA 轮值主席的职位一直由欧洲、美洲和亚洲的工程师轮流担任,其职责在于推动全球汽车科技的进步,并促进各国汽车工程学会及工程师之间的合作。欧洲相对开放,宝马、奔驰、大众等领先企业轮流担任 FISITA 轮值主席,而美国的竞争主要在通用和福特之间展开。至于亚洲,轮值主席职位几乎总是由丰田汽车的常务副总裁担任,日产和现代从未有过主席,丰田似乎已是胜券在握。

然而,在那一年的 FISITA 轮值主席竞选中,我们推荐了第一位中国候选人。推荐的理由是:中国汽车产业规模日益庞大,在世界汽车舞台上已经占据了一席之地。作为国际组织的 FISITA,中国汽车人有资格也有能力担任主席职位。

☆ 外派工作人员

目标远大,却很难实现。那时,中国虽然仅次于美国位列世界第二大汽车产销国,但在 FISITA 这样的"列强俱乐部"里,技术与创新能力尚弱的中国汽车产业还没有引起国际同行足够的尊重,想要成为 FISITA 轮值主席简直是不可能实现的梦想。

FISITA 的常务理事中,拥有投票权的成员共有 12 位。其中,葛松林已晋升为常务理事长,同时拥有 FISITA 2012 年会举办权的我们在组织中拥有宝贵的两票。但日本作为汽车超级大国，日本专家曾经担任过多届 FISITA 轮值主席，在 FISITA 内部有很强的影响力。FISITA 注册会员中日本会员有 42000 余人，中国仅有 1500 余人；作为 FISITA 经济命脉的荣誉委员会有日本公司会员 20 家，中国公司会员仅 1 家。中日力量对比悬殊，中国竞选局势极不乐观。

恰巧 FISITA 2008 年会举办在即，FISITA 总部面临人手不足的困境，因此 FISITA 向所有会员国发出求助。与此同时，我们也需要筹备四年后在北京举办的 FISITA 2012 年会。此时我们深刻地意识到，这是一个极为难得的机会：向 FISITA 总部派驻工作人员，在学习如何举办一个国际会议的同时，可以深入了解国际组织的运作模式，并能够借此机会与那些拥有投票权的理事们建立稳定的联系，并向他们展示中国的实力，争取他们的支持。

那么，这个外派人选就极为重要。他必须具备丰富的知识储备、流利的英语交流能力以及出色的工作能力。在经过层层筛选之后，最终确定将曾在申办 FISITA 2012 中表现不俗的公维洁，外派至 FISITA 位于英国伦敦的总部秘书处工作半年。她欣然同意，最终不负众望，出色地完成了工作，并获得了 FISITA 官方的高度评价；同时，她也熟悉了 FISITA 的运作规则，许多 FISITA 体系化和规范化的操作在学会内得到了有效实施。

此外，也是极为重要的一点便是她还获得了许多宝贵的信息，为中国参加轮值主席竞选提供了重要的支持。

☆ 推荐李骏参选

推荐中国人参选 FISITA 轮值主席，人选很重要。

当时，Murli 在提议中国人参与竞选时，事实上是希望由我出面代表中国参与竞选。我以英文水平不高婉拒，他却举例说，丰田那位正担任着FISITA轮值主席的常务总裁英文更不好，身边总是围着四位翻译，两位英译日，两位日译英，轮流工作。可是，不管是我个人还是学会，都没有这样的财力支持给我长期请翻译，不切实际。

尤其是我们在分析FISITA历史上竞选成功的规律时发现，成为FISITA轮值主席的一个关键条件是，候选人所从事的技术领域必须在国际和国内都具有显著的影响力。相较于推荐我本人，找一位从事技术研发的科研人员或许成功的可能性更大一些。

我们需要找到一位能够代表中国汽车工业，并能够在国际汽车学术组织中担任领袖的技术专家。当时的第一个想法就是一汽。作为共和国汽车工业的长子，一汽派人去参加最合适不过。于是，我联系到时任一汽集团董事长，表达希望由他参加竞选。他非常激动，也很感谢我们将这么重要的任务交予一汽。但考虑到这不是参与竞选就可以结束的事情，而是需要切实地参与到为期两年的轮值主席工作中去，作为一汽集团的负责人，很难有这个时间和精力。我们不得不重新物色人选，并将范围放宽到一汽、东风中分管技术的总经理、副总经理。

但在进一步接触后发现，东风技术副总年纪已过六旬，考虑竞选的是六年后的轮值主席，不得不将他排除。于是，我们的目光就瞄准了一汽技术总裁吴绍明。吴绍明工程师出身，分管技术开发多年，并且年富力强正当年。

我便和葛松林一同飞往长春一汽总部，与吴绍明直接沟通。没想到，得到的却是接连拒绝。理由一是压力太大，在他看来，中国汽车市场才刚刚在世界舞台上崭露头角，一汽名声更不足为奇，难以与国际头部企业领导者一较高下；二是他自身英文水平不高，用他的话说就是"上不了大场面"。于是，他向我们推荐了一汽技术中心李骏主任。

李骏师从陆孝宽，是我国汽车发动机专业第一位博士，也是一汽的第一位博士，先后研发了国内第一台拥有自主知识产权、具有国际先进水平的 CA6DL 四气门大功率重型柴油机，完成了国家"九五"重大技术攻关项目车用柴油机电控喷油系统的研制与产品应用、国家"九五"清洁汽车行动招标项目、公交车用 CA6110 柴油发动机产品开发、乘用车 V8 发动机产品开发和 V12 高端轿车发动机开发等多项国家重大项目。

我与葛松林非常激动，立即联系一汽安排我们与李骏见面。李骏也很紧张，他对 FISITA 不甚了解，对如何参选这样一个国际学术组织的主席的认知更是一片空白。我们便拿出所有准备的资料，向他一一介绍。资料中记录了 FISITA 过去 60 余年的历史，包括每两年一届的轮值主席资料。他仔细看过，基本上都不认识，只对这一年刚刚卸任的斋藤明彦有些印象。我说："是的，我们希望你能够取代他，成为代表亚洲的 FISITA 轮值主席。"

他沉思良久，并没有给出壮烈的承诺与目标。但在那天后，他便找到技术中心的一位翻译修炼自己的口语，为竞选演讲时刻准备着。

☆ 知难而进，直面竞争

在正式向 FISITA 提名李骏之前，我曾致函日本汽车工程学会征求意见。中国要推荐轮值主席人选，无疑是向日本发起挑战，争取 JSAE 的理解和支持至关重要。JSAE 先是对中国的要求表示震惊，继而表示了理解。

为表感谢，我们组织了以李骏博士为首的中国代表团参加了

JSAE 2009 年会，并协助组织了其中的"中日论坛"。但很快，JSAE 提出反悔，表示他们依然将提名日本专家竞选 FISITA 2012—2014 年轮值主席，这样有利于继续贯彻他们推行的改革措施、计划和理念，并要求我们放弃提名中国专家为轮值主席候选人。为避免正面竞争，影响学会成员之间的友好关系，FISITA 现任轮值主席和其他国家代表也委婉地建议中国放弃提名。

但我们怎能放弃这样的一个机会呢？

在这关键时刻，科学技术部万钢部长了解到了这一情况，他的一席指导意见起到了决定性的作用。他说，中国汽车工业发展迅速，尤其是在 2009 年世界汽车工业整体低迷的形势下，逆势而上，一枝独秀，在世界汽车工业中发挥着越来越重要的作用；中国的汽车工程师也应该积极参与国际事务，发挥与中国汽车工业相匹配的作用；中国必须走出这关键的一步，参与竞争，并积极运作，争取胜出。在科学技术部领导的积极支持下，我们必须知难而进、直面竞争、积极主动、据理力争。

☆ 竞选之路

2009 年 8 至 9 月，学会和 JSAE 相继向 FISITA 总部递交了正式提名。投票定于当年 10 月 29 日召开的常务理事会上进行。在此期间，我们依然忙碌于联系拥有投票权的各个理事，向他们推介李骏，希望可以得到他们的支持。李骏博士也抓住所有可能的机会，与常务理事进行积极的沟通。或许是我们的主动让 JSAE 代表有了压力，往往在一间餐厅里，总能与同样忙碌的他们隔桌相望。

10 月 29 日上午，FISITA 常务理事会在越南河内的一间会议室内就 FISITA 2012—2014 年轮值主席人选进行投票。那时，我因为工作另有安排未能前往参加，便安排了葛松林、吴绍明同李骏一同前往。

会议开始前，吴绍明从河内发来信息说："付总，我们可能没有机会了。"紧接着，葛松林的信息也传来了，给出了截然相反的口风："我们可能会成功！"

身在后方的我，并不清楚前方到底什么情况，只能交代葛松林好好打听。可是没有人给出明确表态，我们预计的最好结果可能是我们3票、JSAE9票。时间到了这一刻，我们已经做出了最大努力，成功与否，我想我们都能接受。那时，我想：重在参与，六年后我们再找机会！

没想到的是，数小时后，葛松林的短信再次传来时带来了天大的惊喜："付神秘书长，我们赢了！！"

这里还有一个不能不提的插曲。那一年，参与投票的12位常务理事中有3位不能出席。为公平起见，FISITA总部提前向常务理事发出邀请，要求未能出席会议的常务理事通过电子邮件投票。而常务理事会前夕，我们便得知这3张电子选票全部投给了我们，加上葛松林的1票，便有了4票，这将是我们最接近胜利的时刻。

但JSAE也得知了这个内部消息。于是在常务理事会上，他们首先发难，提出轮值主席选举关系重大，必须经过慎重讨论，未出席的常务理事的电子投票不能生效；甚至要求重新修改FISITA内部宪章中关于轮值主席选举的条款，投票在相关条款修改后择期进行。

针对JSAE的要求，他们展开了近两个小时的激烈辩论。庆幸的是，与会常务理事们没有妥协，最终依然决定投票按计划进行。

最后的结果便是：李骏博士以9票的绝对优势当选为FISITA 2012—2014年轮值主席！全体常务理事报以热烈的掌声！

☆ 我们成功了！

收到葛松林发来的喜报时，我正在潍柴科技节上做学术报告，台下坐着 400 余位潍柴的干部。

那一刻，我无比激动，当即在会场宣布："请允许我暂时中断我的报告，向大家宣布一个非常好的消息。这是我们汽车科技界的共同荣誉，我给大家念一下前方发来的战报。"

宣读完毕后，全体起立鼓掌，这真是历史性的时刻。谁能想到，一个中国汽车人能够走到世界汽车学术界的巅峰。这背后，没有祖国的强盛和汽车产业的蓬勃发展，是不可能实现的。这不仅归功于我们自身的努力，更是世界对我们成就的认可。就像国际外交一样，除了自身必须具备实力，背后还需要有强大的产业作为支撑。

可以肯定地说，李骏的当选是中国汽车工程界一个值得期待和自豪的历史时刻。中国的汽车技术实力从此正式步入世界汽车技术竞争的舞台，中国不再仅仅是个"攒"汽车的大国和卖汽车的大国，而是在向汽车技术强国迈进。

这一成就也引起了中国科学技术协会的关注，他们多次在中央会议上提及学会的国际化工作。时任中国科学技术协会党组书记陈希也曾对学会的工作给予高度肯定："我们必须推荐更多的中国工程师当选国际组织的主席，而不仅仅是副主席。汽车工程学会已经开了一个好头，为我们树立了一个榜样！"

回顾整个竞选过程，我始终认为只有主动争取，才有可能获得机会。如果不去争取，机会是不会自己找上门的。学会做这项工作，并非为了追求利益。

☆ **李骏当选，当之无愧**

李骏博士无疑是 FISITA 轮值主席的合格人选。在他担任 FISITA 2012—2014 年轮值主席期间，做出了突出贡献。

2012 年，李骏正式接任 FISITA 轮值主席，引领这个由专业工程师组成的"汽车技术联合国"进入了一个新的发展阶段。这是中国汽车工程技术人员首次担任这一世界汽车技术组织最高领导职位，反映了中国汽车工业在国际舞台上的实力、地位和影响力日益增强，同时也是李骏个人在工程技术领域取得卓越成就后获得的荣誉。

在李骏院士[一]的领导下，FISITA 2014 年会的参加人数超过了1000 人；FISITA 欧洲制动会议仅召开 3 年便成为全球最大的制动技术专题会议；7 家中国汽车企业加入了 FISITA 荣誉委员会；同时，成功举办了多场高峰论坛等重要活动……这一系列成就构成了李骏这位 FISITA 首位中国籍轮值主席在两年任期内取得的辉煌成绩单。

赵福全，颠覆 FISITA

在世界汽车工程发展的历史长河中，2016 年无疑是一个值得铭记的年份。在李骏卸任两年后，学会再次推荐了一位新候选人，竞选新一届的 FISITA 轮值主席。这一次，是赵福全。

与 2009 年的竞选相比，赵福全参选和当选的过程都显得十分顺利。甚至在选举前一晚，时任 FISITA 轮值主席、通用汽车全球

[一] 2013 年李骏增选为中国工程院院士。

动力总成副总裁 Dan Nicholson 还邀请了各位常务理事共进晚餐。我坐在他的右手边，JSAE 主席则坐在另一边。那一晚，Dan Nicholson 先生当场宣布赵福全先生是 FISITA 轮值主席唯一的候选人，竞争不复存在。

"付先生，您实际上明天不必参加常务理事会了。" Dan Nicholson 突然举起香槟杯，杯脚磕碰大理石台面的声响让整个包厢瞬间安静。Dan Nicholson 的意思已经很明确，提名委员会和执行委员会在前期的选拔和投票中已经一致推选赵福全先生为 2018—2020 年 FISITA 轮值主席，常务理事会无须再进行投票表决。

赵福全出任新一届 FISITA 轮值主席，已经板上钉钉。那一刻，我也长舒一口气，瞬间备感轻松。一个属于中国汽车工程师主导世界汽车界话语权的时代，正在来临。

☆ **理所应当**

回顾赵福全竞选主席的那一年，让我感觉一切都那么理所应当。

2016 年，我带队到美国去参加 FISITA 常务理事会，为赵福全的参选助阵。坦白说，对于赵福全参与竞选能否成功我从不担心。中国汽车产业的快速发展，以及李骏任职期间有效的工作，为赵福全的当选做了最好的背书。到那一年为止，中国已连续七年成为世界汽车产销量的领头羊，中国汽车产业的全球影响力持续增强。

赵福全个人的实力也足以保证他在任何场合都能取得成就。特别是三年前，赵福全离开汽车企业回归高校，开始从更深层次、更广的视角思考汽车技术的发展。这三年里，他开创了"汽车产业与系统工程"的学术方向,在汽车产业智库建设及产业发展战略研究方面取得了显著成就。他在日本和美国的留学和工作经历,赋予了他强大的语言能力和国际认可的实力。

当然,赵福全的当选并不意味着其他候选人实力不济。同期与他竞选的是一位来自印度的工程师,这位工程师在国际汽车工程界具有巨大影响力,甚至让 JSAE 感到压力。然而,这位印度工程师最终选择放弃竞选。印度人与中国人不同,即便在今天,美国硅谷的印度裔工程师依然表现出色,他们擅长将印度特色融入工作中,重视家族,通过同学同乡关系构建影响力,团结一致,善于进行向上管理。

正是这位印度工程师的退选,使得赵福全以教授身份当选 FISITA 2018—2020 年轮值主席,避免了复杂的投票过程。但无论如何,国际汽车工程界已接受了这样一个事实:中国汽车工程师在国际舞台上变得越来越活跃,选择中国人担任主席,也是顺理成章的事情。

既然一切已成定局,原本的紧张情绪也完全消散了。赵福全夫妇邀请我第二天一同出游。这是我出国多次以来,第一次毫无压力地游玩。那天,赵福全的夫人开车,这也是我第一次见到她。他们夫妻俩的社交圈界限分明,从不相互干扰,我可能是她见到的第一个赵福全的工作伙伴,我们意外地相处得非常融洽。

☆ **颠覆**

回想当初,我满怀信心地推荐赵福全参选 FISITA 轮值主席时,曾想过他会在 FISITA 做出一番事业,却未曾预料到他将会给这个拥有 70 年历史的国际学术组织带来翻天覆地的变化。

或许大家很难想象,这样一个汇聚了世界各国汽车工程师的国际学术组织，秘书处会为日常开支愁眉不展，内部财务窘迫、组织运作迟缓的问题更是困扰着各会员国。正是他的加入，彻底改变了FISITA长期以来因运营身处困境而焦虑不安的局面。正如那时他亲口对我说的："不能让组织再为生存担忧。"

在那样的背景下，赵福全一上任便宣布要进行彻底改革。第一步便是在FISITA内部建立了全新的会员费用制度，随后积极开拓一系列新的盈利项目，包括创设FISITA卓越工程师奖，在激励全球汽车工程师创新精神和卓越贡献的同时，更为FISITA带来了稳定的收入。从那以后，FISITA的日常运转变得有条不紊，每一项计划和活动都充满了蓬勃生机。

赵福全的贡献不仅体现在财务上的转变，更体现在组织理念和制度建设的创新上。最令我骄傲的是，他提出并实施了设立FISITA技术领导力会士制度的构想。

FISITA旗下涵盖了来自37个会员国的顶尖汽车工程师，长期以来，许多国家的汽车工程学会都已建立了会士制度，而FISITA作为统领各国学会的国际组织，却一直在这方面存在短板。赵福全敏锐地捕捉到了这一缺陷，并果断推动了对应制度的建立。在2019年的首届评选中，全球23位汽车技术领袖被授予FISITA技术领导力会士荣誉，我有幸与赵福全、李骏院士以及长安汽车董事长朱华荣共同分享这份殊荣。这不仅是对我们中国汽车人推动全球汽车技术进步的认可，更标志着中国汽车产业整体水平的提升和国际地位的飞跃。

除此之外，赵福全还着眼于如何激励和团结那些为FISITA做出杰出贡献的前辈们。为此，他设立了FISITA终生名誉主席称号。这一举措使得历任对FISITA倾注巨大心血的主席们得以继续留在这个大家庭中，并以更大的使命感关注和支持组织的未来发展。

在制度创新方面，赵福全又迈出了令人瞩目的步伐。他深知，作为世界汽车工程师的大家庭，FISITA 必须为全球汽车工程师创造更好的国际交流平台与发展机会。于是，他推动了 FISITA 汽车工程师能力标准国际互认制度的建立。

过去，全球各地的汽车工程师缺乏一个通行的能力标准，阻碍了跨区域、跨文化、跨语言的人才交流。正是在赵福全的带领下，学会的汽车工程师认证标准被确定为国际汽车工程师认证标准的基础，成功打破了障碍，实现了专业人才标准的国际互认。这不仅是世界汽车产业的一次重大突破，更是中国汽车人才认证标准走向世界的历史性时刻。

技术与安全领域的创新同样是赵福全任职期间的重要工作之一。他组建了智能安全工作委员会，着力推动智能网联汽车安全技术的发展。伴随着这一举措，FISITA 发布了首部《智能安全》白皮书，并与学会联合创办了世界智能安全大会（FISITA Intelligent Safety Conference China），大会的会址永久落地中国。截至 2025 年上半年，六届大会的成功举办，为全球智能安全技术交流搭建了高端平台，有效引领了未来汽车安全技术的创新发展。每次站在大会现场，看着来自世界各地的顶尖专家汇聚一堂，讨论未来出行与安全技术的趋势，我都感受到一种时代赋予我们的使命感和责任感。

赵福全并未满足于现有成就，他还积极推进了多项内部改革，以更好地适应日新月异的社会与产业变革。包括组建国际战略咨询委员会（International Strategy Group），取代原内部关系委员会成立了会员国指导委员会（Internal Relations Committee），汇聚了全球顶级资源，为 FISITA 的未来规划献计献策；组织多个会员国专家共同编制了《出行产业 2030》（*Mobility Engineering*

2030）白皮书，为未来交通出行提供了战略指引。

在他任期的两年内，FISITA 企业会员总数创历史新高，越来越多全球顶尖的科技公司和跨界企业纷纷加入 FISITA 大家庭，这无疑为国际汽车工程师的合作交流提供了前所未有的活力与机遇。

☆ **赵福全获终身名誉主席称号**

2020 年 11 月 20 日，在 FISITA 领袖峰会的闭幕式上，赵福全圆满完成了 2018—2020 年的轮值主席任期。闭幕式上，他把接力棒交给了雷诺集团的 Nadine Leclair 女士，并被授予终身名誉主席称号，这是对他贡献的最好认可。

赵福全的任期结束了，但他为 FISITA 留下的印记，足以载入史册。

FISITA CEO Chris Mason 先生专门给赵福全发来了感谢信，信中说道："感谢您担任轮值主席期间的卓越领导力。只有当我们停下来回望时，我们才发现，在过去的两年里您带领我们做了那么多开拓性的工作。"

毫无疑问，赵福全在 FISITA 历史上留下了一个令人瞩目的传奇。他在 FISITA 取得的"传奇"业绩，不仅是他个人的战略视野和领导才能得到了国际社会的广泛认可，也显著提升了中国汽车产业在全球的地位，并开启了立足国际平台、提升中国汽车产业全球影响力的崭新篇章。

赵福全跟我说："我只是做了我该做的事，希望能为中国汽车产业争口气。"这句话，让我至今难忘。

颁奖仪式原本应该在 2020 年举行，但因一些客观原因，推迟到了 2023 年 9 月，地点是西班牙巴塞罗那的 2023 移动技术大会暨展览会（FISITA Technology of Mobility Conference and Exhibition 2023）。赵福全那天的发言很有影响力，他说的话让在场的每个人都感到振奋。

可喜的是，在赵福全的引领和推动下，中国人在FISITA的活跃程度不断提升。在巴塞罗那的会议上，许多来自潍柴的代表出席，这让美国人感到惊讶——怎么中国人越来越多？

过去，参加FISITA会议时，由于资金紧张，我们不敢住好酒店，遇到需要支付费用的晚宴也是能躲就躲。但随着中国汽车工业的快速发展，中国代表的资金实力逐渐增强，我们不仅积极参加，参会人数显著增长，也越来越能融入国际惯例。潍柴内部就规定，工程师必须积极参与此类会议，并且必须出席晚宴。

直到今天，我们还在思考如何进一步提升中国汽车人在国际舞台上的影响力。我常跟学会成员说，国际会议一定要参加，不仅要参加，还要组织办会。我们要把高水平的国际会议带到中国，让世界各地的工程师来到中国。我们要发掘新人，把主场设在中国，建立起属于中国的汽车自信。

赵福全最重要的贡献是，他不仅用他的智慧和远见为FISITA注入了新的活力，更以实际行动证明了中国人不仅能够领导国际组织，还能通过改革和创新改造这些组织，书写属于我们自己的传奇。

外访记忆

在学会工作期间，出国考察是我工作中的一项至关重要的任务。每一次考察，不仅仅是做市场调研，更是对新兴技术、先进企业和行业发展的全方位了解。从美国、韩国到日本，再到欧洲，每一个国家的汽车工业都曾留下我们的足迹。其间，也曾有过不少故事与感悟，值得分享。

☆ 访问俄罗斯、英国

每一次出国考察，都是一次全新的学习和探索。而在俄罗斯和英国考察时的种种经历，至今让我感慨万千。

2004年8月下旬，我与张小虞、中国国际贸易促进委员会汽车行业分会副会长艾淑媛以及该会的另一位常务副会长一同考察了多个国家的汽车工业。第一站就是飞往俄罗斯，考察距离莫斯科800公里外卡马河（Kama River）畔的一家重型商用车企业卡玛斯（Kamaz）。

回想起我们一行人前往卡玛斯的过程，简直是一段充满波折的故事，真可谓一路艰辛、困难重重。

◆ 困难重重的卡玛斯之行

从莫斯科机场出来时，我们就遇到了一个大麻烦——海关工作人员不让我们出关，原因不明。那时正值俄罗斯的盛夏，外面天气异常炎热，而我们被困在出站的安检口，像是被封锁在一个没有出口的牢笼里。

更为糟糕的是，机场内没有商铺可以买到饮用水，大家又渴又热，气氛非常压抑。有人甚至去自来水管口直接喝水，我赶紧制止说："别乱喝水啊，万一喝出什么问题就麻烦了。"

大家的耐性一点点被消磨殆尽。我们在安检口被困了两三个小时，始终无法顺利出关，真是无奈至极。张小虞忍不住说："我终于理解老付为什么不愿意来这里了，这里的情况简直混乱。"他的话点出了问题的症结，俄罗斯的行政效率和秩序混乱让人难以忍受。最后，在翻译的反复沟通下，我们向工作人员支付了一笔费用，才终于顺利离开了机场，当时的心情复杂到了极点。

离开机场后，我们并没有做任何停留，直接踏上了开往勃列日涅夫市（现卡马河畔切尔尼）的列车。我们一行人中，我、艾淑媛和一位女翻译一起挤在同一节车厢里。凌晨四点左右，我起床去卫生间，结果艾淑媛和翻译也都紧跟着站了起来。我问她们："你们干吗？"她们回答："我们就等你起来，不然我们不敢去卫生间。"听到这话，我心里一紧，复杂的情绪涌上心头。

那个时候，俄罗斯社会秩序并不稳定，火车上的治安更是混乱，恶性事件时有发生，吓得女同志晚上都不敢单独外出。她们说："看你睡得挺安稳，我们也不好打扰你。"

抵达卡玛斯之后，我们住进了当地的招待所。招待所的条件简直可以用"简陋"来形容。床很小，像我这样的体型尚能接受，可是我们一行人中有人比我高得多，翻个身都得小心翼翼，生怕一不留神就从床上掉下来。招待所的墙体很薄，隔音极差。记得有一次，住在隔壁房间的人不停地敲墙，喊我："你洗澡了吗？"我无奈地回答："这地方连水都没有，怎么洗澡？"而且，招待所里的设施陈旧，电视机还是那种老式的电子显像管，画质模糊不清。我们国家那时早就普及了液晶大屏幕彩电，两相比较，落差感强烈。

在饮食方面，俄罗斯那里的条件也不理想。几乎每餐我们吃的都是冷盘，香肠是冷的，还有一种形似烤馕的主食也是冷的，没有一道热菜。在这里能吃到热汤热饭的机会，少之又少。这种情况短期内还能凑合，长期下来，身体难免受不了。每到饭点，我都不禁怀念起国内丰富的美食和热气腾腾的饭菜，舌尖与心间都被思念所填满。

◆ 失败的谈判

出国考察往往带有明确的目的性,或为了物色先进技术,或为洽谈潜在合作。而对于选择考察的目标企业,更是至关重要。我们此次不远千里,从飞机到火车的奔波,最终的目的就是为了卡玛斯的铸造技术。

回溯到20世纪70年代,卡玛斯在苏联的"三引进"方针下,倾注了大量资源引进世界先进的制造技术、设备和资金。工厂建设时,不仅融入了苏联国内的先进技术,还大量寻求国际援助,其中就包括美国提供的铸造设计及设备,以及德国提供的锻压加工设备。工厂建成时,一度被誉为"先进技术博览",是苏联时期工业发展的一个重要象征。

即便到了2004年,卡玛斯的整车制造水平已远远落后于中国产品,但它的铸锻件产品的整体质量、合格率,甚至性价比,依然远高于我们当时的同类产品。这也是我们此行的核心目标——通过与卡玛斯合作,引进他们的铸锻件技术,弥补我们在这方面的短板。

参观完卡玛斯的铸件总装线后,我们开始了漫长且艰难的谈判。卡玛斯方面希望我们能够进口他们的整车产品,并且坚信他们的产品水平不亚于我们。我们当然不愿意,转而提出了一个在我们看来是双赢的合作方案——我们进口卡玛斯的铸锻件,而他们则进口我们的轻型车或者散装组件。

相较于重型车,俄罗斯轻型车一直处于匮乏的状态,我们正好在轻型车领域有着强大的产品优势。为促进达成合作,我们甚至提出可以协助他们改进生产线,进口我们的轻型车散件后在卡玛斯进行组装。这不仅有助于提升他们的产品竞争力,也能给他们带来可观的利润。

从市场角度看,这个方案具有极大的潜力。我们可以借此获得卡玛斯优质的铸锻件,而对卡玛斯而言,则能填补俄罗斯市场对轻型车的需求缺口,实现互利共赢。然而,谈判的过程却并不如预期的顺利。

照理说,这与我1988年访问利沃夫客车研究院时的时代背景完全不同。那时苏联正处于解体的前夕,整个社会的生产秩序和合作意识都陷入瘫痪,大家的心思都不在生产合作上。而此次俄罗斯国内政治稳定,社会生产有序进行,但卡玛斯方面对市场经济的理解显然滞后,他们的市场经济意识非常薄弱,导致谈判几乎陷入了僵局。

最让人气愤的是,卡玛斯代表在谈判过程中居然提出了要回扣的要求。无论我们如何表达无法接受这一条件,他们始终坚持不肯松口。退一万步来说,就算答应给他们回扣,我们也无法执行。

从合作的角度来看,如果卡玛斯与我们达成合作,他们无疑能够从中获得可观的利润。按照正常的市场运营思维,卡玛斯进口1万套散件到俄罗斯进行组装,每辆轻型车的利润约为1万元人民币,这意味着一笔业务的利润就可以达到1个亿。这样的机会对于他们来说,是非常诱人的。

从价格角度来看,卡玛斯的铸锻件,尤其是曲轴的价格相当具有竞争力,甚至比我们后桥齿轮的原材料成本还要低。如果他们进口我们的散件,我们给出的价格是非常公道的,组装后面向市场也能获得丰厚的回报。

但他们并没有从市场利润的角度来考虑问题,而是一味地盯着回扣,根本无法理解合作中真正的价值。

正是因为这种死板、狭隘的思维方式，我们与卡玛斯的谈判几乎陷入了死局。后来回想起来，也不曾感觉遗憾，因为就算是我们最终达成了某种形式的合作，很多潜在的问题也注定会暴露出来，成为双方未来合作的隐患。他们这种僵化的态度，显然无法支撑起一个长期稳定的合作关系。

最终，这场谈判的结果令人失望，我们无法在卡玛斯那里达成预期的合作。回顾整个过程，虽然我们看到了许多潜在的商机，但对方思维方式和市场观念的落后，使得我们始终无法达成真正的共识。而这，也让我对俄罗斯当时的经济转型过程有了更加深刻的理解。

◆ 翻译：沟通的桥梁

从卡玛斯离开后，我们一行人直接前往英国，准备考察劳斯莱斯。可惜，这次的行程依旧充满了麻烦和波折。

我、张小虞、艾淑媛坐的是公务舱，另外四位同行的银行行长也在同一舱位，而我们的翻译和另一位同事坐在经济舱。到达英国后，工作人员把坐在公务舱的我们引导到了通关口，但奇怪的是，我们一到那里，出入关认证的门突然"砰"地一声关上了。

我们有些茫然，赶紧上前询问："怎么回事？为什么不让我们通过？"工作人员不慌不忙地回答："吃饭去了。"顿时，气氛有些尴尬，大家都有些不知所措。最后，我们意识到，他们可能是在故意拖延，等着收取通关费。无奈之下，我们只得在每个护照里夹100美金交给他们，这才得以继续前行。

然而，问题并没有就此结束。尽管我们被允许出关，但护照上居然没有盖章！按规定，出关时必须盖章，才算完成正式的入境手续。看到我们的护照上没有章，工作人员显得有些困惑，开始质疑我们:"你们护照上怎么没有盖章?是不是偷偷摸摸过来的?"这时,已经完成出关在外等候的翻译看到了我们的困境,他非常给力,迅速向工作人员解释了我们的来龙去脉,详细地讲述了我们是如何从俄罗斯过来的,以及到达英国的具体情况。听完翻译的解释,工作人员终于放行了。要不是翻译在场,可能我们根本无法顺利解释清楚。

这次的经历让我深刻感受到,无论是商贸合作还是国际旅行,途中总会遇到一些不期而至的困扰。有时候,一位能应对复杂局面的好翻译,真的能决定事情的走向。

◆ 超豪华品牌新认知

访问劳斯莱斯,至今仍然是我职业生涯中一次最难忘的经历之一。这是我第一次完整地考察超豪华品牌,亲身感受到了劳斯莱斯所代表的底蕴和魅力,让我从内心深处对豪华品牌有了全新的认识。

当我们抵达劳斯莱斯位于英国西萨塞克斯郡(West Sussex County)古德伍德工厂(Goodwood Plant)时,工厂特地为我们四个人每人准备了一辆车进行体验。我们每个人独自乘坐一辆车,穿行在古老的森林中。坐在车里,窗外是满眼苍翠的林木,而车内则播放着优雅的古典音乐。那一刻,整个人深深沉浸在这种氛围中,仿佛置身于一个不同的世界,所有的压力和烦恼都抛在了脑后。这种体验极其奢侈也异常珍贵,是我在其他考察中从未有过的感受。

这种深度的体验让我意识到,豪华不只是物质的堆砌,更是一种生活方式的表达,一种极致的艺术与品位。它是一种超越普通生活的享受,一种由内而外散发出的奢华和尊贵。

当体验结束后,我们都只是默默地摇头感叹,因为除了频频摇头感叹外,都发现自己无法用语言准确地表达这份感受。我想这也是为什么劳斯莱斯要为我们每人单独提供一辆车进行体验的原因。当一群人一起体验时,或许大家只会谈及一些共同的感受,豪华就变得相对浅薄。而当我们每个人独自与那辆车共处时,那份豪华的细腻与深沉,才能完全得以领悟。

做超豪华品牌是一条艰难的道路,它与经济型品牌的运作模式截然不同。从本质上讲,它完全是另一个概念。劳斯莱斯的每一辆车,背后都蕴藏着极致的工艺和无与伦比的细节打磨。

我们还参观了劳斯莱斯的总装线,亲眼看见整车的生产过程。这一过程让我大为震撼,因为这里的人工操作占据了很高的比例,目的就是为了把控每一个工艺细节。与我们平时见到的流水线生产不同,劳斯莱斯的生产线没有那么强制性的高效,它注重定制化和个性化。这让我感受到,劳斯莱斯不仅是在制造汽车,更是在打造艺术品。

其中有一幕让我印象深刻:每一辆劳斯莱斯,在出厂前都会有四五名至少 60 岁的老员工对车辆进行全面检查。他们非常专注、认真,检查每一个细节,内外饰的每一寸都不放过。每个零件、每个角落,他们都要反复检查,要求没有任何瑕疵。

我曾多次去德国考察,参观过慕尼黑宝马的柔性生产线。宝马的生产线规模庞大,强调的是高效、精确,时间把控到毫厘。相比之下,劳斯莱斯的生产线更注重的是定制化和工艺的完美,极致的精细要求已经深深植入每一位工人的心中。这种对工艺近乎苛刻的追求,撞击着我的内心,令我震撼不已,也让我领略到了匠心的重量。

劳斯莱斯的考察让我更加清楚超豪华品牌背后的真正价值,它不仅仅是昂贵的价格标签,更是沉淀百年的精湛技艺和文化底蕴。无论从哪个角度看，这都是一个让人心生敬畏的品牌。

☆ 中德谈判起波澜

俄罗斯、英国考察结束回国后不久，我再次登上飞往欧洲的班机，开启新的考察之行。这一次，是应博世集团邀请，由我担任团长，组织一支重量级访问团前往欧洲。访问团成员来自国家发展和改革委员会、国家经济贸易委员会、公安部、国家卫生健康委员会、交通运输部、国务院发展研究中心等多个部门，此外，还有中国汽车技术研究中心和中国汽车工业协会的代表，可以说，汇集了来自政府和行业组织、研究机构等顶尖人才和专家。

博世为什么邀请我们前往欧洲？是什么原因让如此强大的政府和行业代表团前往考察？答案其实非常简单——ESP系统进入中国。

ESP是英文Electronic Stability Program的缩写，也就是车身电子稳定系统。作为博世在主动安全领域的核心技术之一，它整合了防抱死制动系统（ABS）和牵引力控制系统（TCS），通过分析车辆的动态信息，为驾驶员提供及时的纠偏指令，帮助车辆保持稳定状态，从而显著提升安全性和操控性。自从进入欧美市场，ESP技术已经成为高端车型的标准配置，尤其是在豪华品牌中，几乎所有的新车都配备了这一系统。

在看到中国汽车市场飞速发展的潜力后，博世早在2002年就公开表示计划在中国生产第八代ESP。然而，由于我国迟迟没有出台相关法规，博世在中国投产ESP的计划一推再推。这种情况下，博世决定不再等待，采取了更为积极的行动——邀请中国政府相关部门的领导前往欧洲，亲自体验ESP技术如何在极限条件下确保车辆的安全性能。

为了更好地接待考察团，博世方面给出了极大的诚意，安排在博世汽车部件（苏州）有限公司负责市场的蒋京芳从北京出发全程陪同，并安排专精底盘控制技术的海归博士陈黎明（后任博世底盘公司苏州总经理，现任地平线机器人公司总裁，我的一个好朋友）在北极试验场负责接待。

在这样的背景下，访问团踏上了这次意义非凡的博世之旅。

当我们到达博世的北极试验场，亲身体验ESP技术后，必须承认，他们的产品确实表现出了非凡的实力。配置ESP与不配置ESP的车辆在冰雪路面上的表现，差异十分明显。在冰雪覆盖的道路上，当遇到紧急制动时，配置了ESP的车辆能够基本保持平稳，避免失控。相比之下，没有配置ESP的车辆极易发生螺旋式侧滑，甚至可能侧翻，安全性大打折扣。

博世既提供了乘用车ESP系统体验，也提供商用车ESP系统体验，不过只有我一个人去体验了下他们为德国曼恩卡车配套的商用车ESP系统。然而，在这次商用车ESP体验中，却发生了一件令我十分不愉快的小插曲。

当时，我刚坐进车里，安全带还未来得及扣上，试驾员就毫无征兆地猛地急踩加速踏板，我的身体不由自主地向后仰去，还没等我适应这股惯性力，紧接着又是急刹车。车辆瞬间急停，在惯性作用下，我整个人又向前扑去，差点直接甩出去。在整个试乘过程中，试驾员全程没有提前给出任何提示，这一系列突如其来的剧烈操作，实在危险，把我吓得不轻。

下车后，我立即向陈黎明表达了我的不满。试车员的操作流程非常不专业，完全没有遵循基本的安全程序。作为试乘人员，侥幸没有出事，倘若发生了意外，博世的ESP安全体验岂不变成了安全隐患？陈黎明听闻，顿时怒形于色。

作为交通工具，汽车无论是在技术上还是在操作细节上，安全始终是最重要的。而博世，作为致力于推动汽车安全技术发展的国际领先企业，理应将安全意识深度融入每个细微操作，让安全成为产品和服务的核心价值。

完成体验环节后，我们便进入正式洽谈主题。

中国代表团与欧盟及博世公司相关专家就 ESP 是否纳入中国汽车法规进行了激烈的讨论，特别是李万里处长的观点尤为尖锐。

然而，讨论并没有按照预期顺利进行。博世方面的要求是希望中国能够将 ESP 纳入法规，进一步将其作为强制性标准。但是，博世谈判的态度却让在场的中国代表大为不满。那位被安排负责此次谈判的博世副总裁表现得非常强势，言辞之间，似乎并没有对中国政府的决策过程抱有足够的尊重，反而给人一种他们有权要求我们做什么的感觉。这样强硬的态度，很快引发了反感。

清华大学宋健教授第一个站出来反驳，直言："ESP 要成为法规的强制性标准，但是现在连推荐性标准都没有，贸然强制实施绝对不合适。"这位博世副总裁则反问道："为什么不行？你们凭什么不这么做？"这种毫不客气的质问，瞬间让现场紧张的气氛达到了极点。

作为外资企业，博世有权提出自己的建议，但他们的语气和态度显然过于强硬，不该如此直接地要求中国政府改变政策。这时，李万里突然站起身来，拍着桌子严厉地说道："没有任何外国公司敢这么和中国政府说话！"他的愤怒显而易见，会议气氛瞬间变得剑拔弩张。

眼见事态有进一步恶化的迹象，作为团长，我示意翻译宣布休会，让大家暂时退场冷静。这时的调解尤为重要，继续这么对抗下去，必定没有任何成果，反而可能使双方关系更加紧张。

我与蒋京芳把博世的副总裁"老孔"单独叫了过来，商讨如何化解这一局面。我对老孔说道："今天的局面，我们都不希望看到，继续这样下去毫无意义。我想明确表态，今天的讨论会是技术讨论会，在场的大多数人都是中国政府官员，作为外资企业，你可以提出建议，但绝对不可以这样直接要求政府做出改变，尤其是在没有任何预先沟通的情况下。你需要承认这一点，并在回到会场后道个歉。"

当时，我也感受到了李万里深深的愤怒。事后他还提到："从来没有跨国公司敢这么跟中国政府讲话，还管我们做不做法规，我们还要听他的？"

我耐心地劝解他："有理不在声高，我们也不是来吵架的，把我们的观点说出来就好。"最终，老孔在会议继续后，正式向李万里和与会的其他领导道了歉，气氛这才逐渐缓和，讨论得以继续。

这场洽谈经历了一番波折，让我深刻感受到在国际谈判中，保持理性和尊重是多么重要，谈判的双方不仅要有技术和市场的视野，更要注意文化的差异和沟通的方式，只有在平等和尊重的基础上，才能达成共识，推动合作的顺利进行。

☆ **德国考察之行**

在此后的数年间，我与张小虞先后踏上多个国家的土地，开启了一场又一场的考察之旅。2007年，我们曾策划前往美洲，走一遍美国、墨西哥以及巴西市场，但由于我突发阑尾炎，最后没能成行。

◆ 增程汽车

再出发是在2008年3月,应欧宝的邀请,我们一同前往瑞士参加世界第五大车展之一的日内瓦车展。

在那里,我们看到了那辆即将在一个月后在北京车展首发的欧宝Flextreme"飞灵"概念车。它采用的是那套被当时业内誉为"真正改变了汽车的DNA,是驱动汽车行业进入电气时代的先驱"的通用汽车E-Flex动力推进系统,也就是我们后来熟知的增程系统。

车展结束后,我们随欧宝副总裁一同前往欧宝总部进行深度考察,而考察的重点,就是这款增程车型。当时的欧宝,品牌知名度如日中天,无论是在技术研发还是市场口碑上,都有着极高的赞誉。这让我们对欧宝的未来发展充满了期待。

欧宝母公司通用汽车集团也同样如此。2008年5月,通用汽车欧洲公司代表就曾宣布,将在2012年前陆续向欧宝注资90亿欧元,其中65亿欧元用于研发新车型和动力系统,以实现研发出更多基于E-Flex电气化平台的增程车型,并实现量产。

然而,市场的反应却并非如我们所期待的那般热烈。德国消费者似乎对这套看似完美的系统并不买账,从对电驱动技术的深深质疑,到那比普通燃油车还要多出2000欧元的购车成本,都成为他们抱怨的理由。

比市场反应来得更猛烈的是金融危机。通用汽车这个曾经的汽车巨头,也在这场危机中摇摇欲坠,最终在2009年6月无奈宣告破产。一时间,关于欧宝的归属问题成为业界关注的谜题,那套备受关注的增程车市场化进程方案也就不了了之。在此之后,通用汽车旗下增程车型终究没能支撑起"驱动汽车行业进入电气时代的先驱"的盛誉。

事后多年间,我们一直在讨论增程汽车为什么卖不好,没有人给出一个确切的答案。有人将原因归咎于那场突如其来的金融危机,认为是它打乱了所有的节奏;也有人觉得是技术本身还不够成熟,存在着一些难以克服的缺陷。

或许这就是市场经济环境之下的一种必然情况吧。就如同多年之后,理想汽车的增程路线在中国走通了。我想,这一切还是要回归到产品本身。当动力电池能量密度、循环次数方方面面尚无法支持纯电动汽车替代燃油车时,理想汽车提出增程式方案,既满足了低碳化需求,也缓解了消费者对于新能源汽车的里程焦虑,所以销量逐渐走高。

◆ 大众汽车研发中心

2007年到2009年间,我们曾不止一次踏上德国的土地,参加法兰克福车展、大众之夜之类的盛会,也曾多次前往大众汽车总部德国狼堡进行访问。

大众汽车是中国汽车工业的老朋友。以往的每一次参观,他们都热情满满,给予我们极大的参观权限,让我们能深入了解这个汽车巨头的方方面面。然而,有一次经历格外特殊,至今仍让我印象深刻,那便是被大众研发中心拒之门外。

按照之前的每一次考察路线,我们原定的计划是先参观生产线,感受他们精密的生产流程;接着前往试验场,通过试乘试驾亲身体验产品性能;最后一站,便是至关重要的研发中心,那里汇聚着大众的顶尖技术,是我们了解他们最高技术水平的关键窗口。

但在我们抵达狼堡后,却吃了个闭门羹,大众方面拒绝了我们考察大众研发中心的请求。这突如其来的变故让我们措手不及，于是我找到负责人进行交涉。他们也清楚，我作为学会副理事长兼秘书长，常年与大众汽车交流合作，如果全盘拒绝我们的参观要求，实在是显得很不礼貌。

经过一番沟通后，只允许我一个人参观，并且需要由大众汽车一位副总裁全程陪同。而这次参观，更像是走过场，给我看的只有大众捷达的一些新车型信息。要知道，那只是一辆经济型轿车，技术上算不得最先进。或许，这就是他们希望我看到的全部。

结束这场不愉快的参观后，那位大众副总裁邀请我们吃饭。饭桌上，他看出了我有些不高兴，便询问我对这次考察的感受。我也没有隐瞒，坦诚地回复道："我来过大众很多次，以前每次都受到热情款待，这次却几乎没让我们看到什么实质性的内容。"

与之形成鲜明对比的是日本企业。我去日本企业考察，他们几乎毫无保留地把自己的技术和产品都充分展示给我们。这一对比，让我更加感慨。大众对我们的提防，从侧面反映出中国汽车的发展速度已经超出了他们的想象，在他们眼中，中国汽车工业的崛起，已经到了让他们不得不重视、不得不防备的时候。对我们而言这是挑战，但这也是中国汽车迈向世界舞台的证明。

☆ **瑞典车企：对比中凸显发展之路**

再一次前往瑞典，是在 2009 年 5 月。借着前往挪威斯塔万格市参加 EVS 举办权的接棒仪式，我与段瑞春顺便去了趟瑞典哥德堡，希望可以参观考察沃尔沃总部。

可当我们满心期待地抵达沃尔沃门前时，一盆冷水却无情地泼了下来。工作人员冰冷地拒绝了我们的参观请求，将我们拒之门外，甚至还提出，若要参观，需支付 5000 瑞典克朗的参观费用。这突如其来的遭遇，着实让我们有些措手不及。要知道，在此之前，我们出国考察已有数十次，这样的情况，可谓是前所未有。最后经过多方协商，由沃尔沃中国支付了这笔参观费用。

不过，当我们终于踏入工厂时，眼前的景象却让我们目瞪口呆。厂房内，一片萧条，几乎全面停产。偌大的空间里，只有一两个工位上有工人在无精打采地忙碌着。我们甚至无法分辨他们究竟是在维修设备，还是在做些其他什么工作。整个场地杂乱无章，一片狼藉，与我们想象中的沃尔沃，简直判若云泥。

沃尔沃安排了两名工作人员陪同我们参观，可一路走来，确实也没有什么值得看的地方。这里的环境根本不具备正常参观的条件。如今想来，当时我执意要求参观，也是有些为难沃尔沃了。

那一刻，我真切地感受到金融危机如洪水猛兽般的威力。这个曾经的汽车巨头，在危机的冲击下，已经到了举步维艰的境地。而这，也恰恰为吉利收购沃尔沃提供了契机。现在回想起来，若没有吉利的挺身而出，沃尔沃恐怕很难有现在的局面。

我们带着复杂的心情从沃尔沃离开后，继续南下，抵达位于瑞典南部的马尔默（Malmö），参观了当地最为著名的商用车企业斯堪尼亚。同样是笼罩在经济危机的阴霾之下，同样面临着异常困难的外部环境，斯堪尼亚却呈现出与沃尔沃截然不同的景象。

斯堪尼亚的工作人员热情地接待了我们，并自豪地介绍道，自 1937 年建厂以来，直至我们参观的这一年，斯堪尼亚从未出现过亏损的情况，几乎年年都能实现盈利，即便是在 2008 年那场让全球经济都为之颤抖的危机中，外部环境异常艰难，他们依旧坚守住了盈利的底线。更令人钦佩的是，面对金融危机的巨大压力，斯堪尼亚始终坚持不裁员，尽最大努力保护员工的利益。在当时那样艰难的大环境下，能做到这一点，实在是难能可贵。

在参观过程中，他们毫无保留地为我们介绍斯堪尼亚的各种先进技术，态度真诚而开放。尤其是在我们刚刚参观完一片萧条的沃尔沃之后，看到这么生机勃勃的场景，印象就更为深刻了。

☆ 日韩访问

从 2010 年到 2019 年的十年间，学会几乎每年都会组织考察团，前往日本、韩国等地，参观丰田、本田、日产和现代等几家具有代表性的国际汽车企业。这十年间，几乎每一次都是由我担任团长，负责整体的访问工作安排。

访问团同行的还有一些单位的负责人，如张进华、赵航（中国汽车技术研究中心原主任）、董扬、高和生（中国汽车技术研究中心原副总经理）、吴绍明、李开国（中国汽车工程研究院原董事长）、李庆文（中国汽车报社原社长）等。在持续不断的交流中，我们学习跨国公司先进理念、拓宽视野的同时，也让我们更加清楚地看到自身的不足，这对于推动汽车产业的发展是非常有意义的一件事情。

随着考察次数的增多，我们与日本汽车学术界的交流也日益频繁且深入，这种深入程度，是以往与欧美学术界交流时从未达到过的。当然，这与中国汽车产业的发展情况密切相关。

彼时，中国汽车产业正以惊人的速度发展。2009 年，全国汽车产销量突破千万辆大关，成为全球汽车产业新增长极。进入新世纪第二个十年，我国民用汽车保有量从 7619.31 万辆飙升至 2.6 亿辆，汽车产业也一直朝着电动化、智能化的方向大步迈进，并取得了显著成绩。

相比以往与欧美学术界浅尝辄止的交流，我们在国际交流中愈发自信，交流的内容已经上升到技术理念和产业趋势这样的战略层面，这种转变不仅源于中国汽车工业自身实力的提升，更是国际互信与合作不断深化的必然结果。

◆ 令人钦佩的丰田

2010年5月，借着JSAE春季年会，我们第一次自主组团前往日本丰田进行考察。考察队伍中，广汽的曾庆洪、一汽的竺延风强烈希望可以去看看丰田旗下的大发汽车，特别是想了解这家从事微型小客车（俗称面包车）的企业是如何将轻量化技术发挥到极致的。

那几年，轻量化是汽车行业备受关注的技术方向之一。学会在2007年成立的汽车轻量化联盟，也取得了一系列令人瞩目的成果。但对于如何将轻量化做到极致，大家心中还有很多疑惑。

大发汽车对我们的到访非常重视，不仅热情接待，还详细介绍了他们在轻量化技术上的方方面面。这时我们才知道，大发汽车实现真正意义上的轻量化，首先在于轻量化设计，而后才是轻量化的材料和制造工艺。例如，大发的微型面包车在设计时直接取消了B柱，将其与车门一体化，但是强度、刚度并不变，安全性能也不变。这种设计理念给我们留下了极其深刻的印象，也让我们对轻量化的本质有了更深的理解。可以说，这次参观收获满满，为我们后续在轻量化领域的探索提供了宝贵启示。

结束了对大发汽车的深度探索后，我们马不停蹄地奔赴JSAE春季年会。一直以来，我心中都藏着一个愿景，那就是希望学会的年会能够借鉴SAE、JSAE的模式，以一个会议带动一个技术展的形式盛大召开。展览规模不一定需要太大，但技术的先进性和专业性必须达到一流水平。

第五章　学会旅程

　　JSAE春季年会展览主要涵盖三个核心领域：其一便是汽车轻量化，这里展示着从设计技术、材料技术到制造技术在汽车轻量化方面全方位的创新成果；其二是汽车的整车和零部件测试工具，琳琅满目的测试设备、测试仪器整齐排列；其三则是主动安全、被动安全类展示，各类先进的安全技术与装备展示其中。

　　我们结束考察，在从东京飞回北京的航班上，意外地碰到了长城汽车创始人、董事长魏建军以及长城汽车的十几位同仁。我问魏建军："这次年会，怎么在会场没瞧见你？"他说："这两天我一直在展会现场，看他们的轻量化，实在是太有料了，我一步都没离开过那个展台！"听到他的回答，我心中不禁感慨，这或许就是真正的企业家精神吧：全身心地投入技术探索中，一心只为探寻行业的先进技术，哪怕错过会议也毫不在意；一旦发现好技术，就紧紧抓住，绝不放过任何学习的机会。

　　我们的第三个行程，是拜会JSAE理事长，开展中日两国汽车工程学会之间的友好会谈。虽然会谈在促进双方交流合作方面有着重要意义，但在我心中，此次行程中最为关键的，还是我们对丰田的正式访问。这是学会首次正式访问丰田，丰田方面也十分重视，做了精心且周全的准备。在与丰田的交流中，我们汲取了宝贵经验，开阔了视野，为中国汽车行业的发展积攒了更多的力量。

　　这次访问丰田，行程与以往截然不同。我们没有去参观那井然有序的生产线，而是将重点聚焦在了日本东富士研究所（Higashi Fuji Technical Center）——一个致力于前瞻技术研发的核心基地。东富士研究所在研究什么？其核心技术主要集中在三大领域，每一个领域都代表着未来汽车技术的方向。

　　第一个领域就是新能源汽车。站在中国新能源汽车全面开花的今天，外界普遍认为日本在电动汽车领域发展缓慢，但其实丰田早已在新能源汽车的多种技术路线下深耕细作。从电动化技术到混合动力的优化，丰田已经建立了完善的技术体系。他们的研究不仅限于电动汽车的传统发展方向，还包括未来可能出现的不同技术路线。在与丰田技术团队的深入交流中，我们感受到，他们的稳扎稳打不仅体现在产品上，也体现在技术前瞻性规划中。

氢燃料电池技术是丰田另一项领先的研究领域。实地考察中，我们看到丰田的加氢站及储氢瓶研发成果，这些都是全球领先的技术成果。丰田对于氢能源的热忱不止于此，他们描绘了一个宏大的愿景：通过智慧城市、智慧交通和智能汽车的结合，以氢燃料电池为动力核心，推动未来能源经济的变革。从研发到应用场景的规划，丰田展示出对氢能源经济的坚定信心。

最让我兴奋的，是丰田在固态电池技术上的突破。早在2010年，丰田就已经研发出了固态电池的样品。虽然当时还无法实现产业化，但单看这些样品就能感受到丰田的技术储备有多超前。他们展示的固态电池样品是一块非常薄的小单体电池，能量密度和安全性都极为出色。如果这项技术能真正实现产业化，电动汽车的续驶里程、安全性和动力性能瓶颈将彻底打破。但正如丰田团队所坦诚的，固态电池的最大障碍在于批量化生产的成本问题。这是一道横亘在产业化面前的鸿沟，即使是丰田这样具备深厚研发实力的企业，也没有急于求成。

直到现在，每次见到丰田的人，包括丰田中国副董事长董长征，我都会问起固态电池的进展。他们给我的回复是，每年能量密度的提升大约在5%左右，进展虽稳定却不快。尽管十四五年过去了，丰田的固态电池依然没有实现产业化，但这种稳健而谦逊的态度却让我深受启发。他们对待颠覆性技术始终保持科学严谨。

相比之下，国内部分企业对固态电池的宣传常显得过于乐观，甚至言过其实。有些企业高调宣布明年就能实现固态电池上车，实则缺乏扎实的技术储备。我们2010年就看到丰田固态电池的样品，即便如此，他们仍然不急于宣布产业化，因为他们清楚样品和大规模商业化之间的差距。这种科学态度，是值得我们学习的。

在访问结束回程时，日本的陪同人员对我说："付总，我们已经尽力了，能看的、不能看的全都让你们看了。"我深表感谢，因为丰田甚至连固态电池的商业计划书都向我们做了展示。他们最初计划2025年实现产业化，后来调整到2028年。之后再去时，他们说或许还要延迟，最大的问题还是成本。如果没有有效降低成本的解决方案，固态电池产业化始终只能停留在实验室阶段。

那次与丰田的深度交流，让我收获颇丰、受益匪浅，也正因如此，我内心深处无比渴望我们能够将这种交流持续深入地开展下去。可以说，这次去丰田的交流，是我们这些年持续性访问中具有开创性意义的一次。

自此之后，我们先后多次邀请中国汽车技术研究中心、中国汽车工程研究院、中国汽车报等行业机构，一起联合组成中国汽车代表团访问日本，进行深入的学术交流。

直至2019年，随着年纪的增长，我逐渐移交工作，决定不再做牵头人，并推荐了团队中的其他成员接任负责人职务。没想到，随后新冠疫情暴发，这位负责人在此期间离世，我们的访问也就此中断了。尽管如此，我认为这些年来持续的访问交流，其价值和意义是极其重大的。

◆ 日产：把安全放在突出位置

我们联合组团出访的第二家日本企业是日产，延续了丰田的那种参观交流的模式。我曾先后两次访问日产，这对我们在学术上的交流，对新技术、新事物的判断起到了很好的助力作用。

当时，日产的电动汽车技术非常成功，尤其是日产聆风（Nissan Leaf）在欧洲市场表现抢眼。对于聆风，我们的第一印象是安全，那时他们就已经创造了40万公里无事故纪录，如今这一纪录已经提升至100万公里。同一时间，我们的新能源汽车却频繁发生起火事件。

因此，参观聆风的电池工厂成为此次访问的重点之一。在工厂中，我们与日产技术专家围坐在一起，就如何做到零事故进行了深入交流。他们给出的解释是：从单体电池到电池组，再到电池包的整个生产过程，日产始终如一地追求着100%的一致性。在生产线上，每一个细节都会反复检查，哪怕是最轻微的不一致都无法通过，直接淘汰。这样严谨的态度，使他们的动力电池良品率达到100%，从源头上保障了电池的高安全性。

日产的电池安全管理理念尤其值得我们学习。他们的电池热管理系统从单体电池阶段就开始进行严格的监控，并在整个生产和组装过程中保持全程追踪。他们对每一个单体电池、每一个电池包的性能指标进行细致的监测和记录，确保每一个环节都万无一失。

相比之下，当时我们国内的新能源汽车产业在快速追求高能量密度电池的同时，安全管理意识明显薄弱。这个教训在几年后的实际应用中多次显现，导致消费者对电动汽车安全性的担忧。

2020年前后，国内电动汽车的安全问题再次引起广泛关注，我们重新审视日产聆风的技术方案,将其视为行业内值得借鉴的标杆。高能量密度与安全性之间的平衡,从来都不是可以轻易取舍的难题。包括当下以及未来,我们在开发任何新兴技术的同时,必须始终牢记,我们面对的是每一个宝贵的生命,绝不能为追求市场热点而忽视了安全性。

在整个参观过程中,既有令人兴奋的体验,也有意想不到的插曲。当时,日产安排我们试乘他们研发的第一辆无人驾驶汽车,这让我们兴奋不已。按照计划,我们分成两组轮流体验,我和董扬率先上车,准备体验20公里无人驾驶路程后,再由赵航和李庆文上车。

然而,意外总是不期而至。当行驶还不到10公里时,车辆的一个三目摄像头突然出现故障,警示灯闪烁不停,原本自动行驶的车辆瞬间失去了"自主意识",无奈之下,只能由人工接管,这次无人驾驶体验被迫中断。原定于第二组的赵航和李庆文没能上车体验感受。

当天晚上,日产首席技术官兼JSAE理事长邀请我们共进晚餐。这位与学会多次合作的老朋友,在席间询问我对无人驾驶体验的感受。我对他的坦率表示感谢,同时毫不避讳地指出:"从体验来看,你们的无人驾驶技术还有很大的提升空间。"

他微微点头,坦然回应道:"的确如此,我们目前只有一辆无人驾驶汽车,还在不断进行技术摸索的阶段。"我接着说道:"我们也在探索无人驾驶技术,中国在这方面的发展水平和你们大致相当,目前主要集中在单车智能,还没有实现车路协同的车辆。"他听后,眼中闪过一丝期待,说道:"那我们先约定,明年我们再次邀请你们来体验,看看我们的技术是否有所进步。"

一年后,应日产的邀请,我再次来到他们的无人驾驶体验场地。这次体验非常顺畅，无人驾驶汽车在 20 公里的复杂路况中全程不需要人工接管。相比上一年的不成熟状态，这次的技术进步显而易见。与此同时，中国的高阶辅助驾驶技术也取得了突破，虽然仍需手握方向盘，但已具备一定的领航功能。日产的 20 公里无人接管技术让我们感受到，他们在过去的一年间付出了不懈努力，这种快速的进步让人印象深刻。

在访问期间，日产还向我们展示了他们的无线充电系统。然而，就在演示过程中，系统突然出现故障，又出现了无法充电的情况。这让现场的日产工作人员也很"惊讶"，为什么每次付先生来访，他们的系统都会出现问题。

当然，这只是玩笑话，但对我们来说，任何技术都需要一个走向成熟的过程。从另一个角度看，我们对日产毫无保留的展示和交流感到钦佩。他们向我们展示了真实的一面，没有弄虚作假，而是以开放的姿态与我们分享了研发过程中的真实情况。

我们在 2011 年至 2012 年间前后两次访问日产，促进我们与日产进行了深入而持续的技术交流，并互相分享了对行业的见解。正是在这种坦诚交流的氛围中，我们实现了共同进步，并为中日汽车行业的合作开启了新的篇章。

◆ 本田：掌门人培养计划

本田之行也让我深有感触。

在进入本田后，迎接我们的是一次试驾体验。一共有五款车，有传统燃油汽车，也有串联式混合动力汽车，以及智能化汽车，都采用了本田最先进的技术。

试驾结束当晚的晚宴，本田的伊东孝绅社长亲自接待了我们。而这场晚宴人员安排的背后含义深刻，让我十分触动。

2009年6月，伊东社长才从上一任社长福井威夫手中接过大权，到我们抵达本田考察时，也不过短短数年。但那次晚宴中，坐在他身侧的是下一任社长——八乡隆弘（2015年接任社长）。

事实上，本田未来掌门人的选拔和储备远比我们想象中的早，以确保企业的发展后继有人。试问，有多少企业能够做到这样的程度？我们的国有企业做不到，那民营企业呢？就拿吉利的李书福来说，他卸任之后由谁接任？他的儿子？再之后呢？在中国的企业环境下，要实现像本田这样连续而稳定的领导班子传承，几乎是一项难以完成的任务。一家企业要做成百年基业长青，在企业文化和人事制度上，就需要有完备的体系。

同桌中，令我意料之外的是，还有五位我们试驾车辆的设计师。他们年轻有活力，对他们所设计的产品充满激情，我相信他们在本田的培养下，未来必将大有可为。我心里也明白，本田安排他们参加晚宴，是希望在轻松愉快的氛围中，为我们讲解试驾车辆背后的设计理念、技术亮点，以及那些不为人知的设计故事，让我们可以对本田的产品有更深入、更全面的认识。

但真正让我备受触动的，是伊东社长在晚宴上的一番话。他真诚地说道："我跟这些设计师说，出了问题就让我来承担责任，如果出了成绩，那就是你们的。"这句话简单而有力，瞬间击中了我的内心。这种以人为本、勇于担当的企业文化，怎么能不让人肃然起敬。

这次本田之行，无疑是一次满载而归的学习之旅。如今，我们大力倡导ESG⊖理念，呼吁企业积极履行社会责任，注重企业

⊖ ESG是环境（Environmental）、社会（Social）和公司治理（Governance）的缩写，是一种关注企业可持续发展的理念和评价体系。

管理，而本田无疑是我们在国际上值得学习的优秀榜样之一。

◆ 日本零部件企业

除整车企业外，我们还曾深入了解日本的一些零部件企业，它们同样有着许多值得我们学习的地方。比如电装，在过去发动机时代，电装在行业中占据着不可动摇的地位。但随着电气化、智能化推进，在全球汽车零部件百强榜上的排名曾一度下滑，它们没有气馁，凭借自身技术研发能力，不断调整战略，积极投身到主动安全、被动安全与智能化领域。

从电装的发展历程可以清晰地看出，无论是整车制造企业还是供应链企业，若想在激烈的市场竞争中做成百年老店，实现可持续发展，必须具备高瞻远瞩的战略眼光，不断适应市场变化，勇于创新，才能在历史的长河中稳稳前行。

◆ 25 年后再访韩国现代

2017 年，我与赵福全共同访问了韩国现代。与 1992 年的那次访问相比，这次的意义截然不同——现代汽车正式邀请我们前去为他们做专题报告。我们从观察者转变为分享者，各自承担了特定的演讲任务，为现代汽车的管理层提供关于中国汽车市场的最新视角与思考。

现代汽车对此次活动极为重视，要求公司中层以上干部全员出席，希望通过我们的分享，为企业的战略方向和年轻一代的思维打开新局面。

我的报告以回忆为主，内容较为简洁，重点分享了与现代汽车第一代领导人郑周永关于合资合作的一些往事。郑周永是个极具远见的人物，与他的交流让我对现代汽车的发展方向有了深刻印象。然而，在台下的年轻管理者中，许多人对那段历史知之甚少。当我讲述时，能明显感觉到他们对这些内容充满好奇。我的演讲大约持续了 20 分钟便结束了。

赵福全的报告就比较全面，主要是介绍中国市场，讲了两个多小时。在去之前，现代汽车对赵福全的演讲内容提过特别要求，希望他能直言不讳，甚至不留情面，通过一些尖锐的内容来激发年轻一代的创新意识和危机感，特别是要让他们认识到中国市场的重要性，否则将错失许多机会。

赵福全的演讲内容既中肯，也尖锐。有三个观点给我留下了深刻印象。首先，他强调中国汽车市场的巨大潜力，任何跨国公司，包括现代汽车，都不应放弃这一市场，否则将面临巨大损失。其次，他认为中国消费者既宽容又苛刻，他们对新事物的接受度高，但对产品的要求也极为多元。最后，他指出了市场适应性的重要性，强调现代汽车不能简单地将韩国市场的产品模式直接移植到中国，必须进行本地化开发；4000 万人口的市场与近 14 亿人口的市场是完全不同的，不能仅仅依靠简单销售来获取成功。

他的演讲充满张力，全场 500 多人鸦雀无声。或许对在场的年轻管理人员来说，他们心中也充满了疑惑：市场状况真的如他所说的那么严峻吗？我们真的面临如此大的挑战吗？毕竟，2017 年左右，现代汽车在中国市场的表现还算稳定，危机并未显现。

演讲结束后，赵福全半开玩笑地问现代的副社长："我讲得这么直接，会不会挨打？"

现代汽车的高层中，有两位来自中国台湾的副总裁。他们对中国市场有着深入的了解，并私下向我坦言，韩国的企业家和管理层对中国市场的认知还停留在十几年前，对近年来中国汽车行业的快速发展和变化缺乏深刻理解，这种盲目自信可能会对现代汽车未来的发展带来隐患。

回顾那次访问，我不得不佩服现代高层的前瞻性。如今，现代汽车在中国的市场份额已远不如当年，这更验证了赵福全演讲中的预判。

我们在现代一共待了三天。第二天，他们给了我们两个选择：第一个选择是安排赵福全与现代汽车的社长进行深入面谈；第二个选择是前往现代研发中心参观。我们选择了第二个选项，深入了解他们的研发实力。

从驻地出发，我们乘车行驶了一个多小时，到达他们的研发中心。一路上，大家都在猜测现代在前沿技术上的投入，特别是氢燃料电池领域的研究进展。在研发中心，我们重点参观了他们的燃料电池研发区域。一进入实验室，我的目光就被他们的储氢瓶吸引住了。技术人员向我们介绍，他们的Ⅲ型储氢瓶抗压力已经可以达到75兆帕，而更先进的Ⅳ型瓶采用了全碳纤维材料。

我说，只看储氢瓶并没有太多意思，能不能再看看他们的实验装置，但是这个请求被拒绝了，理由是这部分内容不在安排范围内。我又提议，希望能参观他们的环境实验室，这样我就能知道他们的研发深度。虽然他们同意了我们的请求，但是实验室内的设备全部用白布蒙上了。

整体来看，韩国现代在氢燃料电池领域确实做了很多工作，技术储备也十分雄厚。但我们也清楚地看到，氢燃料电池汽车的市场化应用，还存在巨大挑战。从全球范围横向对比来看，我认为丰田是执牛耳者，其次才是韩国现代。不过，他们都面临同样的问题，就是商业化应用场景仍然没有打开。

中国目前在氢燃料电池汽车方面同样面临难题。虽然各地陆续出台了氢能规划,但是真正落地却困难重重。我们的技术储备其实并不逊色,制氢、运氢、储氢技术已经比较成熟,但是成本问题没有得到很好的解决。氢能源作为二次能源,怎么把成本降下来,这是实现商业化的前提。

学会撰写的最新一版汽车蓝皮书中,明确提到氢燃料电池汽车是一条技术路线,但它不是唯一的选择。天然气、液化天然气(LNG)、甲醇混合动力等技术路线同样有探索的价值。未来,尤其是在商用车领域,我们必须坚持以市场化为导向,让市场决定技术路线的优劣。只有市场接受的技术,才有可能成功推广。科学技术部当年提出"三纵三横"技术规划,放在今天来看,它的前瞻性依然令人叹服。坚持按照市场化的逻辑来布局技术发展,是最理性且最务实的选择;否则,市场必将用现实的反馈惩罚任何偏离轨道的尝试。

在不断的出访过程中,我也见证了学会的壮大。回想起早年我们刚刚开始接触国外学术界时,由于经验不足,谈判桌上的话语权还非常有限。但随着时间的推移,我们积累了丰富的交流经验和深厚的技术沉淀,逐渐获得了日本汽车学术界乃至整个国际汽车界的尊重。那种平等交流的场景至今仍令我感慨万分。正是凭借着多年的努力和坚持,我们才能在国际舞台上自信发声,将中国的智慧与成果展示给世界。

兼任汽车人才研究会理事长

前不久,捷豹路虎中国政府事务及法务执行副总裁李洁离职了,他是我在汽车行业的好朋友之一。我们经常讨论技术与人才的关系问题，到底是技术重要还是人才重要？我们得出了一个结论：人才工作是最重要的，技术不如人才重要。

李洁之前在奔驰汽车负责中国政府事务，后来转到捷豹路虎工作。他的太太是德国人，因此，他60岁退休之后就要回到德国。在他回德国之前，我们约在一起聚餐话别，他对我说："在中国，人的工作就是一项政治工作。"对他的这句话，我感同身受，深以为然。

要想将企业做大做强，人才是非常重要的因素。我很荣幸，参与了汽车人才研究会的成立，并连续担任理事长十年之久。这十年的工作，让我对人才的理解一步一步加深。

☆ 关于汽车人才研究会

中国人才研究会汽车人才专业委员会（简称中汽人，又称汽车人才研究会）成立于2005年，是由民政部、人力资源和社会保障部（原人事部）批准注册的国家级行业人才机构，是国内主要的汽车行业组织之一，其理事会由中国汽车政、产、学、研各领域的领袖人物组成。可以说，中汽人是汽车界和人才界共同建设的一个致力于汽车人才研究、交流、培养与服务的行业平台。

中汽人的成立背后有一段精彩的故事，而这段故事的主角正是中汽人的创始人、现任理事长朱明荣。1999年，朱明荣调任上海市嘉定区人事局局长。当时，上海市、区两级政府认为嘉定具备发展汽车产业的独特优势，遂将嘉定定位为"汽车嘉定"，并规划在此建设上海国际汽车城。

2000年下半年，上海市政府在嘉定区安亭镇（也被称为"中国汽车第一镇"）召开汽车城规划建设调研工作座谈会。会上，上海市发展与改革委员会领导提出了一个至关重要的命题："将来建设上海国际汽车城,成败的关键在人才,希望嘉定区人事部门能提前介入,超前研究汽车城的人才工作。"这一命题让朱明荣深受启发。

2001年上半年,中国人事科学研究院院长王通讯专程到安亭调研汽车人才市场。在深入了解嘉定地区人才工作情况后,王院长提出了一个极具建设性的建议:"人事部所属的中国人才研究会下设十多个专业委员会,涉及经济、金融、文化等领域,唯独没有汽车。"在王院长的建议和支持下,朱明荣开始筹建汽车人才研究会,作为中国人才研究会的分支机构。这不仅能够争取人事部、民政部的支持,还能为嘉定地区的汽车人才工作提供行业引领,进而与国际接轨。

然而,筹建工作并非一帆风顺。朱明荣四处奔波,筹备近三年,社团成立的申请报告却迟迟未获批复。2005年上半年,他向人事部原副部长、中国人才研究会会长徐颂陶汇报了此事。徐副部长对此高度重视,并在他的全力支持下,民政部最终下发了正式批文。

2005年12月,中汽人揭牌仪式暨新闻发布会在上海汽车活动中心举行。在揭牌仪式上,徐副部长发表了重要讲话,提出了三个"前所未有":汽车人才资源的重要性前所未有地受到广泛重视;汽车人才资源开发的紧迫性前所未有地摆在眼前;汽车人才的开发实践也前所未有地丰富生动。

如今,中汽人已成立近20年,在推动中国汽车人才建设方面发挥了重要作用,汽车人才工作实践也正如徐副部长所言,愈加丰富而生动。

☆ **老领导心系汽车人才**

为了支持中汽人的发展,徐副部长亲自带着朱明荣拜访原国家机械工业局局长邵奇惠（根据1998年《关于国务院机构改革方案的决定》，撤销机械工业部，改为国家机械工业局。邵奇惠由原机械工业部常务副部长改任国家机械工业局局长，但业内仍常称他为邵部长），邀请他出任中汽人首任理事长。

2006年3月初，正值全国两会前夕，邵部长在北京召集了包括一汽竺延风、广汽曾庆洪、吉利李书福在内的八位汽车企业最高领导，以及中国机械工业联合会张小虞、清华大学欧阳明高、中国汽车报社李庆文等汽车界"两会"代表、委员，共同商讨汽车人才研究会理事会的筹建工作。我作为学会代表，也在邀请之列。

邵部长说："今天我请大家来，不是为了请客吃饭。在座的各位都是圈内人，只有朱明荣是圈外人，将来也是圈内人。今天请大家来，是为了商量一件事。人事部组建了汽车人才研究会，徐部长亲自到我家邀请我出任理事长。我认为这件事对中国汽车产业的发展极为有利，人事部领导具有战略眼光，所以我答应了。但具体怎么做，今天请大家来商量。首先，我请秘书长朱明荣向大家介绍研究会的基本情况。"朱明荣在会上详细介绍了中汽人的情况，其中让我印象最深的一句话是："人事部组建汽车人才研究会，唯一的愿望就是两个字：服务——服务中国汽车产业的发展，服务中国汽车企业，服务中国汽车人才……"那是我第一次与朱明荣见面，未曾想到未来我们将会成为重要的工作伙伴。而在接下来的近20年里，他始终积极践行着这三个"服务"。

2006年9月29日，中汽人理事会成立大会在上海嘉定召开。在邵部长的亲自邀请下，几乎所有整车厂的一把手都出席了大会。当时，万钢部长还在同济大学担任校长，他也亲临现场。

在这次会议上,我与东风集团的一把手徐平坐在一起,左边是重汽集团董事长。徐平说:"期待董事长邀请我们尽快访问重汽。"当时,重汽的重型卡车产品风靡一时,徐平自认在这方面业务不如重汽,因此一直想向重汽学习。

在邵部长的亲自操刀下,中汽人组建了由88位汽车界、人才界精英组成的理事会,作为行业人才组织领导机构。理事会的建立为整车厂提供了更多相互交流学习的机会,也拉开了行业协同开展汽车人才建设的序幕。

2010年,由于年事已高且身体不适,邵部长从理事会退任,担任名誉理事长。在卸任之际,他推荐由我出任中汽人理事长。我深深怀念邵部长在中汽人所做的工作。作为一名心系产业发展的思想者,他不仅是中国汽车界前瞻智慧的"吹哨人",更是中国汽车行业协同创新的奠基者。尽管他在中汽人工作仅四年,但他鞠躬尽瘁,做了许多开创性的工作,尤其是创建了两大行业服务平台,为中汽人的后续发展奠定了扎实的基础。

邵部长常感慨国内汽车企业间缺乏合作,他希望企业之间打破壁垒,加强交流。2007年,在他的支持下,中汽人成立了汽车行业人力资源经理人组织,将全国主要整车集团的人力资源负责人聚集在一起,交流经验、研讨业务、对标学习,推动各大汽车企业在人力资源领域迈出了合作的第一步。

邵部长对海外高层次汽车人才尤为关注,并为此倾注了大量心血。2008年"金融危机"后,中国汽车产业迎来了自2003年之后的新一轮海外汽车精英归国潮。在与汪大总、赵福全、许敏、辛军等早期回归的海外汽车精英接触后,邵部长深感他们在事业高峰期归国的爱国之心,也体会到了他们在国内发展的酸甜苦辣。他说:"我们能不能搭建一个海归之家平台,让这些海归们有一个可以聚聚会、聊聊天、说说心里话的地方,哪怕是发发牢骚也好。"

于是,在他的支持下,中汽人会同美中汽车交流协会,于2009年4月组建了全球汽车精英组织,旨在联合全球汽车行业的专家和技术领军人物,构筑中国汽车行业高层次专家之间对话与长期合作的平台,致力于壮大中国的汽车人才队伍,推动中国汽车产业的发展进步。

时至今日,汽车行业人力资源经理人组织和全球汽车精英组织仍然是中汽人两大重要的服务平台。

☆ 改造秘书处

我担任理事长之后,一直在考虑怎么能把汽车人才研究会的工作做好,怎么才能不辱使命,不辜负两位部长的信任,也不辜负汽车行业对人才培养的期许和希望。

我当时有三个理念。

第一个理念是我们中国汽车界和人才界还没有过跨界合作的历史和经验,那么汽车人才研究会就要向人才界的同事领导多交流学习。人才界有很多老专家,他们的理念和我们不太一样,有很多地方需要我们学习,来补足我们的短板。

第二个理念是人才培养也是我们中国汽车工程学会的使命,我作为学会理事长,应该把学会和汽车人才研究会更好地结合起来,充分发挥人才培养和人才建设的功能。

第三个理念是必须做好汽车人才研究会的秘书处建设工作,我发现汽车人才研究会工作人员的专业性和职业化水平距离我的预期还比较远,所以我认为第一要务就是把秘书处建设好。我在学会工作多年,经营学会的经验以及很多做法,可以移植到汽车人才研究会秘书处的建设上来。

如何做好汽车人才研究会呢？我认为，首先要选一个好的秘书长，朱明荣是一位很称职的秘书长，有情怀，有想法，很有干劲，也非常有激情。他是全国优秀公务员，我对他充满信任。

不过，秘书处的工作能力和工作规范还远远不够。我出任汽车人才研究会理事长之后，就发现这个问题尤为严重，有一次在工作中还闹出了一个笑话。

这个笑话就发生在于上海举办的全球汽车精英组织成立大会上。我们邀请了邵部长以及上海地方政府领导，还有万钢部长和苗圩部长来参加成立大会。一开始一切都比较顺利，我一直在台上担任主持。最后，到了揭牌仪式的时候，万部长和苗部长都已经上台了，却发现没有牌子！

还有一次，我们举办了一场人才主题会议，结果令我大失所望。在我看来，一场专业、正式的会议，流程应规范有序，主题应清晰明确，各项议程更需提前与嘉宾细致沟通，演讲报告也理应是精心准备的。可这次会议组织得极为潦草，随意点几位嘉宾发言，主题模糊不清，毫无重点。这完全不像一个专业社团该有的做事水平。

作为汽车人才研究领域有着关键引领作用的专业委员会，不允许有任何专业水准的缺失。自加入汽车人才研究会以来，我察觉到优化工作流程、提升专业水准的紧迫性，首要之事便是对秘书处工作进行全面整顿。

经与朱明荣沟通，我们一致决定由李喆乐来负责秘书处工作。此后，我对新秘书处提出了工作要求和工作规范，并强调汽车人才研究会要朝着职业化道路发展。

经过卓有成效的改革举措，汽车人才研究会整体面貌焕然一新,各项工作步入正轨,规范化程度大幅提升。我意识到,要想真正做好人才服务工作,关键在于激发工作人员对人才工作的热爱,鼓励他们勇于创新,敢于突破。近年来,汽车人才研究会的工作人员虽然有一些流动,但令人欣慰的是,大部分人员还是选择坚守。

完成秘书处的改造工作后,我清晰地认识到,汽车人才研究会还面临生存问题。这情形与我当年刚接手学会时颇为相似。虽说上海嘉定区政府给予汽车人才研究会部分资金支持,但仅依赖这笔扶持资金,汽车人才研究会难以实现长期可持续发展。

从哪里找到盈利点?这是我在解决汽车人才研究会生存问题时思考的重要问题之一。我在想,汽车人才研究会可以涉足哪些方面业务?比如,研究会的会员制度还没有建起来,我们可以发展会员,收取一定的会员费,以保证研究会日常运营。另外,我们不仅策划了高质量的人才论坛,还举办了汽车人才研究会年会,主办了全球汽车精英人才盛会,这些会议和论坛吸引了很多业内人士参加。我们还创造性地做了汽车行业薪酬对标,在行业内影响非常大。

☆ 我的汽车人才观

十年汽车人才研究会的工作经历,让我深刻体会到人才的重要性。企业对待人才,应该像爱护家人一样爱护他们。如果学会的工作任务之一是吸引海外优秀汽车人才归国,那么,汽车人才研究会就是要研究如何真正用好人才,为他们提供一个可以共同发声的平台。

我一直在想,企业家能不能更像一个理想主义者,关怀人才的成长,为他们提供一个温暖的家。我认为这其中最重要的是要为人才创造一个能最大限度发挥才能的好的环境。我这里有很多关于如何用好人才的案例，值得企业家学习和借鉴。

庞剑是知名的 NVH 专家，他回国之后这么多年一直在长安汽车工作，他对我说："我之所以会一直留在长安，是因为有朱华荣。"

像庞剑这样顶级的 NVH 专家太少了，他将国外多年积累的技术系统性地带到了长安汽车。当年，庞剑刚来长安的时候，团队只有二三十人，如今已经发展到 400 多人。因为庞剑的到来，长安汽车的 NVH 水平大幅度提高。

为了让庞剑安心留在长安汽车工作，长安汽车董事长朱华荣可谓煞费苦心。比如说，考虑到庞剑的夫人睡眠不好，朱华荣就想方设法改善他们夫妻二人的居住环境，让他们能够在一个十分安静的环境中生活居住。如果不是朱华荣千方百计想办法，庞剑可能早就被其他公司挖走了。

还有我在前文提到过的朱元宪，被誉为北美内燃机三杰之一，曾是北美内燃机协会的发起人和首任会长。回国之后，朱元宪一直在成都威特工作，尽管成都威特经历多次变动，他依然不离不弃。为了攻克柴油机高压共轨技术，朱元宪几乎奉献出了自己大部分的职业生涯。

朱元宪团队一直在努力攻克高压共轨技术，却不被大家看见，待遇也不高。他们团队的一位工程师就向我诉苦，让我很受触动。后来我和张进华商议，设立创新团队奖，我们要利用这个奖项来表彰、激励那些辛勤工作在一线的科技工作者。

像庞剑、朱元宪这样的优秀人才，他们不仅是海归，也是国内顶尖的技术人才，他们的付出必须要被大家所关注。感谢那位工程师点醒了我。我们本来有条件去为他们做一些事情，但是以前我们或者是没有想到，或者是想到了却没有立即行动。如今我们行动起来，努力让这些科技工作者的付出被更多人知晓。

还有赵福全，他归国之后先在企业工作，后来转到高校，每走一步他都会与我沟通。我知道，他也渴望自己的学识获得更多的共鸣。

这些优秀的高端人才，都值得我们去为他们做一些事情。大家都说，汽车是资金密集型、技术密集型产业，其实更是人才密集型产业，人才在某种程度上弥补了汽车行业的短板。

☆ 汽车行业薪酬对标

我人生中有过两次鞠躬。第一次是在汽车轻量化联盟成立时，我向四位老专家深深地鞠躬，感谢他们为汽车轻量化联盟所给予的支持和贡献。正是他们在汽车轻量化联盟中的突出工作，让中国汽车轻量化水平与世界先进水平缩小了至少十年的差距。

第二次鞠躬是在汽车人才研究会主办的薪酬对标会议上，我向各大汽车企业鞠了一躬。做薪酬对标是一项非常艰难的工作，因为各企业的薪酬制度都有一定的保密性，而且，不同的企业性质不同，如国有企业、民营企业、外资企业等，这也增加了薪酬制度的复杂性，因此，做汽车行业薪酬对标工作，面临很大的困难。好在，我们还是通过努力完成了这项艰巨的工作。

吉利汽车和长城汽车，作为民营企业，愿意将自己的薪酬情况公之于众，接受我们的评估分析，这是非常难得的事情，这也得益于汽车人才研究会同事们出色的工作。因此，我在这次对标会议上向大家鞠躬，既是感谢企业的信任和支持，也感谢研究会同事们的辛苦付出。总体来看，我们在薪酬工作方面为行业做出了重大贡献。

薪酬对标工作之后，我们也做了一些企业人才建设服务方面的工作。比如，无论是中国汽车工程学会，还是汽车人才研究会，对于汽车海归优秀人才，都倾注了十分的热情和关怀。尤其是汽车人才研究会，给予了这些归国人才足够的尊重，为他们提供了系统的服务和施展才能抱负的舞台。

在工作中，汽车人才研究会敢于创新。比如，我们联合全球十五六个华人汽车组织，每年持续组织联合会议，产生了非常大的影响力。如果说我之前去海外是为了招募海外华人汽车人才归国，那么，汽车人才研究会就是一个专业化的机构，是有组织地为海归人才提供服务，让他们有家的感觉，让他们在回国之后找到归属感。

☆ 深入研究，打通关卡

对于汽车人才研究会，我认为有两方面的工作需要坚持做下去。一是要坚持撰写《中国汽车人才研究报告》。这个报告内容越来越全面，越来越有深度，这都是秘书处职业化建设产生的效果。二是薪酬对标工作要持续做下去，这对汽车行业的发展意义重大。

关于汽车人才研究会的定位，我们也进行过深刻的思考。研究会的归属地位于上海嘉定，但它是全国性行业组织。放眼整个汽车行业，全国范围内只有这一家专业的人才研究机构。通常而言，一个全国性的行业组织，其总部应该设在北京，而不是在其他地方，但由于上海市嘉定区政府对汽车人才研究会一直十分重视，管理上也很到位，所以，我们还是将汽车人才研究会的总部设立在了上海嘉定。

总体而言，我认为，汽车人才研究会作为一个在地方设立的组织，却发挥了全国性行业组织的作用，这是一件很难的事情。研究会探索出了一条有中国特色的行业组织发展之路，既服务于嘉定区，也服务于全行业。有不少汽车企业的老总愿意兼任汽车人才研究会副理事长的职务，这也说明大家对人才的重视程度非常高。

回顾兼任汽车人才研究会理事长的十年，我曾遇到过几次重要的关卡，最终都得以一次次通关，这才有了研究会如今的发展局面。

第一个关卡，就是对人才工作的理解。

以前我只知道人才工作很重要，但是具体该从何处发力才能做好人才工作，我并不确定。与学会的工作相比，汽车人才研究会的工作内容有比较大的区别。与人才相关的工作，大多数是由企业人力资源部门负责，而我此前在这方面并没有太深入的涉猎。因此，我需要好好梳理人才工作的脉络，重新认识人才工作的内涵。

好在万变不离其宗。我从汽车人才研究会秘书处开始着手，通过改造秘书处，建立起新的秘书处团队。后来我们有了薪酬对标的工作，之后又成立了全球汽车精英组织，还持续组织撰写《中国汽车人才研究报告》，搭建了汽车人才工作体系。

第二个关卡，是汽车人才研究会的创新力建设。

秘书处建好之后，在朱明荣的带领下开展各项业务，但是我们不能只局限于开展传统的普通业务，如召开一些会议、论坛等，我们要发掘出新时期的新问题，并围绕这些新问题努力破局，从而满足汽车行业旺盛的人才需求。

我最近看到几家跨国公司的ESG报告，深刻地感受到他们作为百年老店的深厚积淀。他们视野广、格局大，在人才建设方面观点独到。公益也是跨国公司的必修课，他们勇于承担社会责任。相比之下，我们国内的一些企业，在社会责任上某种程度还停留在应付差事、完成任务阶段。

☆ 为产业强国做好人才储备

推动产业向前发展，首要任务是夯实人才根基，从人才培养、引进与激励体系建设开启发展新篇。

回首在汽车人才研究会工作的十年，我们脚踏实地，夯实根基，也在诸多关键领域实现了突破性进展。我们深知，每项工作、每次突破，都紧密关联着汽车行业人才培养的重任。我们矢志不渝，以服务人才培养为核心使命，期望通过不懈努力，为我国汽车工业的蓬勃发展、走向强盛注入源源不断的动力。

辛军曾说过一句话，让我颇受触动。他说："一个人受过高等教育，就应该有了学习能力。面对新形势，他就应该学习到新的东西。"我觉得这句话很有价值，他说出了人才培养方面的一个重要问题，就是与时俱进、长期坚持。

我和比亚迪董事长王传福也聊过这个话题。作为一名企业家，要清楚你的核心团队是谁。缺少什么样的人才，就可以招聘什么样的人才，但是核心团队一直和你在一起，这些人都是创业初期的元老，他们更加理解比亚迪，在多年的工作过程中也具备了学习能力，并成为一支重要的创新的力量。所以，我们要坚持对人才的长期持续培养。

相比之下，国外企业更加注重人才建设和培养工作，他们几乎每年都会对人员进行培训，这已经形成了惯例。反观国内企业，还没有形成这样的体系。在人才建设上，我们必须秉持为员工负责的态度，把人才培养作为公司治理的重中之重。

不久之前，我与奇瑞汽车董事长尹同跃对话。尹同跃说，奇瑞要努力做到不断培养员工，一个企业不可能有万能的战士，那我们怎么办？我们就要不断进行培训，让员工适应变化，在技术迭代中实现自我升级。这也说明，对人才的培育，最终还是要依靠企业，企业向前走，员工也在同步进化。

我觉得校企合作是一个很好的人才培养方式。我们现在有了很好的产学研模式，也几乎形成了产学研的人员培养生态，但是我觉得校企合作还有很大的提升空间。

我以前去底特律密歇根大学走访的时候，就发现他们在培养学生的过程中，与美国三大汽车公司有密切的联系。密歇根大学的很多教师来自三大汽车公司，教师、学生和公司之间形成了有机结合，学生在实践中学习知识，学成之后又送到企业进行实践，这种校企合作的模式，很值得我们学习和推广。

我记得许敏教授在一次青年对话活动中说过，他们在美留学期间去企业工作时，都要带着问题去挑公司；公司对他们也有要求，就是必须创新，只有具备创新精神和创新思维，才能在企业贡献自己的力量。

国内的一些企业，当缺少人才时，往往直接去"挖"人，将其他企业的人才和技术"挖"过来为己所用。这样做或许可以解决一时的燃眉之急，但企业发展最本质的问题是需要持续不断地提供能满足市场需求的新技术和新产品，企业不可能总是依靠"挖"人来解决这个问题。所以，归根到底，企业还是要提高人才的创新能力，而不能总以"挖"人的方式进行简单的人才移植。

我们大声呼吁企业，要为人才的成长创造一个宽松的环境，敢于为员工创新提供试错的机会，这才是培养人才、提升企业创新能力的正确思路，而不能太急功近利，总想"吃快餐"，这是不可持续的。这就如同我们每个人的健康，偶尔吃一两顿快餐倒也无伤大雅，但快餐吃得太多肯定会对身体不利。只有全面的营养、合理的膳食搭配，才有利于长久维持健康。

☆ **我与汽车人才研究会感情深厚**

我在汽车人才研究会担任了两届理事长，但由于是兼任，未能投入全部精力，主要以项目把控支持、人脉引荐协调为主。然而，在秘书处团队的共同努力下，汽车人才研究会取得了许多成绩。

让我印象最深的是两项行业对标。2015年，汽车人才研究会理事会年会期间，我参加了汽车行业人力资源经理人组织会议，听取了薪酬对标报告和劳动用工对标报告后，深感震撼。我未曾想到，汽车行业在人才领域的合作如此深入，竟能共享如此敏感的薪酬和用工数据。我激动地向在座的汽车HR们鞠了一躬，感谢他们的坦诚与贡献。在我看来，这两项对标堪称汽车行业协同创新的典范。

作为汽车人才研究会和学会的理事长，我还有意促进两会在人才研究方面的合作。例如，《中国汽车科技人才发展报告》《中国汽车产业中长期人才发展研究》《中国大学生方程式汽车大赛与汽车大学生培养研究》等都是两会合作的成果。

2018年，我将理事长的指挥棒交给了朱明荣，担任名誉理事长。虽然我主持汽车人才研究会工作的时间不多，但我对汽车人才研究会感情深厚。从理事会筹建开始，我见证并亲自参与了汽车人才研究会的成长，如今依然关心着它的发展。在我看来，尽管这个协会年轻且规模不大，但它拥有独特的魅力和优势，为行业人才发展发挥了无可替代的作用。

朱明荣接任汽车人才研究会理事长，我十分放心。他的亲和力、对人才的重视以及谦和的形象给行业留下了深刻印象，为汽车人才研究会树立了一个有温度、有吸引力的社团组织形象。2024 年，因为在汽车人才工作方面的突出贡献，他被评为"全国离退休老干部先进个人"，我发自内心为他感到高兴。

如今，在朱明荣的带领下，汽车人才研究会的研究团队已经成长起来了，具备了承担人力资源和社会保障部、工业和信息化部相关课题研究的实力，先后完成行业课题 50 多项，填补了多项行业空白。在行业协同方面，汽车人才研究会也取得了新突破，不仅联合行业编制了"国家职业技能标准汽车行业评价规范"，还从该项目成功拓展出一条涵盖研究、教材编制到培训实施的技能人才服务链，探索出了"人才运营"的新理念。

从年龄上算，我应该是第三代汽车人。

第一代汽车人是共和国汽车产业的奠基者，他们在那样艰苦卓绝的环境下在东北的黑土地上建设了一汽；他们在华中、在十堰的山沟里建设了二汽，等等！他们用钢铁般的意志成为创业的一代。第二代汽车人应该是接近九十岁的老人了，他们肩负着改变汽车产业缺重少轻、轿车是空白的历史使命，在改革开放的浪潮中，推动着中国汽车产业由小到大的历史进程。而我们第三代汽车人正在见证并参与创业创新，在新赛道上中国汽车产业振兴的时代之变。

能投身这份事业，我深感幸福与幸运！我满怀期待，憧憬着在未来，汽车人才研究会能够凭借自身的努力与积淀，在全球舞台上绽放光彩，成为世界一流的社团组织。

追述邵奇惠部长二三事

我第一次近距离接触邵奇惠部长,远在"一号工程"之前;而我与他的深入交往,也不仅仅局限于在汽车人才研究会筹建运作期间。

早在20世纪80年代初,那个充满变革气息的年代,我便与邵部长有过交往。那时,东风汽车公司李惠民副总经理率队赴黑龙江考察汽车工业,而邵奇惠同志正任哈尔滨林业机械厂的厂长。林业机械厂,我比较熟悉,是因为在林业机械厂参照太脱拉12吨载货汽车研制、生产HL160重型卡车时,我所在的哈齿与林业机械厂有过合作。这一次是我陪着李惠民一行到林业机械厂参观访问。

那天,我们走进了厂区,东风汽车公司的同事与林业机械厂的技术人员围坐在会议室内。邵厂长用他那带着浓厚江南口音的普通话,娓娓讲述厂子的发展历程与未来规划。他特别详细地介绍了汽车生产的基础条件以及未来研发生产客车底盘的规划设想,言简意赅,条理清晰,打动人心,我至今仍记得当时在心中暗自赞叹:"真有水平!"这是邵厂长给我留下的第一印象。东风汽车公司的领导们也显得格外兴奋,纷纷表示林业机械厂有着极好的基础和条件,生产汽车条件好,厂长也厉害。

令人印象深刻的还有晚餐时的一个小插曲。那时正值改革开放初期,访问团几乎没有人会想到在工厂食堂用餐,更何况是邵厂长亲自做东款待远道而来的客人。在那简朴的食堂里,一张圆桌上摆满了家常便饭,而邵厂长却另起一张小桌,独自用餐。这个场面，可能是谁也想不到的，但那天，这样的事情确确实实地发生了。他还对我说："付厂长，我不会喝酒，也不太会应酬，你代我招待招待东风汽车公司的各位领导。"这一席话、这一幕情景，都让我至今难以忘怀。

这就是当厂长时的邵奇惠同志。他的不会应酬与他谈起业务时的精神焕发、侃侃而谈反差巨大。中国太缺少这种不会应酬、不愿应酬的领导了。这一幕让我终生难忘！如今，在深入贯彻中央八项规定精神学习教育之际，我回顾邵奇惠同志抓作风建设的这一幕，别有一番感触。

随着时间的推移，邵奇惠同志的人生轨迹也不断向更高的层次迈进。他后来升任黑龙江省省长，参与国家重大工程"一号工程"的决策与实施。命运总是充满巧合，尽管后来他调离了黑龙江省，但我们的缘分却未曾因此中断。1999 年，我调入学会工作，先任常务副理事长，后升任理事长。而此时的邵奇惠同志已在机械工业部担任常务副部长，并兼任学会的名誉理事长。

随着与他的交往日渐增多，我逐步体会到他对学会工作和汽车产业未来发展的独到见解。他总是以一种责任感激励着自己，密切关注着汽车行业的发展动态。无论是在学会的工作会议上，还是在各类行业交流场合，他总能以敏锐的洞察力指出行业所面临的问题与瓶颈，并提出切实可行的解决方案。邵部长不仅是一位高瞻远瞩的战略家，更是一位以实际行动为汽车产业排忧解难、指引方向的实践者。

2004 年，中国汽车总销量突破 500 万辆。这时，包括国际上的一些汽车企业家、汽车同行都善意地提醒我们，中国汽车产业要有自己的战略，要有自己的思想，要有汽车大国的思考。庆幸的是，有邵奇惠部长这样的大家在思考。从 2001 年开始，他连续十年每年撰写深刻的行业分析文章，每一篇都字字珠玑、意义深远，其深度、高度和针对性在当时都是无人能及的。

我见过的高级领导不多，见过的学者型、研究型的领导就更少了。邵奇惠同志思维敏锐，充满睿智，思想开放，与时俱进，是一位有特殊魅力的智者，一位务实的理想主义者。

薪火相传

十几年的奋斗历程中，我见证了学会从艰难二次创业到步入正轨，再到如今充满活力、蓬勃发展的辉煌历程。当我站在即将交棒的节点上，回顾过去的点滴，既感慨万千，也满怀对未来的希冀与期待。

在学会工作步入正轨后，我便开始思考学会的长远发展问题。那时，正值第二次创业的关键阶段，我开始物色那些既有潜力又有担当的年轻人，期望他们能继承并发扬学会的优良传统。就在这个关键时刻，张进华进入了我的视野。

当时，张进华担任中国汽车技术研究中心副主任，年轻有为且谦逊低调，这一点与学会的文化完美契合。在与他多次交谈中，我深深体会到他具有敏捷的思维和强烈的事业心。正是这种内外兼修的品质，让我看到了一个能够推动行业进步、带领学会迎接挑战的新生力量。

经过多方斡旋和考察，在赵航的大力支持下，几经周折，张进华调入了学会！

那段日子仿佛就在昨日，记得他初入学会时的坚定目光和对未来规划的信心，让我对学会的未来充满了无限遐想。张进华不但思维敏锐,有很强的事业心,而且还有高效的执行力。进入学会以后,他迅速将自己的智慧和才能投入到学会的各项工作中,策划组织了一系列对整个行业具有深远影响的活动,如编制《节能与新能源汽车技术路线图》、举办"国际新能源汽车大会",等等。

正当我为张进华的卓越表现感到欣慰之时,侯福深也加入了学会。后来,随着张进华担任学会理事长,侯福深出任副理事长兼秘书长,成为学会的另一位中坚力量。侯福深对学会工作的深刻理解和出色执行力,同样给人留下了深刻印象。

学会在一代又一代年轻人的接续奋斗与进取下,始终保持着蓬勃的生机与活力,稳健向前发展。

作为见证学会发展历程的一名老汽车人,甚感欣慰!

意外荣获中国汽车工程学会终身成就奖

2017年12月20日,学会在北京召开了第九次全国会员代表大会,大会主题就是换届。我正式卸下了学会理事长的重担,转交给李骏院士。

领导班子换届,是一个极为重要的环节。中国科学技术协会党组成员、书记处书记项昌乐院士,中国机械工业联合会执行副会长兼秘书长赵驰作为上级组织代表也一同见证了这一时刻,并对学会第八届理事会的工作给予了高度的肯定和赞扬。

赵驰副会长特别指出,中国汽车工程学会在全国学会中一直发挥着模范带头作用,拥有极高的国内外知名度和广泛的行业认可度,表现非常活跃,是一个具备强大科技实力的团体。这番评价让我深感欣慰，也让我感到无比自豪。作为理事长，回首过往，学会这些年的发展历程依然历历在目。

自成立以来，学会经历了跨越式发展。到2017年，个人会员已达数万人，团体会员数千家，学会成为中国汽车工业传播新思想、交流新技术、宣传新理念的重要平台和力量。

2012年至2013年，中国科学技术协会组织第三方独立机构对全国200个国家一级学会进行评估，最终评选出5个一等奖，中国汽车工程学会名列其中，成为国内公认的一流学会。同时，学会在国际化方面也迈出了坚实步伐。在我担任理事长期间，我们组织成立了由跨国企业首席技术官组成的国际咨询委员会（ITAC）。我还记得，日本企业代表曾对我说，"这样的会议只有中国能办成。"宝马的代表更是建议这种会议应该每年举办两次。这些反馈充分说明学会在国际交流中的独特价值和影响力。

每一任理事长都是带着使命而来，而我的使命主要有两点：一是带领学会跻身国内一流学会之列，二是将学会打造成具有国际影响力的知名学术组织。可以说，我不辱使命，基本完成了这两个目标。

在宣告新一届理事会成立后，大会进入了表彰奖励环节。这是学会激励会员和广大科技工作者的重要时刻。会上，学会授予陈龙、华林和李理光等12位同志"2017年度中国汽车工程学会会士"荣誉称号，同时为朱华荣、任晓常和孙逢春等7位同志颁发了"中国汽车工程学会杰出成就奖"。此外，为鼓励汽车技术自主创新，学会还正式公布了2017年度"中国汽车工业科学技术奖"的获奖名单。然而，令我意想不到的是，在表彰环节接近尾声时，张进华突然宣布，授予我"中国汽车工程学会终身成就奖"。

随后开始宣读由张宁提前准备好的颁奖词：

他是一位智者，让中国工程师登上了世界的舞台，让中国汽车工程学会年会成为世界的顶级盛会，让协同创新成为跨产业的共同行动，让中国大学生汽车竞赛成为莘莘学子汽车梦的起跑线。

他是一位朋友，凝聚了无数富有创新精神的企业家、科学家和工程师共同为中国的汽车强国梦而奋斗，让海外学子的一腔报国热情得到了最大释放。

他是一位勇士，创新了社会团体的运行机制，丰富了社会团体的内涵，开创了科技社团工作的新局面，让学会成为国家科技社团中的佼佼者。

每个人都有自己的人生追求，他把自己的追求与中国汽车产业紧紧地捆绑在一起，与每一位追求成长的中国汽车人捆绑在一起，与每一个追求发展的中国汽车企业捆绑在一起。他是我们的榜样，将激励我们不断进取，勇于担当，扎实工作，推动各项工作迈上新高度。

刹那间，我惊讶至极。在此之前，竟无一人向我透露过这一突如其来的安排。

坦率地说，我这一生给他人颁奖无数，但这一次，学会将这样一份终生难忘的荣誉授予我，这是对我多年来在汽车行业和学会工作中所付出努力的高度肯定和认可。我深感自己是一个幸运的人，生逢其时，赶上了改革开放的伟大时代，亲历并见证了中国汽车工业最为辉煌的 20 年，并获得了国内外同行的肯定。这一切对我来说，无疑是一份莫大的荣耀。那一刻，我不禁自问：我何德何能，能获得如此高的荣誉？

我心中充满感恩。感谢这个伟大的时代，感谢并肩奋斗的同仁。我无愧于伟大的时代，无愧于伟大的产业，更无愧于学会赋予我的使命。

作为中国汽车工业发展的亲历者和见证者，在卸任理事长的这一刻，我内心充满了骄傲，同时也感到一种前所未有的平静和释然。卸下重担之后，我并没有选择彻底闲下来，而是接受聘任成为学会名誉理事长。我希望继续发挥余热，为中国汽车工业的发展贡献力量。汽车是我的事业，也是我的朋友，我的朋友圈也都围绕着汽车。我将继续为这一产业服务，直至无法付出为止。

收获 FISITA 杰出贡献奖

2020 年年初，一场突如其来的全球性新冠疫情给汽车产业按下了暂停键。所有的规划彻底被打乱，尤其是跨国交流不得不终止。

两年后的金秋，我收到了一封来自 FISITA 的贺信——祝贺我获得 2021 年 FISITA 杰出贡献奖。这真的是出乎意料的惊喜。

FISITA 杰出贡献奖，是每两年全世界才会有一个汽车人获得这个至高无上的荣誉。FISITA 选择将这个奖项颁发给我，给出的理由让我既感动又深感责任重大。他们称赞我具有"领导力、远见卓识""对中国乃至世界各地汽车工程师的鼓励，对全球汽车工程和移动交通工程界都产生了积极的影响"，而且"当代以及未来的学生、工程师、政策制定者和行业领导者也将在其影响下，继续为汽车行业的发展做出贡献。"

时任学会理事长的李骏决定将这场意义非凡的颁奖仪式定在

2021年10月19日举办的学会年会期间。

当我站在领奖台上，手中捧着这份沉甸甸的荣誉，心中百感交集，我发表了这样一段感言："惭愧，我没有做这么多工作，却获得这么大荣誉，觉得心里很不安。还要感谢FISITA这么大奖项颁给中国的老汽车人。我也要感谢中国汽车工业给我这个机会，没有强大的汽车工业给我们的自信和力量，就没有我们的今天，我是他们中的代表而已。"

我始终认为，这不仅仅是我个人的荣誉，更是中国汽车工业的荣誉。它见证了中国汽车工业从弱小到强大的艰辛历程，凝聚着无数汽车人的心血与汗水。

随着大会圆满落幕，我对中国汽车产业的未来充满了信心。在"双碳"目标的引领下，中国汽车产业必将继续勇立潮头，走在科技创新的前沿，为实现绿色出行、智能出行贡献独有的中国智慧和中国力量。我坚信，在不久的将来，中国汽车产业定会在全球舞台上绽放出更加耀眼的光芒，为人类社会的可持续发展书写更加辉煌的篇章。

2021年FISITA杰出贡献奖颁奖词：

付于武是中国汽车工业的追梦人，他推动中国汽车工程师登上世界的舞台，促使中国汽车产业融入国际，让协同创新成为跨产业的共同行动，使中国大学生汽车竞赛成为莘莘学子站在汽车梦的起跑线。

付于武是中国汽车人的好朋友，他凝聚了无数具有创新精神的企业家、科学家和工程师，共同为实现中国汽车强国梦而奋斗，让众多海外学子的一腔报国热情得到最大释放。

付于武是中国汽车业的探路者，他创新了社会团体的运行机制，丰富了社会团体的服务内涵，开创了科技社团工作的新局面，推进中国汽车工程学会成为国际最有影响力的学会之一。

付于武是中国汽车工业公益事业的开创者，填补了我国汽车行业公益性基金会的空白，为国家汽车产业的振兴搭建了一个公益性的平台，以实现推动人才成长，助力中国汽车强国梦。

付于武是中国汽车人才的践行者，秉承"为中国走向汽车强国提供人才与智力支持"的宗旨，以研究、服务、交流、培养四位一体为工作方向，以新时代下汽车人才工作新使命、新要求为目标，以赤诚奉献、低调务实的作风凝聚一批汽车追梦人与其共同奋斗。

第六章 公益事业

十年一路走来,是一个不断摸索的过程。能够以公益的形式推动中国汽车产业转型发展,我倍感充实。运营北京华汽汽车文化基金会的十年,我收获了满满的幸福感。

汽车界首个公益基金会的诞生

关于北京华汽汽车文化基金会(简称华汽基金会)的历史,其实在我还担任学会理事长期间,就已经有了雏形。我决定做基金会的初衷非常单纯:我认为这件事意义重大,内心深处的声音告诉我,这是我必须倾尽余生精力去完成的使命,而这件事,就是创立一个与汽车相关的基金会。

华汽基金会的创立,可以说是一场奇妙的缘分,也是天意使然。

2013 年,彼时的国内外经济形势错综复杂,然而我国汽车产业却在这艰难的局势下逆势上扬,产销量再度刷新纪录,连续五年雄踞全球首位,稳稳地坐上了汽车大国的宝座。但在从超高速增长逐步向中低速增长换档的进程中,汽车产业的发展动力、生产结构、消费模式以及竞争格局,都如同经历了一场蜕变,正发生着一系列显著的变化。

与此同时,能源消耗、尾气排放和交通拥堵等外部难题,像三座大山一般,日益沉重地压在国内汽车产业的肩头,成为制约其前行的巨大阻碍。这些内外部因素相互交织、彼此影响,恰似一股无形却强大的力量,推动着中国汽车产业踏上转型升级的历史性变革之路。

中国汽车产业在完成了从小到大的使命后,下一阶段的任务既艰难又光荣——迈向汽车产业强国之列。但摆在眼前的难题是,究竟该如何实现这一宏伟目标?怎样提升企业竞争力?这显然不是某一个体或某一领域能够独自解决的,而是需要全行业齐心协力,产学研多方携手,政府也积极参与,共同努力才行。

当时的我,尽管还在担任学会理事长,但不得不承认,对于市场的洞察力,远不及那些日夜奋战在汽车制造与销售一线的同仁们。一次机缘巧合,在与他们交流时,我们谈到了中国汽车或机械工业最匮乏的东西。他们的回答是社会责任,并且指出,在汽车产业发达的美国、日本、欧洲等地,公益性的基金会早已存在,而我们国内却没有。

实不相瞒,此前我从未留意到这一差距,基金会也从未闯入我的视野。经他们提及,我顿时深感认同,内心深处像是被什么触动到。

于是,当有人提议由我牵头成立这样一个公益性基金时,我内心瞬间燃起了热情,觉得此事不仅意义重大,而且刻不容缓。我也曾好奇地问他们,为何选中我来挑这个大梁?他们解释道,大家都期盼有一位在行业内有影响力的人来引领这项事业,在咨询了众多业内人士后,大家不约而同地都推荐我担任基金会理事长。

我这一生都奉献给了汽车工业,汽车情结如同影子一般,伴随了我大半辈子。即便当时已近古稀之年,可我那颗为中国汽车工业发展贡献力量的心,依旧炽热如初。我的性格就是如此,一旦认定要做某件事,就会毫不犹豫、坚定不移地做下去,并且有自己的规划。内心深处的声音告诉我,通过汽车公益基金会,可以做许多有意义的事情,为中国汽车产业的未来添砖加瓦。

为了确保基金会的成立能够万无一失,我征求了多方宝贵意见,包括机械行业的老领导、中国汽车工程学会、中国汽车工业协会、中国汽车技术研究中心、汽车贸促会、中国汽车报、中国机械工业企业管理协会,以及众多专家学者。

令我感动的是,他们都给予了极大的支持,尤其是学会的同仁们,对这个想法更是全力赞同。就这样,在大家的齐心协力下,我们成立基金会的目标愈发明确,宗旨也清晰地确立了下来:希望通过公益事业,促进中国汽车行业的创新和人才培养。

基金会获评 4A 级社会组织

成立一个非营利性的公益基金,需要一群志同道合的伙伴共同努力。基金会的七位共同发起人除了提议人刘世全和我外,还包括张进华、孙伯淮(中国机械工业企业管理协会名誉会长)、葛松林、管欣、赵福全。

大家怀揣着共同的理想,自愿走到一起,共同为创立这个基金会而努力。2013 年 10 月 15 日,在北京铁道大厦内,筹备会热烈召开。在这个关键节点，我们十分荣幸地邀请到了何光远部长亲临现场。何部长认真聆听了我们关于基金会的规划与设想，对我们成立基金会的这一举措给予了极高的评价。他的认可，极大地鼓舞了在场每一位发起人的士气，让我们更加坚定了前行的信念。

回顾往昔，总有那么一些人，因共同的信念和愿景凝聚在一起，携手书写动人篇章。直至今日，我内心依旧满是感激，感谢这些共同发起人。因为我们深信，基金会的成立对于推动中国汽车文化的发展、科技创新的进步以及人才培养的深化具有不可估量的价值，因此我们都积极支持基金会的工作。

华汽基金会于 2014 年 12 月，经民政部门批准设立，2016 年通过慈善组织认定，是公益性非公募基金会。作为我国汽车领域第一个公益性基金会，华汽基金会填补了我国汽车行业公益性基金会的空白。

2020 年，在公益事业蓬勃发展、社会组织影响力持续攀升的时代背景下，华汽基金会首次参加社会组织评估。此次评估以社会主义核心价值观为重要导向，评估指标涵盖多个维度，不仅着重考查基金会在组织治理、项目运作效率、财务透明度等基础管理层面的表现，还全面评估其在促进社会公平、推动文化发展、践行社会责任等方面所做出的实际贡献。基金会高度重视此次参评工作，精心筹备，整理各项资料，全方位展示自身在过往发展历程中的成果与特色，期待通过评估进一步提升自身的管理水平与社会公信力。

华汽基金会凭借完善的内部治理结构、规范透明的财务管理、卓有成效的公益项目实施以及广泛的社会影响力，顺利通过了严格评估。最终，凭借出色的综合表现，获评 4A 级社会组织，这一殊荣不仅是对基金会工作的高度肯定，更是为基金会未来的发展注入了强大动力。

心存感激

作为致力于社会公益的非营利组织，我们的使命是通过公益的力量促进行业的发展。然而，如何经营基金会，对我们而言却是一个全新的挑战，甚至让我们感到有些无从下手。

我曾在企业、政府以及社会组织中工作过，参与过许多赞助项目，但那些都是作为资金的输出方。而如今，经营一个既需要资金流入又需要资金输出的公益基金，对我来说，无疑是一个巨大的转变。我对其中的规则和要求知之甚少，一切似乎都需要从头开始。

国家对公益性基金会的管理非常严格。注册基金会需要实际的资金，这些资金不能挪作他用，必须专款专用。特别是管理部门要求基金会每年必须有收入和支出。这对我们的非营利性公益组织来说，无疑是一个巨大的挑战。它要求我们不断提高管理能力，确保工作细致扎实。

在华汽基金会成立之初，许多人对我们这个组织不甚了解，这给我们的工作，尤其是募捐活动，带来了一定的困难。于我而言，向他人开口募捐是一道难以跨越的心理鸿沟。第一步怎么迈出去呢？经过一番思索，我将目光投向重庆小康，也就是如今在行业内颇具影响力的赛力斯集团股份有限公司（以下简称赛力斯）。

重庆小康董事长张兴海问我："这笔钱用来做什么？"我深吸

一口气，郑重地回答："首先声明，这不是我个人的需求，而是为了公益基金。"他听了之后，没有丝毫犹豫，果断回应："你需要多少？二百万、三百万都可以。"听到这句话，我心中涌起一股暖流，仿佛黑暗中看到了一束光。

当时，向张兴海请求资金支持时，我的内心确实有些犹豫，尤其是在考虑到小康汽车当时的经济状况并不宽裕的情况下。张兴海在之前的演讲中也曾提到，那时公司"穷怕了"，资金压力巨大。但最终，我还是鼓起勇气请求了二百万元。他毫不犹豫地答应了，这份信任和支持让我感动不已。

获得首笔捐款后，华汽基金会立即启动了第一个项目——赞助出版《一汽之道》，随后才有了"饶斌奖"的设立。如果当时没有这笔资金，"饶斌奖"可能需要推迟一年才能问世。可以说，张兴海的这笔关键捐赠，如同一场"及时雨"，成为基金会从起步到稳健发展历程中最为强劲的助推力。

我之所以接受张兴海的捐赠，源于对他个人品质的深度信赖。在我眼中，张兴海是一位具有远见卓识的企业家，拥有长远的战略思维。当年，赛力斯与华为合作时，许多人不理解，甚至认为赛力斯只是华为的代工厂，缺乏自己的"灵魂"。而今，赛力斯不仅成功实现盈利，更以迅猛之态强势崛起。这无疑正是张兴海远见卓识和战略思维的有力见证。

如果将整个汽车行业比作一场盛宴，早期的张兴海连入席的资格都没有。而现在，他已被安排在贵宾席位，受到众人的敬仰。他的成功并非偶然，而是源于他对行业的深刻洞察及对未来的坚定信念。

未曾料到十年后，张兴海再度向华汽基金会伸出援手。这份持之以恒的支持，不仅是对华汽基金会的高度认可，更是为基金会的未来发展注入磅礴动力。我深知这份情谊无比珍贵，也更坚定了继续投身公益事业的决心，不负他的信任。

在助力青年科技人才成长征程中，长城汽车展现出强烈的社会责任感。当中国科学技术协会发起青年人才托举工程时，长城汽车毫不犹豫地慷慨捐赠了两百万元。那时，长城汽车的一位副总私下向我透露，董事长魏建军在公司内部的一次会议上明确指示，要大力支持基金会的青年人才托举工程，因为这是一项有价值的工作，长城汽车必须给予支持。听到这番话，我深受感动，这进一步证明了我们基金会所从事的工作确实意义重大。

十年来，我就是这样不断"化缘"的，凭借着我这张"老脸"。在这里，我要衷心感谢过去十年来支持我们的众多整车企业，比如浙江吉利汽车有限公司、广州汽车集团股份有限公司、宇通客车股份有限公司、国机汽车股份有限公司，以及博世（中国）投资有限公司、芜湖伯特利汽车安全系统股份有限公司、上海加冷松芝汽车空调股份有限公司、上海保隆汽车科技股份有限公司、上海盖世网络技术有限公司（以下简称盖世汽车）、上海国际汽车城等许多零部件及产业生态企业。他们长期的捐赠支持了基金会的运转，让我们能够在公益的道路上坚定前行。

谈到各家企业对华汽基金会的帮助，不得不提到盖世汽车。盖世汽车首席执行官（CEO）周晓莺，让我印象深刻。这些年来，我发现周晓莺始终在不断蜕变。她从最初的懵懂青涩，到如今成为阳光乐观、充满青春活力的行业领军人物，她的变化不仅带动了盖世汽车的发展，也让我从她身上看到了一家企业背后的核心力量。

在我的记忆中，盖世汽车一直是一家富有思想的公司。随着时代的变迁，这家公司已经不再是单纯的科技公司，也不仅仅是媒体或咨询机构那么简单，而是一家致力于为整个行业赋能的综合性企业。从最初专注于某一领域，到如今逐步扩展为涵盖供应链管理、海外拓展以及为企业发展提供多方位服务的平台，盖世汽车正用实实在在的行动诠释着什么是"赋能"。

周晓莺本人更是令我敬佩。虽说她比我年轻许多，但她的情商和成熟度远远超过许多资深同行。无论面对同行前辈，还是与初出茅庐的后辈交流，她总能保持谦逊与尊重，将关爱与温暖传递到每一个人心中。她用自己的实际行动证明，只有将爱赋予产业，产业才能回馈以丰厚的回报。正是这种充满人文关怀的精神，使得盖世汽车不仅在技术和服务上不断突破，更在企业文化和社会责任上成为行业的典范。

看着盖世汽车一步步从一个初具规模的企业成长为现在具有多元化服务体系的平台，我心中既有感慨，也有期待。感慨于岁月带来的变化和革新，期待着未来汽车行业将因这种赋能而焕发出更为璀璨的光芒。作为一位从业多年的老汽车人，我深知每一个时代的进步都离不开年轻人的锐意创新与坚持不懈。周晓莺和她的团队正是那股不可忽视的力量，他们用激情、智慧和责任心，推动着行业不断向前。

基金会"一老"和"一小"

在基金会的初创时期，我们面临着诸多挑战：规模有限、影响力不足、资源匮乏……然而，正是在这样艰难的起点上，我们深知必须聚焦核心，才能在有限的资源中发挥最大的价值。那么，聚焦何处呢？经过深思熟虑，我们一致认为，应当将目光投向人才培养与激励,这是推动社会进步的关键,也是基金会的使命所在。

建设一个和谐的汽车社会,离不开深厚的文化底蕴作为支撑。作为中国首个专注于汽车领域的公益性基金会,我们不仅填补了行业空白,更是中国汽车文化发展的一个重要里程碑。为了更好地推进中国汽车工业的发展,我们将工作重点归纳为两个关键词:"一老"与"一小"。

"一老",指的是备受瞩目的中国汽车工业饶斌奖(简称饶斌奖)。该奖项以中国汽车工业之父饶斌先生的名字命名,旨在表彰那些在中国汽车工业创建初期,为行业发展做出卓越贡献的杰出人才。饶斌奖不仅树立了行业的标杆,更将激励着一代又一代中国汽车人不断努力,共同追逐中国的汽车强国梦。

"一小",则指青年人才托举(简称青托)工程。这一项目由中国科学技术协会立项,采用以奖代补、稳定支持的方式,大力扶持32岁以下具有较大创新能力和发展潜力的青年科技人才。通过这种方式,我们希望能够培养出更多未来汽车工业的领军人物。

在过去十年间,基金会的足迹不仅局限于"一老"与"一小",我们还资助了一系列引人注目的项目。其中包括创新团队奖、大学生方程式赛车竞赛等,这些项目为年轻一代提供了实践与创新的舞台,激发了他们的热情与创造力。同时,我们还深入支持了华人汽车工程师的相关活动,如全球汽车精英组织和北美华人汽车工程师协会中国分会,为海外人才与国内产业的交流搭建了桥梁。

此外,我们与学会合作设立了"中国汽车工程学会会士"荣誉称号,打造了一个汇聚顶尖科技人才的高端平台。这个平台不仅是对行业精英的认可,更是中国汽车工业智慧的汇聚之地。

不仅如此，基金会还支持了多部汽车科技文化领域的重点著作出版发行，这些书籍不仅传播了汽车科技知识，传承了汽车文化，还促进了专业化人才的培养，营造了汽车产业和谐繁荣的新局面。同时，基金会还积极参与和支持各类汽车文化节、少年儿童汽车文化节等一系列公益活动，致力于推广汽车文化的普及与发展。

通过这些举措，我们不仅为中国汽车工业的发展注入了新的活力，也为汽车文化的繁荣做出了积极贡献。我们深知，传承与创新是推动行业发展的双轮，而"一老"与"一小"正是我们基金会的双翼。未来，我们将继续秉持初心，砥砺前行，为实现中国汽车强国梦不懈努力。

☆ "饶斌奖"诞生的故事

设立饶斌奖的想法源于2013年。那年3月28日，在纪念饶斌同志诞辰一百周年活动期间，李岚清和王兆国同志（中共中央政治局原委员、十一届全国人大常委会原副委员长）共同出席。

在这样的背景下，机械行业组织筹备组提出了一个意义深远的提议：设立一个奖项，用以激励那些在中国汽车工业发展中做出特殊贡献、在中国汽车发展历史上留下深刻印记、在汽车工程及相关领域有重大创新性贡献和成就的专家或企业家。该提议一经提出，便得到了在场众人的高度认同。最终，经过慎重讨论，决定由学会牵头，由我来组织这一奖项的筹备工作。

活动现场，饶斌同志的长子饶达（全国乘用车联席会原秘书长，2015年病逝）也在，我征求他的意见："我们准备设立饶斌奖，能否用'饶斌'来命名？作为家属，你们有没有意见？"饶达很高兴，回复说："没有意见。"那一刻，我感受到的不仅是家属的豁达与支持，更是一种对父亲精神的认同与传承。

饶斌同志是我国汽车工业的主要奠基人和杰出的开拓者，他和他所代表的第一代汽车人不仅为中国汽车工业发展打下了坚实的基础，更为中国汽车人锻造了自强不息、百折不挠的奋斗精神，敢为人先、勇于探索的创新精神，以及鞠躬尽瘁、甘为桥梁的奉献精神之基。

斯人已逝，唯有精神不灭。用他的名字来命名这个奖项，再合适不过。我相信，饶斌同志的精神将继续激励更多中国企业家，推动中国汽车行业的创新发展，为中国汽车工业的腾飞注入强大动力。

作为中国汽车工业的传奇式人物、中国汽车工业的奠基人和开拓者，我也有幸与他有过交集，受过他的教诲。2013年饶斌同志诞辰一百周年之时，我曾写过一篇怀念他的文章，现附上。

☆ 回忆饶斌同志在哈尔滨的日子

饶斌同志在我心目中既是高大的、才华横溢的领导，又是亲近的、没有距离感的一位长者。

认识他是20世纪80年代中期。在70年代末80年代初，我担任哈尔滨汽车齿轮厂的总工程师，负责企业的技术改造及规划工作。哈尔滨齿轮厂当时是中国汽车工业公司（以下简称中汽公司）的直属企业。因为我的家在北京，又因工作需要，经常往返于北京和哈尔滨之间。只要赴京，我必到中汽公司汇报工作。当时与中汽公司上上下下的领导都非常熟，但接触最多的是规划部的几位领导——胡信民、吴智平、张小虞等同志及公司领导张兴业同志。饶斌同志当时是中汽公司董事长，偶尔我也会见到他，甚至会到他的办公室小坐。我担任厂级领导时年纪轻，不太懂规矩，再加上改革开放之初，干群关系、上下级关系非常自然，所以，我也从来没有考虑过拜访董事长有何不妥。饶斌同志是个很严肃的人，但对于我的鲁莽并没有表示出任何的不满。每每见到我就会说，东北的北京小付又来了，这回又有什么事啊？使我紧张的心情很快能够松弛下来。待稍微熟悉些后，饶斌同志知道我北京的家（金鱼胡同）与他的住所（大雅宝胡同）离得很近，便兴奋地说，其实我们是邻居啊！所以到今天，留存在我记忆中的饶斌同志，始终是一个和蔼可亲、平易近人的领路人。

记得1987年4月下旬的某一天（具体日期已记不清），厂办公室主任说有北京的电话找我。当我拿起电话听到是饶斌同志的声音，这回我是真有点紧张。电话里听他说，这两天要来哈尔滨看一看，没什么具体任务，又说已经与哈尔滨汽车办公室主任万同本同志通过话，并交代"你俩接待就可以了"。饶斌同志再三叮嘱不要通知市委、市政府，不要给政府添麻烦。

放下电话，我连忙与万主任联系。万主任说，我这有个接待计划，但是光咱俩还不行，还得让张维德同志参加。因饶斌同志的夫人张矛同志也一同前来，需要有女同志陪同。张维德是我爱人，当时是哈尔滨市政府体制改革委员会主任，是全面质量管理方面的专家，之前在中汽公司讲过课，所以也认识饶斌同志。就这样，我们三人组成了接待小组，承担起接待任务。饶斌同志曾担任过哈尔滨市市长，现在回想起当时的情景，感到这样的接待规格确实是欠妥当的。

就这样，饶斌同志和张矛同志夫妇二人，没有带一个随从来到哈尔滨，下榻于松花江畔的友谊宫，住了有五六天的时间。这几天，对于饶斌同志而言，算是休了个长假。

安顿好之后，饶斌同志说，我这次来，属于私人身份，你们只需安排两件事：一是看几个厂；二是看看哈尔滨我工作、生活过的地方。就这样，我们为他安排了哈尔滨汽车齿轮厂、哈尔滨汽车零部件二厂、哈尔滨客车厂、黑龙江客车厂、哈尔滨林业机械厂、哈尔滨星光机器厂共六个厂。当时哈飞和东安的微型车和发动机项目已经上马，但因为时间的关系，没有安排。

哈尔滨汽车齿轮厂是中汽公司的直属厂，生产变速器和后桥齿轮，另外还生产改装车。哈尔滨汽车零部件二厂生产发动机正时齿轮，产量大，效益好。哈尔滨林业机械厂当时生产客车底盘，与哈尔滨客车厂、黑龙江客车厂要组建客车联合体，做大客车产业。哈尔滨星光机器厂生产130轻型卡车，也正在测绘仿造雷诺轿车。饶斌同志视察了这几个工厂，并就这些厂的发展给予了积极的建议并做了重要指示。

在饶斌同志离开哈尔滨不久，黑龙江省、哈尔滨市即开始实施汽车的"一号工程"，其核心就是重点扶持"两车一机"（微型车、轻型车、微型发动机）、"两车一配"（客车、专用车、汽车零配件），这其中饱含着饶斌同志的心血与智慧。

考察企业之余，饶斌同志作为哈尔滨市的老市长，我们陪他回到哈尔滨市政府所在地（道里区），回到他曾经生活过的地方（南岗区）。在故里，他伫立良久，沉思不语。当时的情形非常令人动情。在整个陪同过程中，我深深地感受到他对哈尔滨的浓厚情感。

饶斌同志在哈尔滨期间，恰逢"五一"，又是哈尔滨市解放四十周年，庆祝活动异常热烈。故在喜庆之余，张维德把我们的大女儿付琳也带上了，老两口喜欢得不得了，两个人轮流抢着抱着、牵着，不撒手。张维德怕老人累着，就叫付琳不要让爷爷、奶奶抱，但饶斌夫妇坚持着要抱。写到此处，我的泪水已充满眼眶，当时的一幕仿佛就在眼前。多好的老人啊！也就是在这一年的夏季，饶斌同志永远地离开了我们。所以，这次哈尔滨之行，是他与哈尔滨的告别之行。莫非是上天的有意安排，还是故土的吸引？在冥冥之中，让他回到魂牵梦绕的故地，回到他工作、战斗过的地方走了一回。

（饶斌同志，我们永远怀念您！）

因此，"饶斌奖"成为基金会支持的重点项目。为此，我们制定了评选原则，正如前所述，"饶斌奖"获得者必须是为中国汽车工业发展做出特殊贡献、在中国汽车发展史上留下深刻印记，且在汽车工程及相关领域有重大创新性贡献和成就的专家或企业家。获得"饶斌奖"至少具备三个条件：其一，他必须是终生从事汽车工业的专业人士；其二，他在汽车工业发展过程中留下历史痕迹；其三，他是一个企业家。

恰巧，2014年基金会成立后的第一个项目便是赞助出版《一汽之道》，这本书写的是一汽创建史。书中提到中国第一位汽车领域的院士孟少农，曾任一汽厂长、中国汽车工业公司董事长李刚，曾任一汽总工程师、二汽创建人之一、中国汽车工业公司总经理陈祖涛等人的故事，讲述他们负责一汽设计技术联络、设备订货与分交、派遣实习人员等事宜，让我深受感召。

他们是第一代中国汽车人的杰出代表，需要被历史铭记，更应该得到应有的尊重和嘉奖。原则上，"饶斌奖"应一年评选一位获奖者，但很遗憾孟少农院士早已离世，剩下两位老领导都已近九旬，我们意识到"饶斌奖"再不设立，很可能会留下难以弥补的遗憾。基于审慎商议，首届"饶斌奖"最终决定授予李刚与陈祖涛两位前辈。

☆ 历届"饶斌奖"获得者及颁奖词

◆ 第一届：李刚和陈祖涛

"饶斌奖"由学会主办，基金会特别支持。第一届"饶斌奖"尤其关键，我们在广泛征求各方面意见的基础上，经过反复酝酿，决定将"饶斌奖"授予两位德高望重的老领导。

为此，我还专门去拜访了苗圩，他当时是工业和信息化部部长。我请他的秘书务必安排我们见面，苗圩部长当天见到我就问："老付，什么急事？"我说："这事必须当面跟您汇报，一是设立'饶斌奖'，二是第一届'饶斌奖'准备下个'双黄蛋'。"

苗圩部长当即表示同意。我还特别提到，第一届'饶斌奖'非常重要，希望苗圩部长能参加，为两位老领导颁奖。他立刻表示同意，没有任何犹豫。这是我跟苗圩部长接触多年，他答应得最痛快的一次。

2015年10月27日上午，学会年会期间，第一届"饶斌奖"颁奖典礼如期举行，立刻引起行业震动。陈祖涛因身体原因没到现场，苗圩部长则因开中央全会未能参加，就由我和董扬一同为李刚颁发纯金奖章、奖牌和奖金。

李刚的颁奖词如下[一]。

李刚：中国汽车工业的开拓者

李刚，清华学子，1948年投身革命。1952年被派赴苏联，筹建新中国第一个汽车制造厂，为筹建组成员，与孟少农、陈祖涛等代表中国政府参与苏联援建一汽整体设计实施审批工作，以及

[一] 为还原历史，所有颁奖词均保持原貌，不做语意上的修改。

两国间的联络、沟通等工作。他为中国汽车工业的孕育、诞生和发展做出了历史性贡献。

李刚在其参与创建的中国第一汽车制造厂奉献、拼搏了二十几个春秋，担任过总工程师、厂长。任职期间，主持六万辆扩散工程，使大而全的生产格局得以改观。竭力推进解放卡车换型，开启一汽第二次创业。八十年代，他领命进京，任中国汽车工业公司总经理、董事长等职务，成为饶斌之后又一重要领导人之一。

他是第一位系统学习引进国外先进管理技术的企业领导人。早在1978年，他率队对日本汽车工业进行长达半年的实地学习考察，回国后，在人民大会堂向中央工交各部千名司局长以上干部做考察报告，就此引发了机械工业解放思想、学习推广国外先进经验、推进企业管理现代化的热潮。

他注重汽车产品质量，坚持推进质量年检和细化检测项目，扭转汽车质量不稳定的痼疾。他主持提出采用递增利润包干、折旧基金返还、设立大修基金、银行贷款等办法，为汽车产业发展提供多渠道资金支持。

他是自主开发发展中国汽车的坚定创导者，为设立发展轿车基金用于自主设计而坚持不懈努力十余载，终获成功。他从国家战略高度来促进中国汽车工业发展，为提高汽车工业战略地位，与行业有识之士一起长期奔走呼吁，终于促成在党的十二届三中全会上，让汽车工业跻身国家支柱产业，为中国汽车工业蓬勃发展创造了良好的政策环境。

李刚是一位始终以顽强斗志为中国汽车发展奋斗的开拓者。

我还清楚地记得，李刚上台领奖的时候，情绪非常激动，他当场决定将 20 万元奖金全部捐出，作为创新奖励人才基金，委托基金会代管。他发表现场感言时说："这个奖分量很重，它既给我最大的荣誉，也给我很大的鞭策，因为我在盛名之下，其实难副。饶斌同志是我国汽车工业的奠基人，是两大汽车基地（一汽和东风公司）的创建人，是 20 世纪 80 年代我国汽车工业战略部署的缔造者。我无法和他相比，相差甚远。现在我即将步入 90 岁，但我热爱汽车事业是始终不渝的，仍将在我有生之年关心它的健康成长。"

他还说道："我殷切希望'饶斌奖'将形成一种强大的激励机制，使更多企业家追求饶斌同志的足迹，为学习他敢于创新的革命胆略、学习他敢于开拓创业的战略思维、学习他体现过的'三严三实'革命作风，为在国家《2025 中国制造》指导下早日建成汽车强国而奋斗。"

陈祖涛的颁奖词如下。

陈祖涛：中国汽车工业的第一名员工

陈祖涛，将门之后，幼时学于苏联。在中国汽车工业史上有着不可泯灭的功绩。1951 年受祖国委派，前往苏联接受援建中国第一汽车制造厂的筹建工作，成为中国汽车工业的第一名员工。

他与孟少农、李刚等同志代表中国政府参与苏联援建一汽的整体设计实施审批工作；参与中国第一汽车制造厂的选址、设计、基建、安装、调试、投产全过程，是一汽建设项目的决策人之一，为三年建成一汽做出重大贡献，是中国汽车工业的奠基人之一。

陈祖涛也是第二汽车制造厂创始人之一，是第一任总工程师。作为五人领导小组成员，他跑遍鄂北大大小小的山梁沟壑，选定厂址。坚持科学态度，在极"左"思潮泛滥时，以无私无畏的精神坚守放射型布局设计方案，为第二汽车制造厂的发展奠定了科学基础。

中国汽车工业公司成立后，陈祖涛先后担任过总工程师、总经理等职务。在改革开放之初、国外轿车破门之时，他坚持中国汽车企业联合起来，为形成专业化、大生产格局战略，为遏制小而全、落后与重复的中国汽车企业发展状态，积极参与国际汽车行业竞争与合作，为中国汽车工业发展做出卓越贡献。

他以超前的眼光，率先提出以大企业集团为主先行安排轿车项目，实行保护国产汽车发展的产业政策意见；引进技术或合资企业，加速国产化进程等意见，推动国家实施轿车发展的战略抉择。

陈祖涛与中国汽车工业紧密相连，把自己的一生都融入共和国汽车工业这个伟大事业中。

获得"饶斌奖"之后，陈祖涛发来一封感谢信。他这样写道："饶斌同志是中国汽车工业的创始人和奠基人，是我非常尊敬的领导和师长。他带领我们为一汽和二汽的建设呕心沥血、艰苦奋斗、不懈奋斗，为中国汽车工业的发展做出巨大贡献。以他名字命名的这个奖项，是对饶斌同志的尊敬和纪念。我获得首届奖，感到非常荣幸。"

◆ 第二届：耿昭杰

在第一届"饶斌奖"获奖人员名单征求意见时，我们就已经确定了第二届"饶斌奖"的获奖人选，他就是第二代汽车人杰出代表之一的耿昭杰（一汽原董事长）。20世纪80年代的中国汽车行业正处在一个缺重少轻轿车空白的时代，耿昭杰在一汽完成

CA141重型车换型、轻型车和轿车试制的工作上功不可没。

在颁奖现场，当耿昭杰厂长坐着轮椅出现时，大家纷纷起立鼓掌。其实，我当时还在想，要是黄正夏（原二汽厂长）还健在，他们应该一起被授予"饶斌奖"。

耿昭杰厂长手写了一封感谢信，其中有几句话这样写道："像我这样的老一代汽车人也有一个初心，就是做大做强自主品牌，让民族品牌汽车走向世界。今天，我虽然退下来了，人也老了，但只要想起这个初心、只要一提起自主事业，依然热血沸腾，依然激情燃烧，恨不得冲到第一线去。"

耿昭杰的颁奖词如下。

耿昭杰：中国汽车企业家标杆

耿昭杰，1954年从哈尔滨工业大学毕业，来到第一汽车制造厂，1985年担任一汽第六任厂长。1992年一汽改制，他担任董事长兼总经理，前后执掌一汽14年。

他把职业生涯全部奉献给了中国汽车工业，到了退休年纪，毅然续签一任任期。由于长期积劳成疾，1998年他在办公室加班时突发脑出血，病愈后造成身体偏瘫，于63岁时带着巨大遗憾退休。

他是中国汽车工业继往开来的企业家标杆人物。

在2016年9月一汽-大众成立25周年庆典上，他受邀莅临，现场几千人为他全体起立，长时间鼓掌致敬。退休18年后，还能得到如此拥戴，堪称德高望重，其精神领袖地位无人能及。

耿昭杰以及他之前历任厂长领导下的一汽，成为那个时代中国制造领域的标杆企业。1981年至1987年，一汽进行第二次创业——决定生死的换型改造，是前任规划铺路、耿昭杰在任领导完成，成功实现世界汽车工业史上少有的老产品单轨制垂直转产，使传统老国企焕发青春，从此迈入发展新时期。

换型改造刚结束，他又带领一汽开始第三次创业——上轻型车、上轿车。他以远见卓识，游说国家主管部门，拿到轿车审批权，一汽由单一卡车生产企业转型现代化汽车制造企业。

在由计划经济向市场经济转变的历史时期，耿昭杰具有难能可贵的国际化视野。1991年，他领导成立一汽与德国大众合资公司，一汽开始建设世界一流水准轿车生产企业。他提出要全心全意支持一汽-大众，中外双方共赢。一汽-大众的成功实践，引领了中国汽车改革开放、合资合作的新一轮发展浪潮。

然而，自主发展才是他率领一汽对外开放合作的初心。他要干自主轿车的雄心一直不曾泯灭，一直付诸行动。他在一汽设计了双轨制自主发展模式，即一边在合资企业学习技术，培养人才；一边在一汽自主企业研发、建设红旗轿车基地。

他关于自主发展的战略思考至今没有落后，终于利用合资经验将红旗由"官车"进化成为"小红旗"家用车。就在"小红旗"发展的紧要关头，他累倒了，一代英雄壮志难酬。

耿昭杰在中国汽车产业壮大、辉煌的历史轨迹中，留下了不可磨灭的功绩，是中国汽车人学习的榜样，是中国汽车企业家的标杆，是当之无愧的"饶斌奖"获得者。

◆ 第三届：左延安

江淮汽车从无到有、从小到大的发展历程，左延安（安徽江淮汽车原董事长）功不可没，大家对此高度认同。在得奖后，他很高兴，也很激动，他对我说，在汽车领域工作了一辈子，退休后还能得到这个奖项，真没想到。另一方面，我们把汽车行业荣誉殿堂里最有分量的奖项颁给他,他也没想到。

他的颁奖词如下。

左延安:中国汽车自主品牌领军人

左延安,共和国的同龄人。第十届、第十一届全国人大代表,全国劳动模范。安徽江淮汽车股份有限公司原董事长,在这个岗位上一干就是20年。

江淮汽车是地方老国企,技术老旧,车型单一。90年代初已近倒闭边缘,左延安临危受命,接掌江淮汽车的方向盘,带领江淮走出逆境,使一个名不见经传的地方国有汽车企业跻身全国汽车行业前十。

20年前,当央企以换型、改制、合资寻求出路时,左延安放弃整车,改做底盘,使江淮汽车起死回生。自此下定决心,要做中国的自主品牌。

自专用车底盘一举成名后,左延安带领江淮继而开始做轻卡、重卡、货车等各类商用车,让企业逐步发展起来;再做乘用车、轿车,让品牌走入消费者心中,直至做新能源纯电动汽车。左延安带领江淮汽车在每个时期都根据外部环境和内部资源,准确把握战略定位,使得江淮汽车从弱到强、从活下去到活得健康活得精彩。

在江淮汽车持续健康发展的同时,江汽集团兼并重组多家困难企业,为地方政府排忧解难。安凯汽车经过整合变为优质国内上市公司,创造了国企兼并重组的经典案例。

左延安使江淮汽车保持20年持续健康发展佳绩,创造了令业内瞩目的江汽现象。

左延安,伴随着中国汽车行业成长起来的汽车人,立志于创新发展自主品牌，振兴民族汽车工业，用毕生精力追逐"成为世界一流汽车企业"的梦想。

◆ 第四届：马纯济

马纯济，中国重型汽车集团有限公司原董事长、党委书记，现已退休。马纯济在中国重汽的历史上留下了浓墨重彩的一笔，曾担任济南市委副书记，临危受命接掌中国重汽时，公司正背负着 80 亿元的巨额亏损，命悬一线。在马纯济的卓越领导下，中国重汽不仅摆脱了困境，更一跃成为重型汽车行业的领头羊。这一成就，使他赢得了广泛的尊敬和赞誉。地方国企干成这样真不容易。

◆ 第五届：汤玉祥

宇通集团董事长汤玉祥这个人，向来淡泊名利，从来不接受任何奖项。然而，面对中国汽车工业界最具影响力的"饶斌奖"，他却欣然领受。

从整车制造企业的角度看，全球最大的客车企业唯宇通也。现在，宇通不仅在电动客车领域独占鳌头，其智能化技术也走在前面，不仅在示范运行中表现卓越，更引领着未来的发展方向。在发表获奖感言时，汤玉祥深情地表示，能够荣获这一中国汽车工业中最富盛誉的奖项，是他毕生的荣耀与自豪。

汤玉祥的颁奖词如下。

汤玉祥：挺起民族客车工业的脊梁

汤玉祥，第十届、十一届、十二届、十三届全国人大代表，全国劳动模范，郑州宇通客车股份有限公司董事长、党委书记。作为宇通掌舵人，汤玉祥以超前的战略眼光、敏锐的市场洞察力，以及强烈的创新意识，带领宇通积极融入国家改革开放大潮，使一家濒临倒闭的客车修配厂，一跃成为全球领先的客车龙头企业，走出一条以自主创新支撑企业发展、引领行业进步、振兴民族工业的拼搏之路。自 2003 年以来，宇通产销量始终在国内位列行业第一，自 2010 年起成为全球销量最大的客车企业。

改革开放后几十年间，以宇通为代表的民族客车企业，不仅抵御了国外品牌的强势进军，自主品牌在国内市场始终占有绝大部分份额，而且开始出口海外占领国外市场。汤玉祥认为，创新是宇通发展的核心原动力。技术创新方面，宇通每年投入销售收入的 4% 以上，用于技术创新和研发。

宇通建成并拥有 6 个国家级创新平台；承担 863 计划等重大专项 46 项；主持完成《节能与新能源客车关键技术研发及产业化》项目，获得国家科技进步奖二等奖。在客车制造领域，宇通在安全、节能、环保、舒适、轻量化、智能化等技术方向，已形成行业领先的技术储备。产品创新方面，在汤玉祥带领下，宇通自主研发一系列经典产品，成为行业发展的风向标——1999 年开启新能源客车研发，截至目前累计推广节能与新能源客车 11.5 万辆。自 2005 年开始自主研发，到 2016 年实现高端公商务车 T7 上市，填补国内高端客车空白。

2019 年，宇通 L4 级自动驾驶巴士亮相博鳌亚洲论坛，并在郑州智慧岛实现开放公交线路试运行。自主研发的宇通机场摆渡车打破国外品牌的长期垄断。管理创新方面，在汤玉祥直接推动下，宇通着力于打造全产业链高效管理和运作，先后开展研发转型、产品全生命周期管理、客户关系管理、配置器管理、生产执行系统、打通运营主线、质量管理体系建设等，全面实施企业信息化，为行业树立全业务链条科学化、信息化管理标杆。

进入新时期，面对从制造大国向制造强国转型号召，以及新技术发展应用，汤玉祥带领下的宇通，将继续以振兴民族客车工业为己任，持续为各国民众提供美好出行体验，努力打造基于高端化、电动化、智能化等"三化"融合的有竞争力的产品，在全球客车市场挺起民族汽车工业的脊梁。

◆ 第六届：李书福

2020年，由于新冠疫情的影响，"饶斌奖"遗憾地空缺了一年。然而，2021年的"饶斌奖"却找到了一个当之无愧的获得者——浙江吉利控股集团董事长李书福。这一荣誉的授予基于两个重要的原因：首先，在2018年中国改革开放40周年的庆典上，党中央、国务院表彰了100位杰出贡献人员，李书福是其中唯一一位来自汽车行业的代表；其次，吉利成功收购重组沃尔沃，这不仅是中国制造业的一个重大里程碑，更创造了一段历史佳话。

在颁奖典礼上，李书福表达了深深的感激之情："非常感谢行业颁发给我这么重要的奖项，我很高兴也非常愿意接受这个大奖。这个奖其实是发给吉利控股集团旗下的所有员工、所有工程技术人员。我们要以这个奖项作为一个新的起点继续努力工作，努力奋斗，不断突破技术，不断跨界协同，为消费者提供更好的汽车产品和更好的消费体验，为中国汽车工业更好发展、走向世界，继续做出我们的贡献。"

更令人动容的是，在随后的一次采访中，他表示："这个奖项比起我几十年来所谓的其他财富更加重要。"

李书福的颁奖词如下。

李书福：中国民营汽车的开拓者

李书福，1986年创业，1997年进入汽车行业，创办中国第一家民营汽车企业——吉利汽车。35年来，李书福专注实业，大力发展民族汽车工业，始终坚持技术创新和人才培养，推动中国汽车品牌转型升级和可持续发展。在其卓越领导力和前瞻视野引领下，吉利控股集团已连续10年位列世界500强，在全球拥有逾12万名员工，是一家立足中国、面向世界的全球创新型科技集团。李书福是中国民营汽车开拓者和领军者，他一直有着浓厚的家国情怀和强烈的开拓创新精神。

企业创立之初，他以振兴民族工业为己任，提出"造老百姓买得起的好车，让中国汽车走遍全世界"的雄心壮志。他敢于筑梦，想常人之不敢想、为常人之不敢为，一句"请给我一次失败的机会"令人动容。李书福对发展中国汽车工业倾注全部至诚至爱之心。他克服政策、资金、人才困难，造就中国民营汽车企业先河之举，为中国汽车工业转型升级注入关键变量，引领中国汽车人不断向高攀升，向全球进军。李书福对中国汽车工业来说是一个独特的存在。

他以一个持续创业者的无畏和一个理想主义者的执着，义无反顾地扛起自主创新大旗，用超前眼光不断整合全球资源，把最初在人们眼中并不看好的吉利汽车发展到现在，在圆中国人汽车梦的同时，也为中国汽车人赢得尊严。2001年，吉利成为中国首家获得轿车生产资格的民营企业。2010年，吉利成功收购沃尔沃汽车，成为中国第一家跨国汽车集团公司。2021年，吉利控股集团业务涉及乘用车、商用车、出行服务、数字科技、金融服务等，是全球汽车品牌组合价值排名前十中的唯一中国汽车集团。

这些惊世之举，成为中国改革开放进程的生动注脚和时代强音。李书福不仅热爱汽车，还热心公益，非营利办学，致力于推动教育事业和产教协同发展。在他的领导下，吉利控股集团于

1999 年创办中国最大民办大学——北京吉利学院,之后还累计创办三亚学院等 10 所非营利教育机构。迄今为止,为社会培养人才近 15 万名。

他成立"李书福公益基金会",于 2016 年启动"吉时雨"精准扶贫项目,大胆实践有中国特色的社会公益事业,出资 6.8 亿元,帮扶 10 省 20 地建档立卡户 3 万余人次,为打赢脱贫攻坚战贡献力量。

作为第十三届全国人大代表、三届全国政协委员,李书福有责任、敢担当,紧跟时代热点,积极为行业和社会发声。他还获得党中央、国务院授予的"改革先锋"称号,中国最具影响力商界领袖、中国十大民营企业家、中国汽车工业杰出人物、中国十大慈善家等荣誉称号。

◆ 第七届:魏建军

2022 年"饶斌奖"获得者是长城汽车董事长魏建军。

在获得奖项后,魏建军发表感言时说:"过去三十年,中国汽车工业经历从技术引进、合资合作,再到如今的自主研发,不断创新、不断成长。长城汽车是见证者,更是参与者、受益者,感谢这个伟大的时代。"

魏建军的颁奖词如下。

魏建军:中国民族汽车工业的开拓者和创新者

他 1990 年开始投身汽车行业,造车三十余载。他凭借敏锐的市场洞察力、强烈的创新意识、对科技的执着追求以及前瞻的战略目光,带领这家车企从小到大、由弱到强,从产品自信走向技术自信,从技术自信走向品牌自信,从品牌自信走向文化自信,成为中国民族汽车工业的开拓者和创新者。

三十多年来，在魏建军的带领下，长城汽车见证中国汽车工业加速发展的同时，也在创新中不断成长。

长城汽车用皮卡激发了自主品牌进入汽车市场的勇气，时至今日，长城皮卡已连续25年实现皮卡国内和出口销量第一，中国每卖出两辆皮卡，就有一辆是长城；以SUV打破了合资品牌的垄断，接连推出国内首款经济型SUV，哈弗H6凭借过硬的产品力被誉为"国民神车"；建立豪华品牌魏牌，开启了中国品牌向上的序幕；以品类创新开辟了一个个蓝海市场，首个女性专属品牌欧拉和高端豪华越野SUV品牌坦克，为更多用户打造个性化、多样性产品需求。

从1997年长城汽车第一辆皮卡出口至中东起，长城汽车锚定海外，深耕全球化布局，2022年迎来海外销量突破100万辆的里程碑时刻。长城汽车不断推进海外市场向纵深发展，已构建起领先的全球化研、产、供、销体系，并加速向高势能市场布局。长城汽车正在从"中国的长城"成为"世界的长城"。

当下，全球汽车产业正在完成重大转型变革，新能源和智能化浪潮势不可挡。长城汽车将秉承汽车行业前辈们的创业精神，破浪扬帆、无畏前行，为汽车工业的发展做出更大贡献，让世界重新认识中国汽车。

面对新能源、智能化行业浪潮，长城汽车前瞻布局，建立了以整车为核心，全面布局新能源、智能化等相关技术产业的"长城森林生态体系"，确立了多条技术路线并举的发展策略，完成了"太阳能—电池—氢能—车用动力"的全价值链布局。目前，长城汽车已成为中国唯一完成能源、智能化两大领域扁平化、网络化、去中心化的全产业链布局的企业。

◆ 第八届：尹同跃

2024 年，我们在广泛征求行业意见的基础上，确定由奇瑞控股集团有限公司党委书记、董事长尹同跃获选为新一届"饶斌奖"得主。

获奖时，他非常激动，态度也很谦虚。我说："颁奖给你，并不是代表我自己，也不仅仅代表华汽基金会，而是代表整个行业对你过去工作的认可，你能够获得这个奖项实至名归。"

尹同跃的颁奖词如下。

尹同跃：中国汽车工业扬帆出海的先行者

他是中国汽车工业茁壮发展的开拓者。他以非凡的胆识、卓越的领导力和不懈的奋斗精神，引领一个自主汽车企业从无到有、从小到大、从弱到强，逐步成长为中国乃至全球汽车行业不可忽视的重要力量，让原本属于奢侈品的轿车飞入寻常百姓家。

他是中国汽车工业技术创新的践行者，他追求从 0 到 1 的原始创新，不断突破技术壁垒，把核心技术牢牢掌握在中国人手里。他是中国汽车工业产业创新的探索者，他勇于探索未知领域，积极拥抱新能源智能网联汽车新趋势、新技术。他是中国汽车工业扬帆出海的先行者，他带领企业在国际市场上打响了中国制造的金字招牌，产品出口全球 80 多个国家和地区，让中国汽车品牌受到全球消费者的喜爱。他是中国汽车工业社会责任的担当者，他始终坚信社会因责任而美好，他和企业所到之处无不为当地的经济发展、环境保护、公益事业贡献力量。

历史的车轮滚滚向前，中国汽车工业的发展从未停歇。进入 20 世纪 90 年代，一批合资车企相继成立，我国汽车工业"缺重少轻"的局面逐渐改善，积极与世界接轨。然而，"做中国人自己的汽车"这一愿望始终压在每一位汽车人的心头。1997年，尹同跃毅然回到家乡安徽，在一片荒滩上打下第一根桩，于一间小草房之中创立奇瑞汽车，开始了漫漫造车路。

缺人才、缺资金、缺技术，四面透风的小草房便是当时奇瑞的生动写照。不服输的尹同跃带领团队奋战500余天，终于在1999年5月成功下线第一台发动机，并且一次点火成功，打破了国外对发动机技术的垄断。1999年12月18日，奇瑞为新世纪的到来送了一份"大礼"——第一辆奇瑞汽车下线。2001年，奇瑞自主开发的首款轿车"风云"上市，让彼时"中国汽车工业不能自主开发轿车"的观点不攻自破。此后连续十年，奇瑞位居中国自主品牌汽车销量第一。

进入21世纪，在加入世界贸易组织（WTO）后，中国汽车市场迎来井喷式发展。2003年，我国汽车销量突破400万辆，成为世界第三大汽车销售国。也正是在这一年，出于对市场的敏锐洞察，尹同跃精准把握住千禧一代的喜好，推出"年轻人的第一辆车"奇瑞QQ。手握爆款的奇瑞，在2007年成功实现第100万辆汽车下线，成为最早突破百万销量的自主品牌。

从"走出去"到"走进去"，再到"走上去"，奇瑞不断探索实践，持续做大海外"朋友圈"。如今，奇瑞的业务已覆盖80多个国家和地区，连续21年位居中国品牌乘用车出口销量第一。奇瑞也是首个海外累计销量突破400万辆的中国汽车品牌，在其全球1510多万用户中，有420多万用户来自海外。

作为中国汽车工业的开拓者，尹同跃曾先后荣获全国五一劳动奖章、国家科学技术进步奖二等奖，以及"改革开放40周年致敬中国汽车人物"等荣誉称号。此次获颁"饶斌奖"，是对他为中国汽车行业做出贡献的又一次高度认可。

2024年11月的华汽基金会十周年活动现场，赵福全问我："为什么中国汽车行业能够发展得如此辉煌？"我回答说："这归功于有尹同跃这样一批批创新型的艰苦奋斗的企业家，支撑起了中国汽车产业的脊梁，我们要向他们致敬。""饶斌奖"正是发挥了这样的表彰作用。

"饶斌奖"意义重大。我的奋斗目标是，将"饶斌奖"传承下去，未来希望将奖励额度扩大到100万元。汽车市场的主体是企业，创新的主体是企业家，最应该让人尊敬的也应该是企业家。

☆ 青托工程

基金会的第二个重大项目是青托工程。

在当今时代，汽车工业正经历着前所未有的变革，无论是行业整体还是各个企业，都必须将创新作为核心驱动力。创新不仅需要理念和观念的转变，更需要一种敢于打破常规、勇于尝试的精神。而在这个过程中，敢于试错是至关重要的。它需要体制机制的宽容，更需要创新人才成长模式的支持。

我们深知，创新的种子必须在青年时期播下。在成功推动"饶斌奖"评选并顺利实施第一个项目之后，我们进一步拓宽了视野，将目光聚焦到更具创新精神和潜力的青年群体上。于是，我们开始支持大学生方程式汽车大赛项目，并全力推进青托工程。

我们将焦点集中在这些最具创新精神和能力的青年身上，鼓励他们大胆创新，给予他们充分的信任，并为他们提供更广阔的发展空间。这些工作在中国汽车行业是前所未有的尝试，但我们坚信，这是推动行业发展的关键一步。

青托工程是中国科学技术协会在 2015 年启动的一个国家级青年人才计划，以全国各个学会作为项目实施单位，选拔并鼓励、奖励 32 岁以下的青年人才，为每人每年提供 15 万元（后改为 10 万元）的资助，连续资助 3 年，支持他们自主选题开展原创性研究，在创造力的黄金时期取得显著成就。

接到中国科学技术协会的通知后，张进华与我商议，决定在中国科学技术协会提供的 3 个名额的基础上，再额外增加 3 个名额，增加的人员将由华汽基金会自行补贴奖励。中国汽车产业的稳健发展需要年轻一代的加入，而青年科学家的成长更是行业未来的希望。因此，在中国科学技术协会项目的基础上，我们充分发挥华汽基金会作为公益性组织的作用，进一步加大了对汽车行业青年人才的支持力度。

华汽基金会连续多年支持青托工程，从未间断。到了 2024 年，我们欣喜地在学会公布的最新一批会士名单中，看到了我们所支持的第一批青年科学家的名字。那一刻，我们感到无比欣慰，因为这些年轻的科学家正在成为中国汽车工业的中坚力量。

中国汽车产业要稳健发展，建立百年基业，需要一代又一代年轻人的加入。一个团队接一个团队，通过创新和进步不断推动行业向前发展。我们很荣幸，华汽基金会在推动青年科技人才成长的过程中发挥了积极作用。

还记得，我参加过两次青托工程的答辩，深刻感受到年轻人的潜力和热情。按照中国科学技术协会的考核标准，青年人才需先在产学研领域进行申报，经过初评资格审查后，才能进入最终的答辩环节。答辩不仅是对青年人才成长的促进，更是对他们汇报和表达能力的锻炼，从青年时期开始培养，锻炼他们的气质和气场，这对于他们未来成为新时代的领军人物至关重要。

☆ 创新团队奖

创新团队奖的设立，源于我与朱元宪研发团队的一次深入交流。

朱元宪和他的团队，对我来说早已不再陌生。我早已记不清这是第几次前往成都威特进行考察和座谈。每一次的交流，都让我对他们的工作充满敬意。然而，在一次调研中，一位年轻的工程师突然对我发出了带有牢骚的感慨："我们不是国有单位，也不是行业机构，只是一家民营企业。我们搞高压共轨，就是希望能够打破国外技术垄断。可是我们辛辛苦苦干了这么久，到底得到了什么回报？"

这句话像一把利刃，直直刺痛了我的心。这些年轻人，这些企业，他们怀揣着使命感和责任心，为了打破技术垄断而日夜奋战。他们的工作值得肯定，值得支持，至少应该被看见。那一刻，我意识到，我们需要为这些一线的创新者做些什么。

回到北京的当天，我便找到张进华（时任学会秘书长），向他表达了设立一个专门针对零部件行业一线研发人员的创新团队奖的想法。张进华的执行力极强，他马上行动起来。经过一系列筹备和规划，创新团队奖终于在 2021 年正式设立。

第一届创新团队奖的评选过程异常严格，经过层层筛选，最终花落比亚迪汽车动力驱动半导体功率模块团队。他们的成就令人瞩目，为行业树立了榜样。次年，奖项颁给了袁永彬领导的伯特利汽车安全及电子控制系统团队。他们的创新成果同样令人钦佩，为汽车安全领域带来了新的突破。

到了第三届，我带着强烈的个人情感推荐了陕西法士特。法士特的前身是陕西汽车齿轮厂，当地人称它为"94号信箱"。我第一次去法士特考察时，厂长提议去沟里（陕西汽车齿轮厂老厂区所在地同峪沟）参观。当我踏入那片土地时，20世纪60年代末我所在的北京机械学院外迁到汉中的经历瞬间浮现在眼前。那时候，我们怀着"活着干，死了算"的信念，充满激情和斗志。如今，站在法士特的沟里，我仿佛看到了当年的自己。

法士特如今已成为中重型卡车传动领域最好的变速器厂之一，成长为一个国际型的零部件企业集团。然而，它的铸件、锻件等核心技术制造依然保留在沟里，核心研发人员也驻扎在那里。他们不仅在技术创新上取得了卓越成就，更有着深厚的情怀。我想，这些在一线创业的工程师们应该被行业看见，被更多人知晓。我很庆幸，我的推荐得到了评委会的高度认可。

我始终坚信，当你树立起这样一个标杆时，它将影响零部件行业在一线工作的团队和工程师们。

创新团队奖历年获奖名单如下。

2021年度首届获奖团队为比亚迪汽车动力驱动半导体功率模块创新团队。该团队是我国最早从事电驱动系统功率半导体研发的团队之一，他们凭借探索的勇气、创新的意识和坚持的精神，打破了国外在车规级半导体IGBT[一]芯片等新能源汽车核心领域的技术垄断，团队成果填补了国内空白，有效支撑了我国新能源汽车技术升级和产业竞争力的提升。

2022年度获奖团队为芜湖伯特利汽车安全及电子控制

[一] IGBT是Insulated Gate Bipolar Transistor的缩写，即绝缘栅双极型晶体管。

系统创新团队。该团队深耕汽车底盘制动领域近 20 载，以创新和开拓填补了汽车制动领域多项国内空白，打破国外在制动领域的技术垄断，全球首家推出集成双控电子驻车制动（EPB）的 One-Box 领先产品架构，实现核心关键零部件完全自主化并大规模应用，显著提升了我国汽车制动领域的创新能力和总体技术水平。

2023 年度获奖团队为陕西法士特商用车变速器创新团队。陕西法士特商用车变速器创新团队专注商用车变速器研发 50 多年，成功研发出世界首创、具有完全自主知识产权的双中间轴集成式自动机械变速器（AMT），彻底打破了中国商用车变速器缺重少轻的局面，以可靠舒适、绿色智能的产品与技术引领全球商用车变速器发展潮流，为我国自主品牌商用车升级换代、参与国际竞争提供了源源不断的澎湃动力。

2024 年度创新团队奖获奖团队是地平线征程系列车载智能计算方案创新团队。地平线征程系列车载智能计算方案创新团队深耕智能驾驶领域，凭借软硬结合的技术优势，持续推进智能驾驶技术创新。团队基于软硬结合的全栈技术，研发了征程系列车载智能计算方案，现已成功推出四代，全面覆盖从基础辅助驾驶到全场景智能驾驶的量产需求。

汽车文化传承路

文化的传承与创新是推动行业发展的双翼。除了聚焦人才培养与激励，基金会亦将目光投向更广阔的汽车文化传播领域，通过策划和主办一系列特色展览,让公众触摸中国汽车工业的脉搏,感受一代代汽车人的精神力量。

2021年1月15日,华汽基金会与北京汽车博物馆共同策划的"印记中国——汽车工业人物展"正式拉开帷幕。这场展览以"精神传承者""科技创新者""走向世界的践行者"为脉络,通过展品、图片、影像与文献交织的叙事方式,将中国汽车工业发展的壮阔画卷徐徐展开。

2021年1月15日,"印记中国——汽车工业人物展"现场

从李刚、陈祖涛等老一辈开拓者在荒原上筑起第一座汽车厂的艰苦创业,到耿昭杰、左延安等企业家扛起民族品牌大旗的破局之路;从郭孔辉、李骏等科学家打破技术垄断的科研突破,到赵福全等学者推动行业走向世界的国际化征程,每个代表人物故事背后都诠释了一种精神和态度、一种专注与执着、一种信仰和力量,成为推动行业乃至社会进步的重要文化因子和精神养分。

两年后,时值中国汽车工业70华诞,我们再度携手北京汽车博物馆举办"从突围到辉煌——中国汽车工业历史专题展"。这场以"人-车-生活-社会"为视角的展览,遴选了50余件珍贵

2023年7月,"从突围到辉煌——中国汽车工业历史专题展"现场

藏品与百余幅历史图片,从第一辆解放卡车的零件图纸,到新能源车的智能芯片,从黑白照片中热火朝天的生产线,到五彩斑斓的儿童汽车画作,多维度呈现行业70年的沧桑巨变。展览入选国家文物局"弘扬中华优秀传统文化"推介项目,并衍生出"从历史走向未来"系列文化活动。

而令人心潮澎湃的,莫过于2025年4月25日启幕的"勇毅前行——中国汽车拓疆者饶斌"主题展。这场由华汽基金会与上海汽车博物馆联合策划的展览,以"人、车、城"三位一体的叙事方式,突破传统线性编年史的框架,用"精神切片显微"的手法,从百余件实物中提炼饶斌的立业智慧与报国情怀。展览不仅是对饶斌的深切缅怀,更是一场跨越时空的精神对话。

这些展览如同一座座桥梁,将行业的记忆与公众的认知紧密相连。文化不是陈列在玻璃罩中的标本,而是流淌在血脉里的基因。通过图书出版、文化节庆与主题展览的多元实践,基金会始终致力于让汽车文化从专业领域走向街头巷尾。当少年儿童在文化节上组装模型车时眼中闪烁着光芒,当观众在展板前驻足良久后轻声感叹"原来这就是中国汽车人的脊梁",我们愈加坚信:

每一段被讲述的历史,都在为未来播种希望;每一份被传递的精神,终将凝聚成推动行业向前的磅礴力量。

无愧伟大的新汽车时代

在华汽基金会成立十周年纪念活动期间,周晓莺让我给过去十年基金会的工作打个分数,我给出了七分的评价,她对此很是惊讶。但确实如此。

过去十年我们坚守了华汽基金会的初心和使命,所有的项目都受到了行业高度的认可,并且都还在持续推进中。从"饶斌奖"到青托工程,从创新团队奖到大学生汽车方程式竞赛,华汽基金会为汽车产业赋能、弘扬汽车文化,为推动科技创新输入了正能量。

2024年,我们还成立了华汽研究院,邀请专业媒体人士主持工作,针对行业共性问题开展研究,并将陆续发布《汽车可持续发展蓝皮书》和《中国汽车全球化发展报告》。这些成果,都是我们对汽车产业新生态构建的积极贡献。

作为一个老汽车人,看到这么多朝气蓬勃的年轻人在汽车行业激情满怀地创新创业,我感到无比鼓舞。通过基金会这样一个平台,能够为他们提供一些帮助,尽可能为年轻人创造一个更好的创新创业环境,这是一项非常有意义的工作。而我本人也在这个过程中收获了满满的幸福感。

但同时,我们也清楚地看到了自身的不足。

2024年,我国新能源汽车年产销量突破了1000万辆,在智能化赛道上,我们即将进入"无人区"。这意味着,很多东西需要突破想象，做更多原始创新，在从0到1的领域取得成就。这正是我们未来工作的重点。

我还在想，华汽基金会在促进原始创新方面能否做些事？能否让重大发明创新在华汽基金会的激励下，看到更大的社会价值？我们能否设立一项属于中国汽车行业的"诺贝尔奖"，对于那些在技术创新领域实现从0到1突破的个人或团队，给予五千万元的奖励，以此树立起中国汽车科技创新的一面旗帜？

此外，我们还有青少年汽车文化节等一系列项目需要我们去运作，我相信我们能够办好这些项目。

为此，我们必须扩大基金会的规模，放大影响力。唯有如此，才能在未来十年里竭尽全力地推动汽车文化的繁荣发展，不负时代赋予我们的使命。

我希望未来的基金会作为一个公益性组织，既要有自我造血的能力，又要会输血的本领，在总结过去十年成功经验的基础上发展得更好，更好地助力中国汽车产业的转型发展。

致谢 我的家人

回顾我的一生,家人始终是我生命中不可或缺的存在。我要满怀感激地向我的家人们致谢,他们是我最坚实的后盾。在我人生的旅途中,每当遭遇迷茫与困惑,他们总能以深沉的爱给我前行的动力,让我在迷雾中找到希望的灯塔。当我身心疲惫地回到家时,他们温柔的关怀与无微不至的照顾,如同温暖的港湾,给予我重新出发的力量。

我和我的爱人

缘分,这个世间最奇妙的纽带,将我和我的爱人紧紧相连。我们能够走到一起,我始终认为是冥冥之中早已注定。如果没有这份缘分,我们或许会在茫茫人海中擦肩而过,各自走向截然不同的人生轨迹。

如果高中时期我没有因故休学,也许人生早已截然不同。当时的我可能顺利考入戏剧文学专业,满怀对戏剧的热忱,憧憬着在舞台上书写跌宕起伏的故事。然而,命运的转折让我选择了机械行业。从此,机械世界成了我的舞台,我的生活开始与齿轮、零件为伴,探寻着机械运转的奥秘。而正是在这个与戏剧毫不相关的领域，我遇见了我的爱人，那时我们是大学同窗。

我们的相识与相知，我始终相信是性格互补的结果。她是来自山东的姑娘，性格直爽豪迈，如同齐鲁大地般质朴坦荡。我虽然生长于北京，但祖籍山东，对那片土地和那种性情有着与生俱来的亲近感。大学时期，我们是无话不谈的好友，一起探讨学术问题，分享生活中的趣事。那份友谊随着时间的推移愈发深厚，彼此之间的了解和关怀也逐渐成为一种默契。

最后走到一起，对我们来说，是一件顺理成章的事。临近毕业时，有同学半开玩笑地对我说："你和张维德挺好的，不如就在一起吧。"一句玩笑话，却点醒了我。

毕业时的分配，仿佛是命运对我们的一次额外眷顾。

那位曾多次批评过我的领导，在这件事上做出了让我感激一生的决定——他将我和张维德安排在了同一座城市。

时至今日，我依旧感激那些微妙的机缘巧合。无论是命运的安排，还是他人的助力，都是我们走到今天的关键。

回顾与爱人相伴的六十多年时光，我们不仅是相濡以沫的夫妻，更是志同道合的伙伴，也是携手并肩作战的战友。这几十年里，我们在经济上从未有过争吵，彼此信任；生活中相互扶持，共同面对风风雨雨。然而，在工作中，我们却"矛盾重重"，因为都怀揣对事业的执着，常常争论不休，仿佛一生都在为各自的职业追求较量。

毕业后，我们一同分配到哈齿，我负责技术研发，她把控质量管理。1978年，工厂评选工程师，名额只有4个，竞争异常激烈。我说："这次我来评工程师，你就别参加了，夫妻俩一起参评不合适。"然而，她却毫不犹豫地反驳："不行，你评你的，我评我的。"我们各执己见，谁也说服不了谁。最后，我们决定各自参加评选，令人意外的是，竟然都评上了工程师。

从此，我们的事业如影随形。我在哈齿先后担任技术科科长、总工程师，她则从质量管理科科长一路升任总经济师。后来，她进入哈尔滨市政府工作，先后担任哈尔滨市机械局局长、体制改革委员会主任、计划委员会主任、经济贸易委员会主任、市长助理、市政协副主席等职务，我则成为哈尔滨汽车工业总公司总经理兼"一号工程"指挥部办公室主任。再后来，我调任北京，担任中国汽车工程学会理事长，她也回到北京，成为中国机械质量协会理事长。

我们的职业生涯像一条并行的双轨铁道，始终同步向前。有人戏言："哈尔滨机械工业的半壁江山都归你们两口子管。"虽然是玩笑话，却也真实地反映了我们在事业上彼此支持的状态。

在质量管理领域，她的成绩尤为突出。与我这个"技术型干部"不同，她是天生的"管理型干部"。哈尔滨素有"共和国动力之乡"之称，机械行业在全国名列前茅，而她凭借出色的质量管理能力，让哈齿成为行业标杆。虽说这一成就离不开厂长张会春的支持，但她才是真正起到核心作用的人。

她有一个显著的优点——善于总结，无论走到哪儿，都习惯随身携带笔记本，记录下每一个细节，然后梳理经验并归纳成理论。20 世纪 70 年代末 80 年代初，她开始总结全面质量管理的思想，撰写论文，发表在国内外重要刊物上。她的贡献获得了国家的认可，被国家经济贸易委员会授予"质量管理特殊贡献人物"称号，并成为东北地区唯一的质量管理奖章获得者。

这份殊荣也让她当选为全国人大代表，随后被市政府领导发现，才有了她被调任市政府工作的开始。她的事业从未停止向前，无论在哪个岗位，都发挥着善于总结的优势，将丰富的经验整理成书，出版了十几本专业著作，为行业发展贡献了智慧。

当然，她也不是没有缺点。最让我头疼的，便是她那股倔劲儿。记得在哈齿担任总工程师时，她负责质量管理，遇到质量问题时，无论厂长还是其他领导出面，她都毫不妥协。"我是质量总负责人，我负责把关，我说不行就是不行！"她的刚强和原则性，既让我敬佩，也让我无奈。

六十多年的携手相伴，幸福的日子数不胜数。尽管风雨交加，我们始终彼此信任，感情从未褪色。结婚二十五周年时，我们荣获全国妇联颁发的"十佳银婚佳侣"称号，这是全国范围内的评选，而我们是东北地区唯一获此殊荣的夫妇。这份荣誉不仅是对我们婚姻的肯定，更是我们一生中最珍贵的记忆之一。至今，每每回忆起获奖的那一刻，仍让我倍感自豪。

我的两位母亲

我的家庭如此幸福，这背后有太多值得感恩的人。尤其是我的两位母亲，一位是我亲生的母亲，另一位便是我的岳母。我们家在1996年被评为"五好家庭"，这背后离不开她们的辛勤付出与无私奉献。

试想，我和我爱人常年忙于工作，有时我出差在外，她也因为工作原因常常无法回家。没有两位母亲作为坚强的后盾，我们如何能够毫无后顾之忧地追求事业与梦想？又哪里能有今天的幸福生活？

我的母亲，是一位非常伟大的女性。正如我之前所说，我从小就没有父亲，是母亲与两位叔叔把我们三兄弟抚养成人，并能够在各自的领域有所成就。

我的母亲是一个坚强且善良的人。她和我的父亲不一样,父亲在北京出生,而母亲来自山东的一个中医世家。母亲从小就没有吃过什么苦,与父亲结婚后也是过着少奶奶般的生活,直到爷爷与父亲相继离世,两个小叔子与三个儿子年纪尚小,她不得不承担起家庭的重担。可是她从来没有抱怨过,没有她那份坚强与执着,或许我们的命运将会截然不同。

我的母亲不仅性格坚强,还是一个非常明事理的人。我的工作地点在哈尔滨,她总是理解我的不容易,时常叮嘱我不要挂念家里,要安心在外打拼。每每想到这里,都让我的内心充满深深的愧疚。

相比之下,我的岳母有着不同的故事。她和岳父很早便离婚了,后来,她独自一人带着我爱人生活非常困难。直到我和爱人工作后,岳母便搬到哈尔滨和我们一起生活。自从我们有了孩子,岳母就全身心地投入到家务中,几乎没有休息的时间。

岳母同我母亲一样,是一个非常善良的人,总是站在别人的角度考虑问题。或许是受两位母亲的影响,我在生活中也有着一些天然的利他情结。

两位母亲最大的不同在于,岳母特别喜欢看我们学习。每当看到我们在读书或学习时,她的脸上就显得特别高兴,甚至不允许我们去做家务,专门腾出时间让我们学习。相反,我母亲在我小时候,总是对我的学习成绩不太满意,可能是因为我的哥哥们都表现得很优秀,所以她对我的学习没有太多关心。

我想这其中也有我爱人父亲那边的原因,我的岳父家是书香门第,两兄弟都是教授。所以看到我们在学习,岳母便给予全力支持，甚至希望我们随时随地都能充实自己。

时至今日，我依然无比感激这两位伟大的母亲。在我们的孩子出生后，大女儿在小的时候就送到北京，和我的母亲一起生活，直到小学毕业；而小女儿则由岳母一直带着。她们为我们撑起了一个温暖的家，为我们育儿、做家务，付出了无法言喻的努力。而我的两个孩子，也在这两位母亲的关怀下茁壮成长，成了我们家庭坚实的后盾。

我想在此向我的两位母亲致敬，感谢她们为了家庭所做的一切。我时常提醒自己，"子欲养而亲不待"，虽然我一直觉得在她们生前，我已经尽了许多孝心，但如今回想起来，仍然感到自己做得远远不够。

我的两个女儿

我的两个女儿也很优秀。

大女儿大学毕业后，进入对外贸易经济合作部（现商务部）工作，后赴澳大利亚公派留学，取得硕士学位。因为在工作中表现卓越，留学回国后又分别派驻新加坡和美国任职，直到2023年圣诞节才彻底回国。

每次与她交谈，我都能感受到她在经历异国文化、全球视野的洗礼后，整个人的格局变得更加宏大、性格更加沉稳。尤其是她从美国回来后，明显能感受到她在政治和性格上的成熟。她变得更加自信而从容，考虑问题也愈加全面。这一切，或许是她在海外工作的经历，让她的视野和思维方式有了质的飞跃。

我的小女儿也同样不简单。她学习生物工程，专攻遗传学。

当年，她考取了南加利福尼亚大学（USC）的博士，并且获得了全额奖学金，这本应是令人兴奋的时刻，但命运却开了一个不大不小的玩笑：1999 年，中国驻南斯拉夫大使馆被轰炸，造成中美关系一度降至冰点，她的签证接连被拒了四次。为了能让她顺利入学，南加利福尼亚大学校长甚至亲自来信，阐述这位学生有多优秀，希望可以帮助通过签证，但仍然于事无补。

那段时间，我们都为她的前途忧心忡忡。就在大家都认为她的机会彻底破灭时，她做出了一个让人震惊的决定——亲自跑到美国驻华大使馆，为自己的签证争取机会。她并没有畏惧，她说了一句让我至今难忘的话："你们拒绝我，我能告诉你们，美国将失去一位优秀的学者，你们会为此后悔。"那一刻，我深深地为她的自信与勇气所打动。

最终，她成功获得了加拿大签证，踏上前往加拿大深造的旅程。

我的两个女儿，性格各有千秋，却都继承了她们母亲的优点。她们口才出众，情商高，同时又有自己独立的思想和坚定的立场。她们不仅在事业上拼搏，也在生活中展现出对家庭的关爱和对长辈的尊敬。

每次与她们交流，我都能感受到她们身上那份暖心的爱与责任感。尤其是在她们工作后的这些年里，她们总是时刻惦记着父母，不仅关心我们的健康，还会时常回来陪我们，给我们带来无限的温暖。现在，两个女儿已经 50 多岁了，每次回家，她们总是习惯性地叫我一声"爸爸"，就像小时候一样。每一天，家里都会听到十几次的"爸爸"，这种小小的习惯让我感到无比幸福。

她们的事业也做得越来越好，生活中精神饱满，始终保持着积极乐观的态度。我们全家现在住在同一个小区，时不时就能见面，家庭的氛围也像小时候那样温馨。每当我们坐在一起聊起家常，回忆起过去的点滴，心中总是充满了感恩和满足。

  看着她们成长成才，心中除了骄傲，更多的是深深的感谢。她们继承了家庭的优点，也在各自的道路上创造了不平凡的成就。无论她们走得多远，始终牵挂着这个家，依然愿意回到父母身边。这是我作为父亲最大的幸福。

跋

忘我无私，只为汽车；品格高尚，业界楷模

一、一部浓缩的中国汽车产业发展史

欣闻业界老前辈付于武先生的自述式传记《我心深处是汽车：付于武八十自述》即将由机械工业出版社付梓，我非常高兴，也满怀期待。一方面，付老是行业的泰山北斗，亲历了中国汽车产业从小到大并且正在从大到强的征程，他的人生有太多值得浓墨重彩、可供细细品味的精彩事迹；另一方面，作为多年老友，我素知付老为人谦和低调，曾多次回绝为他著书立传的请求，不知道此番改变心意所为何由，我也想从书中找到答案。

正因如此，在收到机械工业出版社专门送来的样书后，我迫不及待地一睹为快。一览之下不禁略感诧异：这并不是一本"编年体"的典型人物传记，没有像我预想的那样详细记录付老在各个阶段的作为和业绩。虽然书中各章也是按照付老人生的不同阶段划分，但这只是串起全书内容的一条时间线而已。沿着这条时间线，付老以受访陈述的方式，将他所经历过的事、所接触过的人，以及自己的感受、感悟及评价娓娓道来。也就是说，这部以自传形式出版的回忆录，主要谈的竟不是付老自己，而是他汽车人生中涉及的各种人和事，从而形成了本书与其他自传或回忆录

跋　忘我无私，只为汽车；品格高尚，业界楷模

的最大不同及鲜明特色。

说到事，书中既不乏中国汽车产业发展中具有里程碑意义或轰动一时的大事件，付老对这些事件的来龙去脉、关键影响乃至背后的轶事掌故都如数家珍，诸如中国汽车产业走到国际舞台中央、构筑行业技术创新联盟、合资与自主大辩论，等等，让人读之不免心潮澎湃、击节赞叹、心生敬意，也有不少看似细碎的"小事"，类似早期出国访问在海关受到刁难、参观国外车企时内心深受震撼，等等，却是见微知著、真情实感，不经意间勾勒出当年中国汽车产业的落后，以及中国汽车人的艰辛与无奈，让人在感同身受、心有戚戚之余，油然而生恍如隔世、沧海桑田之慨。

说到人，书中既有为中国汽车产业奠基立本、实现从无到有的老一代汽车人，付老曾近距离接触、观察乃至追随过他们中的很多人，也有为中国汽车产业继往开来、实现从小到大的下一代汽车人，付老与他们并肩战斗，并且成为其中公认的标志性人物之一；还有正在为中国汽车产业实现由大到强而奋斗的新一代汽车人，付老直接领导指引、栽培提携、支持鼓励过这些晚辈。无论是老中青哪一代汽车人，付老谈到他们时，都饱含深情地描述并肯定了他们为推动产业发展所做出的独特贡献。

说起来，作为在行业埋首耕耘了55年的汽车老兵，付老本身就是上述诸多大事的参与者、主导者和贡献者，也正是由于这一点，当他选择以见证者、记录者和评论者的角色来还原历史、评点往昔时，就更有资格，也更为权威。由此我深深地感到，这部以点带面、由事及人的著作，已经远远超越了个人"自传"的藩篱，称其是在为中国汽车产业立传也不为过。我相信，这样一部

脉络清晰、重点突出、客观凝练的中国汽车产业发展史，必将鼓舞中国汽车人铭记历史、珍惜当下、坚持奋斗，从而推动汽车产业可持续地健康发展。而在书中被付老谈及的每一个人，也一定会由衷地感到荣莫大焉。

二、一位德高望重的汽车行业领袖

仔细想来，我觉得如此"反常规"地撰写这部传记，对付老而言其实并不意外，因为这与他一贯的人生观、价值观以及行事风格一脉相承、完全相符。付老一直就是这样，一心只想着产业、只记着别人，而他自己却极为低调，且从不挂怀个人的得失。他之所以在八十高龄之际答应撰写这本书，并最终以这样的方式完成，也是因为他认识到这种努力对于行业具有重要意义，因此将其视为自己的使命。正如付老在自序中所言："把过去几十年自己目睹的汽车产业发展历程和那些可敬可佩的汽车人记录下来，也是一种难以推脱的历史责任。"

好在透过书中回忆的那些事、那些人，一个更加立体也更加真切的付老还是跃然纸上，让我这个多年深交的老友，都对付老的品格、情怀、胸襟与风貌有了更加全面且深刻的了解和认识。这或许出乎付老的初衷，但在我看来，却绝不是本书可有可无的"副产品"，而是中国汽车人一笔极为宝贵的精神财富。为此，基于个人理解与感受，我将自己心中付老的品格与形象，以及和付老多年相交的种种感悟稍做梳理。虽然难免挂一漏万，但我想还是非常值得与广大业界同仁分享。这或许也可算作这部非典型"自传"的一个补充。

一是多次转型、自我超越。付老的人生丰富多彩，先后从事

跋　忘我无私，只为汽车；品格高尚，业界楷模

过企业、政府及行业组织等截然不同的重要工作。无论是攻关企业技术难题，还是筹划政府"一号工程"，又或者是开展行业繁杂工作，付老从来没有被挑战和困难吓退难倒，也从来没有让之前熟悉的业务成为自己后续职业的局限，而是始终凭借开疆拓土的勇气、坚韧不拔的毅力和革故鼎新的精神，在历次人生转型中攻坚克难，不断自我超越。特别是加入中国汽车工程学会（以下简称学会）后，他直接领导和推进了学会的二次创业，以其独到的远见卓识切中肯綮、直击要害，通过定方向、改机制、引骨干等有力措施，实现了学会脱胎换骨般的巨变，也为中国汽车产业的快速发展提供了强大助力。

二是胸怀世界、国际合作。付老视野开阔、眼光长远，自始至终有着胸怀世界的大格局。在企业和政府工作时，他就重视国际交流。到学会后，他更成为中国汽车产业开放发展的坚定支持者和推动者，直接领导和促成了很多具有开创性的国际交流与合作。从首次承办第16届世界电动汽车大会（EVS16）时的差强人意，且中国车企只能无奈扮演旁观者，到十年后承办EVS25时的组织有序、盛况空前，且中国车企开始成为全球新能源汽车赛道上的重要参与者；从创立并主办首届"世界与中国汽车"论坛，到在美国汽车工程师学会（SAE）大会上开设"中国论坛"；从回归世界汽车工程师学会联合会（FISITA）大家庭，到历史性地推举两名候选人成功当选FISITA主席，并让越来越多的中国人在该国际组织担任要职、发挥作用；从不辞辛苦地带队到全球各大车企访问交流，到不厌其烦地向海外同行及华人工程师们介绍中国汽车产业的长足发展和广阔前景……这一系列重要工作，无不凝聚着付老的心血，也助力中国汽车产业逐步走向了全球汽车产

业的中心。

三是重视技术、崇尚创新。付老本身就是工程师出身,曾为解决技术难题而超负荷工作,以致晕厥和失声,因此他对技术的重视是浸透在血液中的,同时他对创新的理解也远超常人。这一点在其排除万难领导创建行业技术创新联盟并推进各项工作顺利开展的过程中,体现得淋漓尽致。以最早成立的汽车轻量化联盟为例,付老秉持"凝聚行业力量合作攻关关键技术并共享成果"的初心,先与企业家及技术专家交流沟通,达成了行业共识并积累了必要资源;又"巧妙"地找到机会向时任科学技术部部长万钢直接陈情,解决了主管部门审批的难题;还在联盟成立后确立了学会客观中立、不求利益的原则,将国拨经费全数分配给企业。如果没有重视技术、崇尚创新并且兼具执着、智慧、声望和胸怀的付老,很难设想这样纵横捭阖的高难度联盟能够最终成立并结出硕果。

四是关爱人才、托举后辈。付老始终视人才为产业之本、创新之源,对各类汽车人才像家人一样关爱,与很多人都建立了深厚的友谊,随时为他们出谋划策或提供帮助,并常以各种方式提携托举后辈,这一点相信许多行业同仁都有切身体会。比如,付老对国际化人才高度重视,尤其关心厚爱海归这个群体,这让不少海归(当然也包括我本人)都成了他的知心朋友,无论是取得成绩,还是遇到困难,甚至是个人私事,大家都愿意与付老分享和交流;又如,尽管学会工作繁重,但付老还是费尽心力参与和促成了汽车人才研究会的创建与快速发展,并先后担任两届理事长;再如,付老对学会后备人才的成功培养堪称典范,他的慧眼识才、细致关爱、真诚鼓励和放手使用,让学会骨干快速成长起来，顺利肩负起重任，实现了学会的薪火相传和稳健发展。

五是不厌劳苦、热心公益。付老所做的很多工作都是"分外"之事，至少属于可做可不做，而且往往既难又累，但他总是不厌劳苦地"自找麻烦"。中国大学生方程式汽车大赛就是如此，付老从培育优秀人才、推动技术进步、传播汽车文化出发，对此高度重视、大力支持。从方案策划，到逐家企业要赞助，再到首届赛事筹备，付老这位行业大佬都亲力亲为，操劳之下导致又一次失声。还有中国汽车领域的首个公益性基金会——北京华汽基金会，其创建与运营更离不开付老的全力推动和襄助。即便卸任学会理事长之后，付老也没有选择安享退休生活，而是继续为公益事业奔波，利用个人的人脉和影响四处"化缘"，使华汽基金会能够为中国汽车工业饶斌奖、汽车行业青年人才托举工程、中国汽车工程学会创新团队奖，以及汽车文化传播等重要项目持续提供支撑。

六是举重若轻、润物无声。毫无疑问，付老做成了很多值得全行业铭记的大事、要事，不过他工作起来并不是疾风骤雨式的狂飙突进，而是总让人感到一种举重若轻、收放自如的润物无声。一方面，这与付老深谙行业组织管理工作的要旨有关，正如他在书中所说，作为行业组织领导，要多说是，少说不是。另一方面，这也是由于付老个人在众多业界同仁心中的崇高地位使然，非他，无此效果。如果说前者是智的体现，那么后者则是德的力量。所以，我们常常看到一位宽厚的长者，从行业利益出发，在不同场合、以不同形式，客观坚定地替汽车产业发声、为优秀企业及个人背书、对行业重要问题表态，而很多难题居然就在付老的这些"软"行动中达成共识、迎刃而解。

七是机械世家、家庭和美。虽然与付老多年深交,但我也是通过本书才了解到付老家庭的许多细节。原来付老的家族本就有过实业报国的历史,更是多名长辈都以工程师为职业的机械世家,这无疑为付老后来的人生轨迹写下了很好的注脚。同时,付老的家庭生活和睦幸福:夫妻志同道合、比翼齐飞、相互支持;两个女儿都非常优秀,各有所成,而且对父母非常孝顺和贴心。尽管付老夫妇均身居高位、工作繁忙,但从没有让事业与家庭成为矛盾。相反,和美的家庭与辉煌的事业互为支撑、相互映衬,这也从另一个维度勾勒出付老修身齐家治国平天下的底色。

八是忘我无私、只为汽车。上述种种,不一而足。而我觉得将这些标签融合起来,就得到了付老最为根本的特质:一心只为汽车产业的忘我无私。也正是这种特质,让付老的很多作为和功业都变得顺理成章、有据可循:不擅外语,却是最具有国际化视野、最重视国际化人才的行业领导;不是赛车迷,却成就了大学生方程式赛事的精彩纷呈;并非特定领域的专家,却对成立行业技术创新联盟抱有最深的理解和最强的执念;不求个人名利,却设立"饶斌奖"以鼓励中国汽车企业家砥砺前行,设立创新团队奖以支持艰苦奋斗的技术攻关队伍……付老就是这样一位长者,只要对汽车产业有利,他就一定会排除万难去做、去推。正因如此,付老自然而然地成为广受各方同仁衷心爱戴的德高望重的汽车行业领袖。他的卓越贡献也自然而然地得到了国内和国际汽车界的最高认可,先后荣获了中国汽车工程学会终身成就奖和世界汽车工程师学会联合会杰出贡献奖。付老在书中自陈:意外获奖,心怀不安。其实在我看来,对于为行业奋斗一生的付老来说,这是水到渠成、实至名归。

三、高山仰止，景行行止

最后，谈谈我个人与付老的交集。早年我在美国时，就有幸与付老相识，几番交流，深感投缘。回国后，我与付老的接触就更多了，诸如参与轻量化联盟建设、通过学会平台分享自主研发经验、承担行业各项产业研究任务、受学会推荐出任 FISITA 主席、加入华汽基金会，以及共同出席各种行业活动等，我的很多工作都是在付老的领导或指引下开展的；至于私下里的互动，那就更频繁了。由于彼此的价值观高度契合，于人于事的看法常常不谋而合，我们也就愈加喜欢相互交流，真正成了无话不说的贴心挚友。

我与付老以老大哥和小老弟互称，这固然源于彼此亲近和心心相印，但其实也是我的僭越和付老的抬爱，因为我们实际上是忘年之交，付老是长我近二十岁的前辈。尽管他从不以前辈自居，却始终像我的家族长辈和人生导师一样，对我关爱、为我着想、给我支持。特别是在我职业生涯的几次转型节点，包括从华晨到吉利、再从吉利到清华，我都曾与付老深度交流，并得到他的指点和认同。记得我离开华晨后，专门和付老打了两个小时的电话，直到我承诺一定留在国内，付老才放下心来；而我看了本书后才知道，当时付老的夫人正在医院输液，付老却为我这个晚辈的去向挂怀不已，此情此景，思之怎能不令人感怀！还有我在不同场合的历次演讲，付老应该是听得最多也最认真的观众，而我每次讲完，付老都会给我鼓励、反馈和建议，这让我平添了下次也要讲好的信心和动力。

说心里话，我非常庆幸能在人生旅途中与付老这样的前辈相识相交相知，付老对我的悉心栽培、真诚提点和高度认可，令我受益匪浅、备感荣耀，也深觉幸福。而这部《我心深处是汽车：付于武八十自述》则让我对付老的人品和精神有了更深的了解和感悟，敬仰之情，越发强烈。

高山仰止，景行行止，虽不能至，然心向往之。今后，我将继续以付老为榜样，努力为中国汽车产业多做贡献。谨以此与诸位同仁共勉！

赵福全

世界汽车工程师学会联合会（FISITA）终身名誉主席

清华大学车辆与运载学院教授、汽车产业与技术战略研究院院长